物联网M2M开发技术
——基于无线CPU Q26XX

洪 利　孔慧娟　刘 盈　厉康　编著

北京航空航天大学出版社

内容简介

本书从Sierra Wireless公司的Q2686无线CPU开发平台的基本开发方法入手，介绍基于Q2686无线CPU开发平台的系统软、硬件开发方法，并以Q2686无线CPU模块的功能为主线详细介绍了该CPU处理器的硬件使用和C语言编程。在介绍功能的同时，列举了相应的应用实例，给出了硬件原理和C语言程序代码，并附有详细的程序说明，为用户快速掌握Q2686无线CPU处理器各功能单元的使用提供了便利。本书提供所有程序源代码，读者可在北京航空航天大学出版社网站“下载专区”下载。

本书可作为大学本科嵌入式移动通信相关课程的教材，也可作为信息类本科生和研究生工程训练参考书以及物联网关键组成部分M2M嵌入式开发人员的参考书。

图书在版编目(CIP)数据

物联网M2M开发技术 ：基于无线CPU Q26XX / 洪利等编著. --北京 ：北京航空航天大学出版社，2011.6

ISBN 978-7-5124-0422-9

Ⅰ. ①物… Ⅱ. ①洪… Ⅲ. ①互联网络—应用—研究 ②智能技术—应用—研究 Ⅳ. ①TP393.4②TP18

中国版本图书馆CIP数据核字(2011)第074723号

物联网M2M开发技术——基于无线CPU Q26XX

洪 利 孔慧娟 刘 盈 厉 康 编著

责任编辑 潘晓丽 张雯佳 刘秀清

*

北京航空航天大学出版社出版发行

北京市海淀区学院路37号(邮编100191) http://www.buaapress.com.cn

发行部电话：(010)82317024 传真：(010)82328026

读者信箱：emsbook@gmail.com 邮购电话：(010)82316936

北京时代华都印刷有限公司印装 各地书店经销

*

开本：787×960 1/16 印张：18.75 字数：420千字

2011年6月第1版 2011年6月第1次印刷 印数：4 000册

ISBN 978-7-5124-0422-9 定价：39.00元

前 言

M2M是物联网四大支柱业务群之一，长距离无线通信网是物联网四大支撑网络之一。无线CPU是长距离无线通信的重要组成部分，是M2M业务的具体实现载体，是实现物联网的关键技术之一。

Sierra Wireless公司的Q2686/7系列无线CPU是工业级GSM/GPRS 4频通信模块，支持GSM/GPRS 850/900/1 800/1 900 MHz，可通行全球(日本除外)。Q26系列无线CPU耗电量低，工作温度范围为－40 ℃到＋80 ℃，符合车用电子温度及其他严格的工业环境；支持远程下载，通过GPRS传输，即可更新其开发软件版本。Q26系列无线CPU支持GSM和CDMA版本互换，并搭配其操作系统，支持新技术的发展，包括EDGE与3G。此外，该系列产品提供了丰富的片内外设，如GPIO、I^2C总线、SPI总线和A/D转换器等。

有别于《Q2406无线CPU嵌入式开发技术》和《无线CPU与移动IP网络开发技术》两书，本书的编写力求更加通俗易懂，并增加了大量浅显易懂的实验实例，以满足初学者入门之用。为了便于学习和进行模型系统开发，我们设计了与本书配套的无线CPU嵌入式应用开发平台——最小开发板和开发实验箱。

本书详细介绍了Q2686系列无线CPU的基本功能、电气特性、最小开发板和开发实验箱的硬件结构及开发方法，并且给出了详细的开发实例。本书各章节的内容安排如下：

第0章——物联网与M2M。介绍物联网定义、四大支柱业务群、四大支撑网络。

第1章——Q26系列无线CPU硬件结构。介绍Q2686/7系列无线CPU各接口的基本功能、电气特性和典型应用实例。

第2章——Q26系列无线CPU硬件开发平台。介绍基于Q2686/7系列无线CPU开发设计的最小开发板和开发实验箱的硬件接口及基本功能。

第3章——Open AT开发环境简介。介绍Q2686/7系列无线CPU的嵌入式应用程序开发平台Developer Studio的安装及使用方法。

第4章——Q26系列无线CPU的ADL程序设计基础。介绍嵌入式应用程序开发基础知识和高级API库函数。

第5章——基于Q26系列无线CPU硬件开发平台的应用实例。介绍基于最小开发板和开发实验箱的实验设计及实验代码。

附录A——简明AT指令。列出Q2686/7系列无线CPU支持的AT指令集。

附录 B——AT 指令响应。列出 Q2686/7 系列无线 CPU 接收 AT 指令后的响应。

附录 C——常见 ADL 错误信息。介绍 ADL API 被调用时返回的消息。

附录 D——常见基础 API 函数。介绍开发人员在使用 ADL API 开发嵌入式应用程序时所允许调用的基础 API 函数。

参与本书编写工作的主要人员有洪利、孔慧娟、刘盈、厉康以及中国石油大学(华东)嵌入式移动通信 363 实验室的蔡丽萍、章扬、李世宝、丁淑研老师。研究生朱华、吕敬伟、杨强生、马晓伟、乔一新、张正男也参加了资料整理及部分内容的编写工作。

感谢 Sierra Wireless 公司朱海波先生和北京航空航天大学出版社的大力支持使本书得以快速出版。

由于作者水平有限,书中难免有疏忽、不恰当,甚至错误的地方,恳请各位老师及同行指正。有兴趣的读者,可以发送电子邮件到 WirelessCPU@QQ.com,与作者进一步交流;也可发送电子邮件到 emsbook@gmail.com,与本书策划编辑进行交流。

作者

2011 年 3 月

目　录

第0章

物联网与 M2M

物联网是通过智能感知和识别技术与普适计算及泛在网络的融合应用，被称为继计算机和互联网之后世界信息产业发展的第三次浪潮。周洪波在《物联网：技术、应用、标准和商业模式》一书中结合理论和实践对物联网进行了全面和系统的阐述；下列关于物联网的定义、物联网四大支柱业务群和物联网四大支撑网络的论述即来自该书。

0.1 物联网定义

物联网(Internet of Things)指的是将无处不在(Ubiquitous)的末端设备(Devices)和设施(Facilities)，包括具备"内在智能"的传感器、移动终端、工业系统、楼控系统、家庭智能设施、视频监控系统等和"外在使能"(Enabled)的，如贴上 RFID 的各种资产(Assets)、携带无线终端的个人及车辆等等"智能化物件或动物"或"智能尘埃"(Mote)，通过各种无线和/或有线的长距离和/或短距离通信网络实现互联互通(M2M)，应用大集成(Grand Integration/MAI)以及基于云计算的 SaaS 营运等模式，在内网(Intranet)、专网(Extranet)、和/或互联网(Internet)环境下，采用适当的信息安全保障机制，提供安全可控乃至个性化的实时在线监测、定位追溯、报警联动、调度指挥、预案管理、远程控制、安全防范、远程维保、在线升级、统计报表、决策支持、领导桌面(集中展示的 Cockpit Dashboard)等管理和服务功能，实现对"万物"(everything)"高效、节能、安全、环保"的"管、控、营"一体化 TaaS 服务。预计，物联网及其相关的 TaaS 业务，在基于 Semantic Web 技术的 Web 3.0 基础上，将构成 Web 4.0 的主体，如图 0.1 所示。

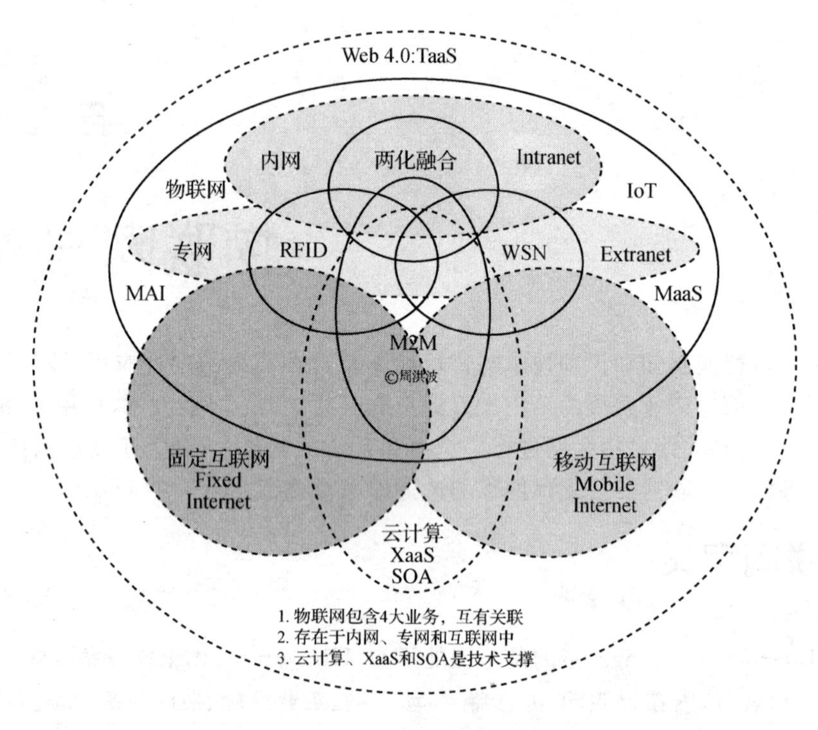

图 0.1　Web 4.0:物联网

0.2　物联网四大支柱业务群

如图 0.2 所示，物联网四大支柱业务群包括 RFID、传感网、M2M 和两化融合。

① RFID　电子标签属于智能卡一类。物联网概念是 1998 年 MIT Auto－ID 中心主任 Ashton 教授提出来的。RFID 技术在物联网中主要起“使能”(Enable)作用。

② 传感网　借助于各种传感器，探测和集成包括温度、湿度、压力、速度等物质现象的网络，也是温总理“感知中国”提法的主要依据之一。

③ M2M　这个词国外用得较多，侧重于末端设备的互联、集控管理和 X－Internet，中国三大通信运营商也在推 M2M 这个理念。

④ 两化融合　工业信息化也是物联网产业主要推动力之一，自动化和控制行业是其主力，但目前来自这个行业的声音相对较少。

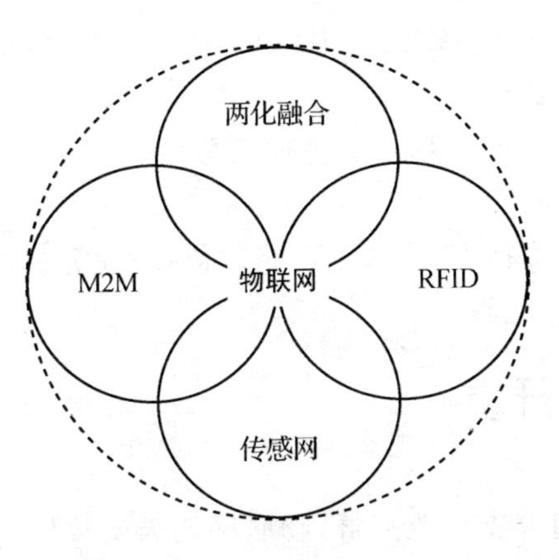

图 0.2　物联网四大业务群

0.3　物联网四大支撑网络

因“物”的所有权特性，物联网应用在相当一段时间内都将主要在内网(Intranet)和专网(Extranet)中运行，形成分散的众多“物连网”，但最终会走向互联网(Internet)，形成真正的“物联网”，如 Google Power Meter。

物联网四大支撑网络如图 0.3 所示。包括：短距离无线通信网、长距离无线通信网、短距离有线通信网、长距离有线通信网。

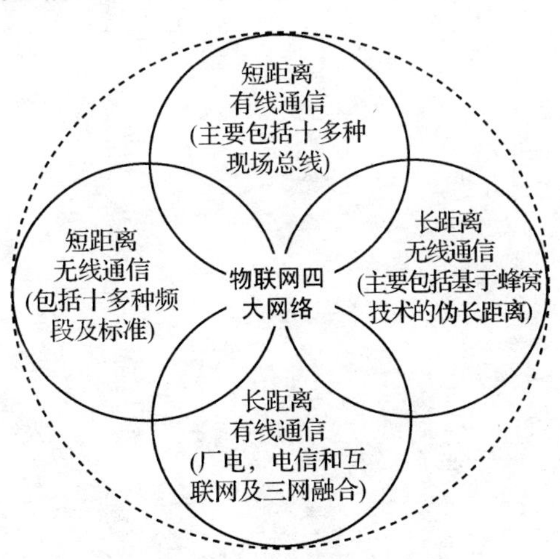

图 0.3　物联网四大网络群

① 短距离无线通信网　包括十多种已存在的短距离无线通信(如 Zigbee、蓝牙、RFID 等)标准网络以及组合形成的无线网状网(Mesh Networks)。

② 长距离无线通信网 包括GPRS/CDMA、3G、4G、5G等蜂窝(伪长距离通信)网以及真正的长距离GPS卫星移动通信网。

③ 短距离有线通信网 主要依赖十多种现场总线(如ModBus、DeviceNet等)标准以及PLC电力线载波等网络。

④ 长距离有线通信网 支持IP协议的网络。包括:计算机网、广电网和电信网(三网融合)以及国家电网的通信网。

0.4 M2M嵌入式开发

从物联网定义、物联网四大支柱业务群、物联网四大支撑网络可以看出,M2M是物联网的关键组成部分。本书将基于Sierra Wireless公司的Q2686无线CPU及Open AT开发平台,介绍M2M嵌入式开发方法与实践。

第1章

Q26 系列无线 CPU 硬件结构

1.1 概　述

WISMO Quik Q2686/7 系列无线 CPU 是一种独立的 E-GSM/GPRS 900/1800/850/1900(MHz)四频 CPU,大小为 40 mm× 32.2 mm×4 mm,重量不到 9 g,是目前最小巧的四频 GSM/GPRS 解决方案,如图 1.1 所示。其遵循 RoHS(电气电子设备有害物质限制)标准,内含 32 位、104 MHz 的 ARM 9 处理器,运行速度为 30MIPS(Million Instructions Per Second),是上一代解决方案的 6 倍。

其具有以下特性:

- E-GSM 900/GSM 850 射频单元的工作电压为 3.6 V,功率为 2 W。
- GSM 1800/1900 射频单元的工作电压为 3.6 V,功率为 1 W。
- 硬件支持 GPRS Class 10。
- 具有回声消除和降噪的功能。
- 充电电路。
- 耗电量极低。在低功耗模式下约为 5 μA,符合电表等对电力消耗要求严格的应用场合。

图 1.1　WISMO Quik Q2686/7 系列无线 CPU

- 工作温度范围为－40℃～＋85℃,符合汽车电子或其他工业环境要求。
- 数字单元工作电压为 2.8 V 和 1.8 V。

Q26 系列无线 CPU 实时时钟采用日历,内嵌 32 MB Flash 和 16 MB RAM,可以有效减轻其他 CPU 的工作量。

Q26 系列无线 CPU 提供了两种外部接口:一种是 RF 接口,用于天线的连接;另一种是通用接口(GPC),用于数字信号、键盘、音频和电源的连接,其包括:电源接口、模拟音频接口、PCM 数字音频接口、5×5 键盘接口、3 V/1.8 V SIM 卡接口、2 个模数转换器、USB 2.0、1 个并行接口、2 个 RS-232 串行接口、44 个通用 I/O 口(25 个工作电压为 2.8 V,19 个工作电压为1.8 V)、串行LCD(不支持AT指令),以及100针的系统连接器。

Q26系列无线CPU内嵌TCP/IP协议栈,可通过Open AT平台进行嵌入式应用开发。开发Q26系列无线CPU使用Open AT 4.x版本,OS 6.60操作系统。编程可使用开发包中集成的Eclipse编程环境,也可以使用Visual C++ 6.0或Visual C++.net等编程环境。并且能让GSM和CDMA版本互换,并支持新技术的发展,包括EDGE(Electronic Data Gathering Equipment,电子数据采集设备)与3G。

1.2 功能描述

WISMO Quik Q26系列无线CPU的整体体系结构如图1.2所示。

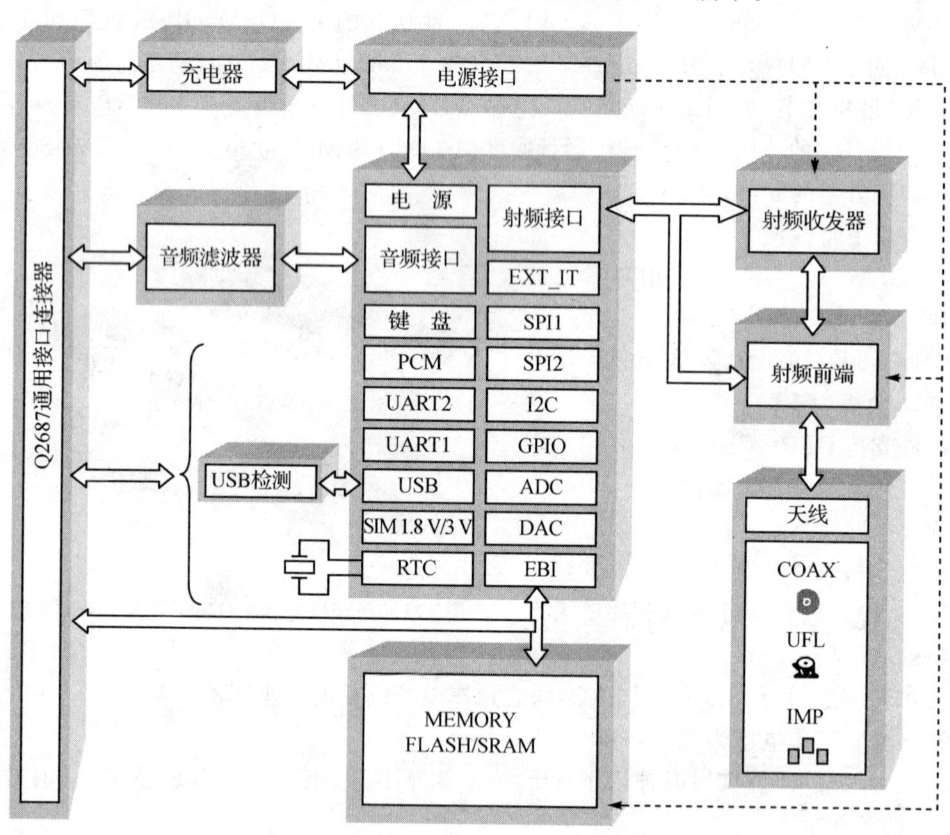

图1.2　Q26系列无线CPU功能结构图

1.2.1　RF功能

射频(RF)范围遵从Phase II E－GSM 900/DCS1800和GSM 850/PCS 1900规范，如表1.1所列。

表1.1　Q26系列无线CPU射频范围

	发送波段(Tx)	接收波段(Rx)
GSM 850	824～849 MHz	869～894 MHz
E－GSM 900	880～915 MHz	925～960 MHz
DCS 1800	1 710～1 785 MHz	1 805～1 880 MHz
PCS 1900	1 850～1 910 MHz	1 930～1 990 MHz

RF部分由四频芯片组成，包括以下电路：

- 数字中低频接收器。
- 四频LNA(低噪声放大器)。
- 偏置锁相环发射器。
- 频率合成器。
- 数字控制石英振荡器。
- 四频GSM/GPRS的无线CPU收/发前端。

1.2.2　基带功能

WISMO Quick Q26系列无线CPU的数字部分由一个PCF5212 PHILIPS芯片组成。此芯片使用0.18 μm的CMOS混合技术，实现了大规模集成电路的低功耗设计。因此，Q26系列无线CPU适合应用在功率消耗要求较低的场合。

1.2.3　软　件

Q26系列无线CPU可以集成在各种应用中，如手持设备，专业应用(遥感勘测、多媒体、自动化等)。对于专业应用，该软件提供了用于控制无线CPU的AT指令集。但是，AT指令集不支持那些与外部设备相关的接口(如LCD接口和SPI总线等)。

1.3　通用连接器(GPC)

WISMO Quick Q26系列无线CPU使用100针的接口与印刷电路板(包括LCD无线CPU、键盘、SIM卡连接器或电池等)连接。表1.2列出了Q2687系列无线CPU通用连接器各引脚的功能。

表 1.2 Q2687系列无线CPU通用连接器引脚说明

引脚	名称		电压	I/O*	复位状态	说明	不使用时引脚设置
	通称	复用					
1	VBATT		VBATT	I		电源	
2	VBATT		VBATT	I		电源	
3	VBATT		VBATT	I		电源	
4	VBATT		VBATT	I		电源	
5	VCC_1V8		VCC_1V8	O		1.8 V 电源输出	悬空
6	CHG - IN		CHG - IN	I		充电器输入接口	悬空
7	BAT - RTC		BAT - RTC	I/O		RTC 电池连接器	悬空
8	CHG - IN		CHG - IN	I		充电器输入接口	悬空
9	SIM - VCC		1.8 V 或 3 V	O		SIM 卡电源	悬空
10	VCC_2V8		VCC_2V8	O		2.8 V 电源输出	悬空
11	SIM - IO		1.8 V 或 3 V	O	上拉（约 10 kΩ）	SIM 卡数据接口	
12	SIMPRES	GPIO18	VCC_1V8	I	Z	SIM 卡检测	悬空
13	$\overline{\text{SIM}}$ - RST		1.8 V 或 3 V	O	0	SIM 卡复位	
14	SIM - CLK		1.8 V 或 3 V	O	0	SIM 卡时钟	
15	BUZZ - OUT		漏极开路	O	Z	蜂鸣器输出	悬空
16	BOOT		VCC_1V8	I		未使用	增加测试点/跳线/开关，连接到 VCC_1V8（脚 5），用于下载
17	FLASH - LED		漏极开路	O	1/未定义	发光二极管输出接口	悬空
18	$\overline{\text{RESET}}$		VCC_1V8	I/O		无线 CPU 复位	悬空或增加测试点
19	ON/$\overline{\text{OFF}}$		VBATT	I		开关控制	
20	BAT - TEMP		模拟	I		电池温度检测	接地
21	AUX - ADC		模拟	I		模/数转换	接地
22	$\overline{\text{SPI1}}$ - CS	GPIO31	VCC_2V8	O	Z	SPI1 芯片选择控制信号	悬空
23	SPI1 - CLK	GPIO28	VCC_2V8	O	Z	SPI1 时钟信号	悬空

续表 1.2

引脚	名称		电压	I/O*	复位状态	说明	不使用时引脚设置
	通称	复用					
24	SPI1 - I	GPIO30	VCC_2V8	I	Z	SPI1 数据输入	悬空
25	SPI1 - IO	GPIO29	VCC_2V8	I/O	Z	SPI1 数据输入/输出	悬空
26	SPI2 - CLK	GPIO32	VCC_2V8	O	Z	SPI2 时钟信号	悬空
27	SPI2 - IO	GPIO33	VCC_2V8	I/O	Z	SPI2 数据输入/输出	悬空
28	$\overline{\text{SPI2}}$ - CS	GPIO35	VCC_2V8	O	Z	SPI2 芯片选择控制信号	悬空
29	SPI2 - I	GPIO34	VCC_2V8	I	Z	SPI2 数据输入	悬空
30	CT104 - RXD2	GPIO15	VCC_1V8	O	Z	辅助 RS - 232 接收数据	增加调试用的测试点
31	CT103 - TXD2	GPIO14	VCC_1V8	I	Z	辅助 RS - 232 发送数据	(TXD2)增加100 kΩ的电阻上拉到VCC_1V8和一个调试用的测试点
32	$\overline{\text{CT106}}$ - CTS2	GPIO16	VCC_1V8	O	Z	辅助 RS - 232 清除发送	(CTS2)增加调试用的测试点
33	$\overline{\text{CT105}}$ - RTS2	GPIO17	VCC_1V8	I	Z	辅助 RS - 232 请求发送	(RTS2)增加100 kΩ的电阻上拉到VCC_1V8和一个调试用的测试点
34	MIC2N		模拟	I		MIC2 输入负极	悬空
35	SPK1P		模拟	O		Speaker1 输出正极	悬空
36	MIC2P		模拟	I		MIC2 输入正极	悬空
37	SPK1N		模拟	O		Speaker1 输出负极	悬空
38	MIC1N		模拟	I		MIC1 输入负极	悬空
39	SPK2P		模拟	O		Speaker2 输出正极	悬空

续表 1.2

引 脚	名 称		电　压	I/O*	复位状态	说　明	不使用时引脚设置
	通称	复用					
40	MIC1P		模拟	I		MIC1 输入正极	悬空
41	SPK2N		模拟	O		Speaker2 输出负极	悬空
42	A1		VCC_1V8	O		地址总线 1	悬空
43	GPIO44		VCC_2V8	I/O	32 kHz		悬空
44	SCL	GPIO26	漏极开路	O	Z	I^2C 总线时钟信号	悬空
45	GPIO19		VCC_2V8	I/O	Z		悬空
46	SDA	GPIO27	漏极开路	I/O	Z	I^2C 总线数据信号	悬空
47	GPIO21		VCC_2V8	I/O	未定义		悬空
48	GPIO20		VCC_2V8	I/O	未定义		悬空
49	INT1	GPIO25	VCC_2V8	I	Z	中断 1 输入	设置为 GPIO
50	INT0	GPIO3	VCC_1V8	I	Z	中断 0 输入	设置为 GPIO
51	GPIO1	* *	VCC_1V8	I/O	未定义		悬空
52	VPAD-USB		VPAD—USB	I		USB 电源	悬空
53	GPIO2	* *	VCC_1V8	I/O	未定义		悬空
54	USB-DP		VPAD-USB	I/O		USB 数据信号	悬空
55	GPIO23	* *	VCC_2V8	I/O	Z		悬空
56	USB-DM		VPAD-USB	I/O		USB 数据信号	悬空
57	GPIO22	* *	VCC_2V8	I/O	Z		悬空
58	GPIO24	* *	VCC_2V8	I/O	Z		悬空
59	COL0	GPIO4	VCC_1V8	I/O	上拉	键盘列线 0	悬空
60	COL1	GPIO5	VCC_1V8	I/O	上拉	键盘列线 1	悬空
61	COL2	GPIO6	VCC_1V8	I/O	上拉	键盘列线 2	悬空
62	COL3	GPIO7	VCC_1V8	I/O	上拉	键盘列线 3	悬空
63	COL4	GPIO8	VCC_1V8	I/O	上拉	键盘列线 4	悬空
64	ROW4	GPIO13	VCC_1V8	I/O	0	键盘行线 4	悬空
65	ROW3	GPIO12	VCC_1V8	I/O	0	键盘行线 3	悬空
66	ROW2	GPIO11	VCC_1V8	I/O	0	键盘行线 2	悬空

续表1.2

引脚	名称		电压	I/O*	复位状态	说明	不使用时引脚设置
	通称	复用					
67	ROW1	GPIO10	VCC_1V8	I/O	0	键盘行线1	悬空
68	ROW0	GPIO9	VCC_1V8	I/O	0	键盘行线0	悬空
69	$\overline{\text{CT125}}$ - RI	GPIO42	VCC_2V8	O	未定义	主RS-232响铃检测	悬空
70	$\overline{\text{CT109}}$ - DCD1	GPIO43	VCC_2V8	O	未定义	主RS-232数据载波检测	悬空
71	CT103 - TXD1	GPIO36	VCC_2V8	I	Z	主RS-232发送数据	(TXD1)增加100 kΩ的电阻上拉到VCC_2V8和一个固件更新用的测试点
72	$\overline{\text{CT105}}$ - RTS1	GPIO38	VCC_2V8	I	Z	主RS-232请求发送	(RTS1)增加100 kΩ的电阻上拉到VCC_2V8和一个固件更新用的测试点
73	CT104 - RXD1	GPIO37	VCC_2V8	O	1	主RS-232接收数据	(RXD1)增加一个固件更新用的测试点
74	$\overline{\text{CT107}}$ - DSR1	GPIO40	VCC_2V8	O	Z	主RS-232数据设备准备就绪	悬空
75	$\overline{\text{CT106}}$ - CTS1	GPIO39	VCC_2V8	O	Z	主RS-232清除发送	(CTS1)增加一个固件更新用的测试点
76	$\overline{\text{CT108}}$ - 2 - DTR1	GPIO41	VCC_2V8	I	Z	主RS-232数据终端准备就绪	(DTR1)通过100 kΩ的电阻上拉到VCC_2V8
77	PCM - SYNC		VCC_1V8	O	下拉	PCM帧同步	悬空
78	PCM - IN		VCC_1V8	I	上拉	PCM数据输入	悬空
79	PCM - CLK		VCC_1V8	O	下拉	PCM时钟信号	悬空
80	PCM - OUT		VCC_1V8	O	上拉	PCM数据输出	悬空
81	$\overline{\text{OE}}$ - R/W		VCC_1V8	O		输出使能/只读不写	悬空
82	AUX - DAC		模拟	O		数/模转换输出	悬空

续表 1.2

引 脚	名 称		电 压	I/O*	复位状态	说 明	不使用时引脚设置
	通称	复用					
83	$\overline{\text{CS3}}$		VCC_1V8	O		芯片选择使能信号 3	悬空
84	$\overline{\text{WE}}$ - E		VCC_1V8	O		写允许信号	悬空
85	D0		VCC_1V8	I/O		并行数据	悬空
86	D15		VCC_1V8	I/O		并行数据	悬空
87	D1		VCC_1V8	I/O		并行数据	悬空
88	D14		VCC_1V8	I/O		并行数据	悬空
89	D2		VCC_1V8	I/O		并行数据	悬空
90	D13		VCC_1V8	I/O		并行数据	悬空
91	D3		VCC_1V8	I/O		并行数据	悬空
92	D12		VCC_1V8	I/O		并行数据	悬空
93	D4		VCC_1V8	I/O		并行数据	悬空
94	D11		VCC_1V8	I/O		并行数据	悬空
95	D5		VCC_1V8	I/O		并行数据	悬空
96	D10		VCC_1V8	I/O		并行数据	悬空
97	D6		VCC_1V8	I/O		并行数据	悬空
98	D9		VCC_1V8	I/O		并行数据	悬空
99	D7		VCC_1V8	I/O		并行数据	悬空
100	D8		VCC_1V8	I/O		并行数据	悬空

* 该 I/O 类型为通称情况下引脚的信号类型，当引脚被设置成 GPIO 时，其类型则会根据实际的设置而定。

** 这些引脚的复用情况详见 1.9 节。

Q2686 与 Q2687 是兼容的，但是二者也有差异，如表 1.3 所列。

表 1.3 Q2686 与 Q2687 引脚差异

引 脚	Q2686		Q2687	
	信号	复用	信号	复用
42	保留	—	A1	无复用
51	GPIO1	无复用	GPIO1	$\overline{\text{CS2}}$/A25
53	GPIO2	无复用	GPIO2	A24
82	保留	—	AUX - DAC	无复用

1.4　电　源

1.4.1　电源接口

电源在 GSM 终端设计中是一个关键问题。

在 GSM/GPRS 脉冲发射模式下，电源应该能够瞬时释放很高的电流峰值。在此期间，电压的波动值(U_{ripp})不能超过一个特定的范围限制。

在通信模式下，GSM/GPRS class 2 终端每 4.615 ms 发射一个持续 577 μs 的无线脉冲，如图 1.3 所示为脉冲发射期间电源电压与无线信号的电平。GPRS class 10 终端每 4.615 ms 发射一个持续 1 154 μs 的无线脉冲。

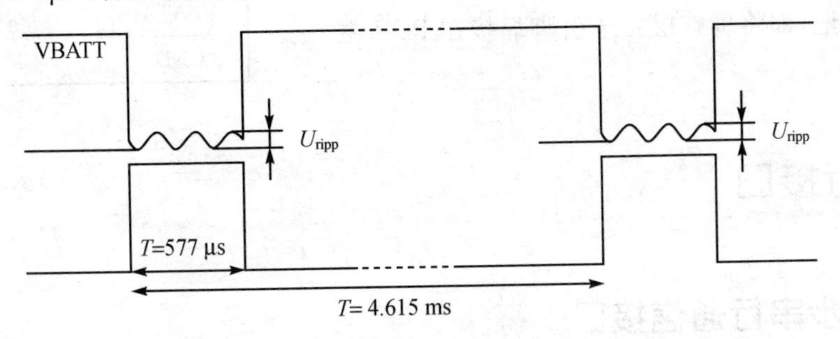

图 1.3　脉冲发射时电源电压与无线信号电平

VBATT 为 Q26 系列无线 CPU 提供电源。VBATT 直接为射频部分提供 3.6 V 电压。为了避免相位错误，该连接器必须保持最小的电压波动。RF 功率放大器电流(GSM/GPRS 模式下，峰值为 2.0 A)的周期是 GSM/GPRS class 2(每 4.615 ms 发射 577 μs 脉冲)发射周期的 1/8，是 GSM/GPRS class10(每 4.615 ms 发射 1 154 μs 脉冲)的 1/4。上升时间大约为 10 μs。

VBATT 通过几个调整器，提供基带信号所需要的 VCC_2V8 和 VCC_1V8 电源。

WISMO Quick Q26 系列的外壳接地，起屏蔽作用。输入电源电压如表 1.4 所列。

表 1.4　Q2687 系列无线 CPU 电源电压

信　号	V_{MIN}/V	V_{NOM}/V	V_{MAX}/V	U_{RIPP}
VBATT	3.2[(1),(2)]	3.6	4.5	250 mV(freq<10 kHz) 40 mV(10 kHz<freq<100 kHz) 5 mV(freq>100 kHz)

注：① 在发送信号时，电压必须保持在该值(在 GSM/GPRS/EGPRS 模式下，峰值电流为 2.0 A)。

② 最大电压驻波比(Voltage Stationary Wave Ratio，VSWR)为 2∶1。

用电池给无线 CPU 供电时，总电阻（电源内阻＋保护电路内阻＋PCB 板电阻）要小于 150 mΩ。

当无线 CPU 处于报警模式时，仅第 7 脚（BAT－RTC）和第 19 脚（ON/$\overline{\text{OFF}}$）供电，其余的引脚上无电压。

无线 CPU 中已集成了 VBATT 解耦电容，故电路设计时不需另加解耦电容。但是，在 EMI/RFI（电磁干扰/射频干扰）的情况下，VBATT 需要 EMI/RFI 解耦：在无线 CPU 周围并联上 33 pF 的电容或铁氧体磁珠。两者都用则可以获得更好的效果。低频解耦电容（22～100 μF）可以减少 TDMA 噪声。

1.4.2 电源引脚

表 1.5 列出了电源引脚，其中 GND 引脚要通过屏蔽层实现接地，即将屏蔽层 4 个引脚焊接在 PCB 主板的地线上。

表 1.5 电源引脚

信 号	引脚号码
VBATT	1,2,3,4
GND	屏蔽

1.5 串行接口

1.5.1 异步串行通信接口

通用异步收发器（Universal Asynchronous Receiver and Transmitter，UART）是用硬件实现异步串行通信的接口电路。UART 异步串行通信接口是嵌入式系统最常用的接口，可用来与上位机或其他外部设备进行数据通信。

UART 是异步串行通信接口的总称，它允许在串行链路上进行全双工的通信，输入/输出电平为 TTL 电平。一般来说，全双工 UART 定义了一个串行发送引脚（TxD）和一个串行接收引脚（RxD），可以在同一时刻发送和接收数据。

RS－232 是美国电子工业协会（EIA）制定的串行通信标准，又称 RS－232－C（C 代表公布的版本）。它早期被应用于计算机和调制解调器（MODEM）的连接控制，MODEM 再通过电话线进行远距离的数据传输。RS－232 是一个全双工的通信标准，它可以同时进行数据的接收和发送工作。RS－232 标准包括一个主通道和一个辅助通道，在多数情况下主要使用主通道，即 RxD、TxD、GND 等。

严格来讲，RS－232 接口是数据终端设备（DTE）和数据通信设备（DCE）之间的一个接口。DTE 包括计算机、终端和串口打印机等设备；DCE 通常只有 MODEM 和某些交换机等。

RS－232－C 标准采用的接口是 9 引脚（DB9）或 25 引脚（DB25）的 D 型插头，常用的 D 型插头的引脚功能如表 1.6 所列。

表 1.6　RS-232 9 引脚 D 型插头引脚功能

引脚号	引脚名称	功　能	引脚号	引脚名称	功　能
1	DCD	数据载波检测	6	DSR	数据设备就绪
2	RxD	接收数据	7	RTS	请求发送
3	TxD	发送数据	8	CTS	清除发送
4	DTR	数据终端就绪	9	RI	振铃指示
5	GND	信号地			

在电气特性上，RS-232 标准采用负逻辑方式。标准逻辑 1 对应 -15～-5 V 电压，标准逻辑 0 对应 5～15 V 电压。因此，UART 的 TTL 电平需要进行 RS-232 电平转换后，才能与 RS-232 接口连接并通信。

Q26 系列无线 CPU 包含 2 个 UART 接口，分别为 UART1 和 UART2。

1. 主串行接口

主串行接口 UART1 用于连接 WISMO Q26 系列无线 CPU 与 PC 或主处理器，是一个 8 线接口(TX，RX，CTS，RTS，DSR，DTR，DCD 和 RI)。接口电压为 2.8 V，遵循 V24 规范，不符合 V28 规范。该 8 线的串行接口传输的信号分别为：

- 发送数据(CT103/TX)。
- 接收数据(CT104/RX)。
- 请求发送($\overline{\text{CT105}}$/RTS)。
- 清空发送($\overline{\text{CT106}}$/CTS)。
- 数据终端准备就绪($\overline{\text{CT108-2}}$/DTR)。
- 数据设备准备($\overline{\text{CT107}}$/DSR)。
- 数据载波检测信号($\overline{\text{CT109}}$/DCD)。
- 振铃指示信号(CT125/RI)

表 1.7 列出了 UART1 的各个引脚。

表 1.7　UART1 引脚说明

信　号	引　脚	I/O	I/O 类型	复位状态	说　明	复　用
CT103/TXD1	71	I	2.8 V	Z	串行发送数据	GPIO36
CT104/RXD1	73	O	2.8 V	1	串行接收数据	GPIO37
$\overline{\text{CT105}}$/RTS1	72	I	2.8 V	Z	请求发送	GPIO38
$\overline{\text{CT106}}$/CTS1	75	O	2.8 V	Z	清除发送	GPIO39
$\overline{\text{CT107}}$/DSR1	74	O	2.8 V	Z	数据设备准备就绪	GPIO40

续表 1.7

信　号	引　脚	I/O	I/O类型	复位状态	说　明	复　用
$\overline{\text{CT108}}$－2/DTR1	76	I	2.8 V	Z	数据终端准备就绪	GPIO41
$\overline{\text{CT109}}$/DCD1	70	O	2.8 V	未定义	数据载波检测	GPIO43
CT125/RI1	69	O	2.8V	未定义	响铃指示	GPIO42
CT102/GND	屏蔽层引脚		GND		信号地	

被接收信号的上升沿与下降沿的时延必须小于300 ns。可以通过串行接口信号来控制无线CPU。为了避免传输时数据受到干扰，可以使用RTS和CTS的硬件流控制。Q2686系列无线CPU的UART1最大波特率为115 kbps，Q2687系列无线CPU的UART1最大波特率为921.6 kbps。

对于5线制的串行接口，其有效信号有：CT103/TXD1、CT104/RXD1、$\overline{\text{CT105}}$/RTS1、$\overline{\text{CT106}}$/CTS1和$\overline{\text{CT108}}$－2/DTR1。在慢怠或快怠模式下，$\overline{\text{CT108}}$－2/DTR1引脚信号要遵循V24协议。其他的信号则不可用。

对于4线制的串行接口，其有效信号有：CT103/TXD1、CT104/RXD1、$\overline{\text{CT105}}$/RTS1和$\overline{\text{CT106}}$/CTS1。$\overline{\text{CT108}}$－2/DTR1引脚要设置成低电平，其他的信号则不可用。

对于双线制的串行接口，其有效信号只有CT103/TXD1和CT104/RXD1。$\overline{\text{CT108}}$－2/DTR1和$\overline{\text{CT105}}$/RTS1引脚要设置成低电平，其余引脚不可用。在该模式的串行接口中，还要发送“AT＋IFC＝0,0”命令来禁止UART1上的硬件流控制。双线制的串行接口只用来连接外部扩展芯片，而不能用于AT命令模式和调制解调器。

(1) UART1的典型应用

图1.4所示为Q26系列无线CPU与RS－232终端连接的典型应用。电平转换器为2.8 V，遵循V28规范。

电平转换芯片U1可以为无线CPU提供ESD(静电放电)保护。

推荐使用组件的参数如下：

电阻　R1，R2：15 kΩ。

电容　C1，C2，C3，C4，C5：1 μF。

　　　C6：100 nF。

　　　C7：6.8 μF TANTAL 10 V CP32136 AVX。

RS－232收发器　U1：ADM3307AECP模拟设备。

　　　　　　　　J1：SUB－D9母头。

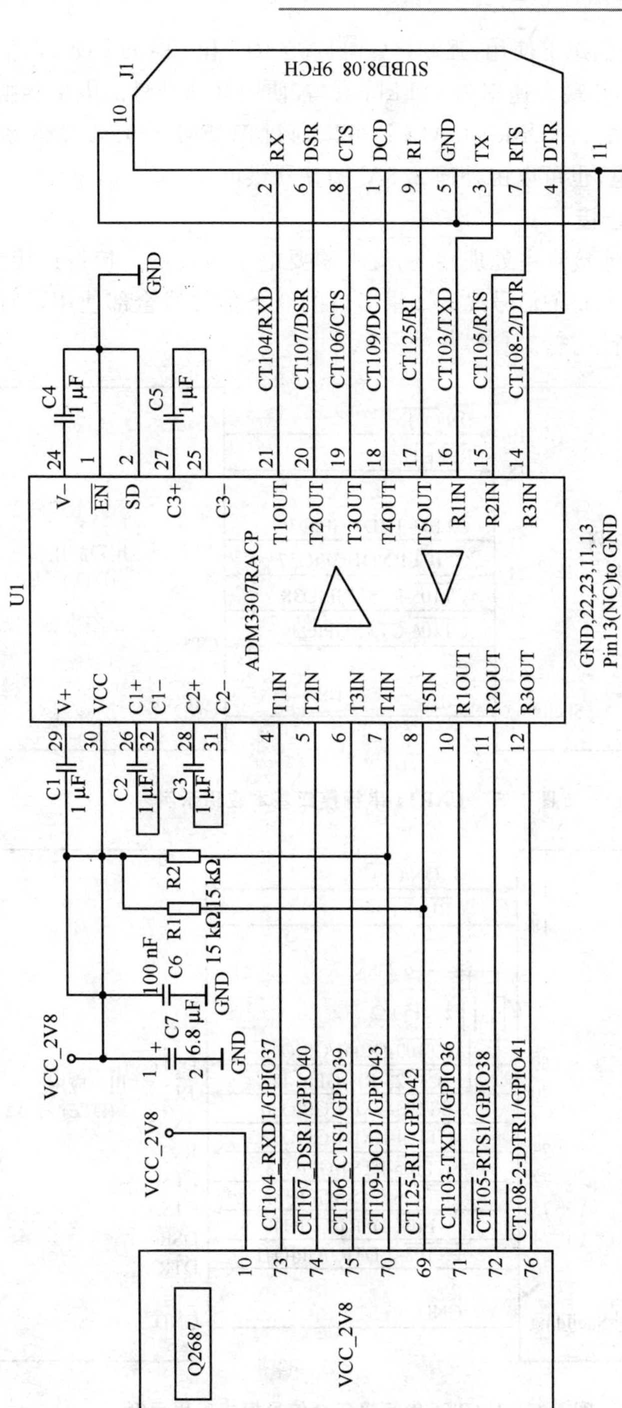

图1.4 UART1的RS-232电平转换应用示例

R1和R2只在复位状态下使用，强制将$\overline{\text{CT1125}}$-RI1和$\overline{\text{CT109}}$-DCD1信号变为高电平。

ADM3307AECP芯片最大速率为921 kbps。若使用其他型号的电平转换器，其速率也要与UART1的速率相匹配。ADM3307AECP可以通过WISMO Quik Q26系列无线CPU的VCC_2V8(引脚10)供电，也可以由外部2.8 V调整器供电。

(2) 与主处理器的连接

如果UART1直接连接到主处理器上，就不需要电平转换器。接口连接示例如图1.5所示。该应用示例只使用了5条信号线。如果串口的9条信号线全部使用，则可以使应用与控制更加灵活，如图1.6所示。

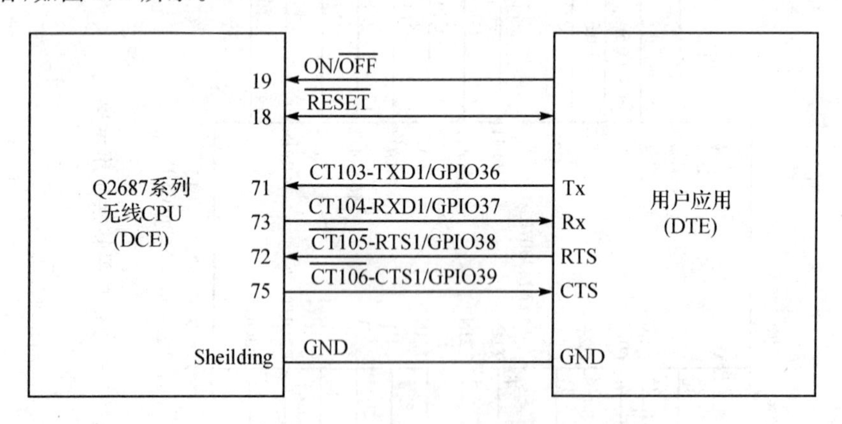

图1.5　UART1串行接口基本应用示例

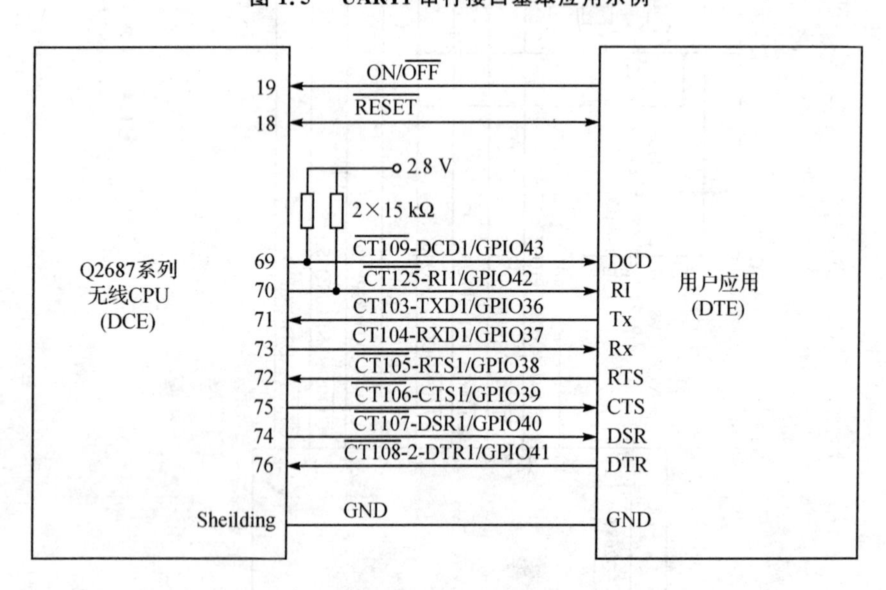

图1.6　UART1串行接口全信号模式应用示例

建议在引脚$\overline{\text{CT125}}$－RI1和引脚$\overline{\text{CT109}}$－DCD1上各连接一个15 kΩ的上拉电阻，以使复位状态期间保持高电平。

UART1的接口类型为2.8 V，其最高承受电压为3 V。在该例中，可以使用Q26系列无线CPU的所有串行接口信号来操作，为了避免传输过程中数据损坏，硬件流控制可以使用RTS和CTS。

2. 辅助串行接口(UART2)

辅助串行接口(UART2)用于连接外部设备，是一个4线接口(TX，RX，CTS和RTS)，遵循V24标准。Q26系列无线CPU中的辅助串行接口支持新技术(如：蓝牙技术)的应用。

表1.8列出了UART2的引脚说明。

表1.8　UART2引脚说明

信　号	引　脚	I/O	I/O类型	复位状态	说　明	复　用
CT103/TXD2	31	I	1.8 V	Z	发送串行数据	GPIO14
CT104/RXD2	30	O	1.8 V	Z	接收串行数据	GPIO15
$\overline{\text{CT106}}$/CTS2	32	O	1.8 V	Z	清除发送	GPIO16
$\overline{\text{CT105}}$/RTS2	33	I	1.8 V	Z	请求发送	GPIO17

可以通过串行接口信号来控制Q26系列无线CPU。为了避免传输时数据受到干扰，可以使用RTS和CTS的硬件流控制。Q2686系列无线CPU的UART1最大波特率为115 kbps，Q2687系列无线CPU的UART1最大波特率为921.6 kbps。

UART2也可用于双线模式，相关引脚的设置同UART1。

图1.7为Q26系列无线CPU与RS－232终端连接的典型应用。电平转换器为1.8 V，遵循V28规范。

推荐使用组件的参数如下：

电容　C1：220 nF。

　　　C2，C3，C4：1 μF。

电感　L1：10 μH。

RS－232收发器为　U1：LINEAR TECHNOLOGY LTC® 2804IGN。

　　　　　　　　　J1：SUB－D9母头。

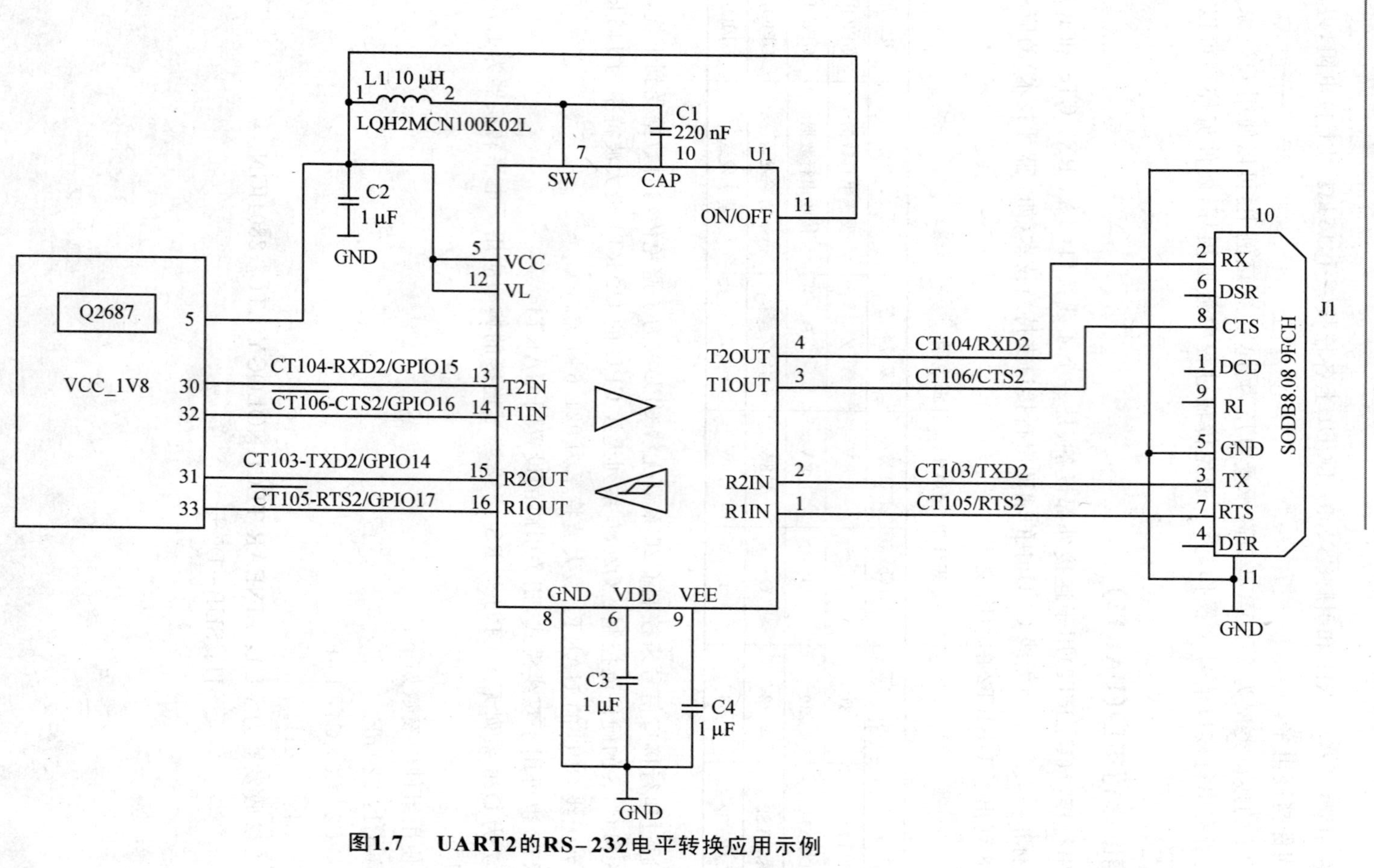

图1.7 UART2的RS-232电平转换应用示例

LTC2804可以通过WISMO Quik Q26系列无线CPU的VCC_1V8(引脚5)来供电,也可以由外部1.8 V调整器供电。在该例中,可以使用Q26系列无线CPU的所有串行接口信号来操作,为了避免传输过程中数据损坏,硬件流控制必须使用RTS和CTS。

1.5.2 同步串行通信接口

WISMO Quik Q26系列无线CPU可以通过两个SPI总线或者一个I^2C 2-wire接口连接到LCD无线CPU。

1. SPI总线

串行外围设备接口(Scrial Peripheral Interface,SPI)总线系统是一种同步串行外设接口,允许MCU与各种外围设备以串行方式进行通信和数据交换。这些外围设备包括Flash、RAM、A/D转换器、网络控制器和MCU等。SPI接口可直接与各厂家生产的多种标准外围器件连接。SPI一般包括4个信号线:串行时钟信号、I/O信号、输入信号以及使能信号。SPI总线具有以下特性:

- 主模式操作;
- 在主模式下,SPI速度可以从101.5 kbps到13 Mbps;
- 3或4线接口;
- SPI模式配置:0~3;
- 数据长度:1~16位。

主模式0下4线SPI传输波形如图1.8所示。AC特性如表1.9所列。

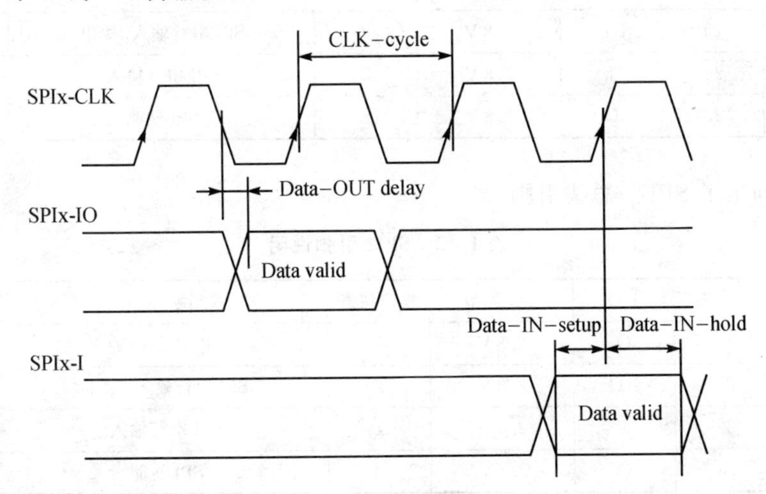

图1.8 SPI时序图,主模式0,4线

表 1.9　AC 特性

信　号	描　述	最小值	典型值	最大值	单　位
CLK - cycle	SPI 时钟频率	0.101 5	—	13	MHz
Data - OUT delay	数据输出准备延迟时间	—	—	10	ns
Data - IN - setup	数据输入设置时间	2	—	—	ns
Data - OUT - hold	数据输出保持时间	2	—	—	ns

SPI 配置如表 1.10 所列。

表 1.10　SPI 配置

操作模式	最大速率	SPI 模式	双　工	3 线类型	4 线类型
主模式	13 Mbps	0,1,2,3	半双工	SPIx - CLK;SPIx - IO; $\overline{\text{SPI}}$ - CS	SPIx - CLK; SPIx - IO; SPIx - I; SPIx - CS

注:① 4 线制中,SPIx - IO 只用于输出,SPIx - I 用于输入。
　② 3 线制中,SPIx - IO 用于输入/输出。

表 1.11 列出了 SPI1 总线引脚。

表 1.11　SPI1 引脚说明

信　号	引　脚	I/O	I/O 类型	复位状态	说　明	复　用
SPI1 - CLK	23	O	2.8 V	Z	SPI 串行时钟	GPIO28
SPI1 - IO	25	I/O	2.8 V	Z	SPI 串行输入/输出	GPIO29
SPI1 - I	24	I	2.8 V	Z	SPI 串行输入	GPIO30
$\overline{\text{SPI1}}$ - CS	22	O	2.8 V	Z	SPI 使能	GPIO31

表 1.12 列出了 SPI2　总线引脚。

表 1.12　SPI2 引脚说明

信　号	引　脚	I/O	I/O 类型	复位状态	说　明	复　用
SPI2 - CLK	26	O	2.8 V	Z	SPI 串行时钟	GPIO32
SPI2 - IO	27	I/O	2.8 V	Z	SPI 串行输入/输出	GPIO33
SPI2 - I	29	I	2.8 V	Z	SPI 串行输入	GPIO34
$\overline{\text{SPI2}}$ - CS	28	O	2.8 V	Z	SPI 使能	GPIO35

(1) 4 线 SPI 总线应用

在 4 线制 SPI 总线中,输入和输出数据线是分开的。SPIx - IO 信号只用于数据输出,而

SPIx-I信号只用于数据输入。4线制的SPI总线应用示例如图1.9所示。

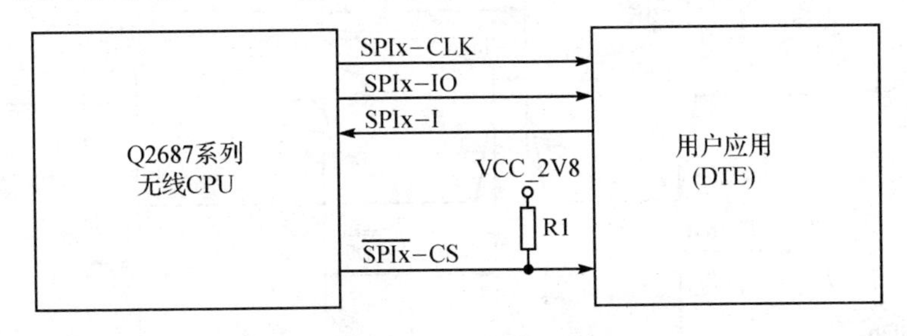

图1.9 4线SPI总线应用示例

上拉电阻R1用于在复位期间设置SPIx-CS电平。如果用户应用软件的电气规范与WISMO Quik Q26系列SPIx接口的电气规范一致，则除了上拉电阻R1外，不需要再增加其他外部组件。

(2) 3线SPI总线应用

在3线制的SPI总线中，SPIx-IO用于输入/输出，SPIx-I是不使用的，该信号线可以悬空，也可以用做GPIO来实现其他功能。SPIx与GPIO的复用详见1.9节。3线制的SPI总线应用示例如图1.10所示。

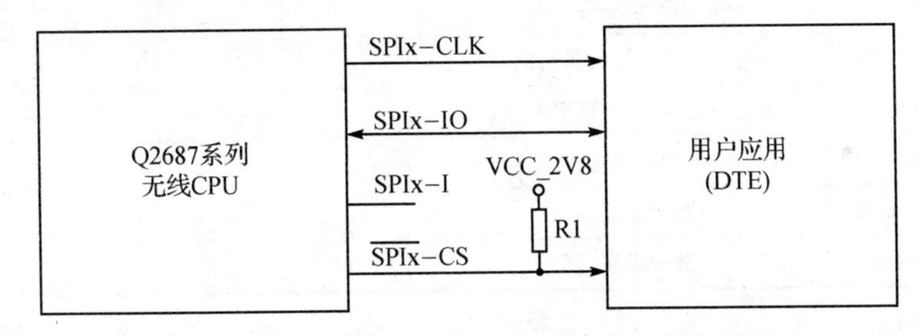

图1.10 3线SPI总线应用示例

与4线制相同，3线的SPI在复位状态期间通过上拉电阻R1来设置SPIx-CS电平。如果用户应用软件的电气规范与WISMO Quik Q26系列SPIx接口的电气规范一致，则除了上拉电阻R1外，不需要再增加其他外部组件。R1的值取决于连接到SPIx接口上外部设备的特性。

2. I^2C总线

I^2C总线接口为100 kbps标准接口(标准模式：s-mode)，包含一个时钟信号(SCL)和一个数据信号(SDA)，I^2C总线总是处于主模式。最大速率传输范围为400 kbps(快模式：f-mode)。主模式下I^2C总线波形如图1.11所示。

AC特性如表1.13所列。

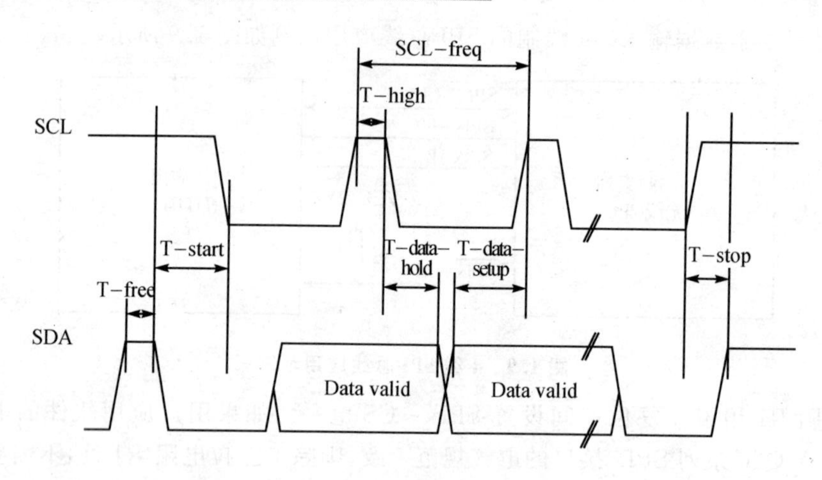

图 1.11 I²C 时序图,主模式

表 1.13 AC 特性

信 号	说 明	最小值	典型值	最大值	单 位
SCL－freq	I²C 时钟频率	100	—	400	kHz
T－start	START 状态保持时间	0.6	—	—	μs
T－stop	STOP 状态设置时间	0.6	—	—	μs
T－free	总线空闲时间,从 STOP 到 START	1.3	—	—	μs
T－high	时钟高电平	0.6	—	—	μs
T－data－hold	数据保持时间	0	—	0.9	μs
T－data－setup	数据设置时间	100	—	—	μs

表 1.14 列出了 I²C 总线的引脚。

表 1.14 I²C 引脚说明

信 号	引 脚	I/O	I/O类型	复位状态	说 明	复 用
SCL	44	O	漏极开路	Z	串行时钟	GPIO26
SDA	46	I/O	漏极开路	Z	串行数据	GPIO27

I²C 总线的应用示例如图 1.12 所示。

SCL 与 SDA 需要将电压上拉到 V_{I^2C},而 V_{I^2C}的值则取决于所连接用户的应用软件,而且要与无线 CPU 的电气规范一致。

如果 I²C 总线电压为 2.8 V,那么可以直接将上拉电阻接到无线 CPU 的 VCC_2V8(引脚10),如图 1.13 所示。

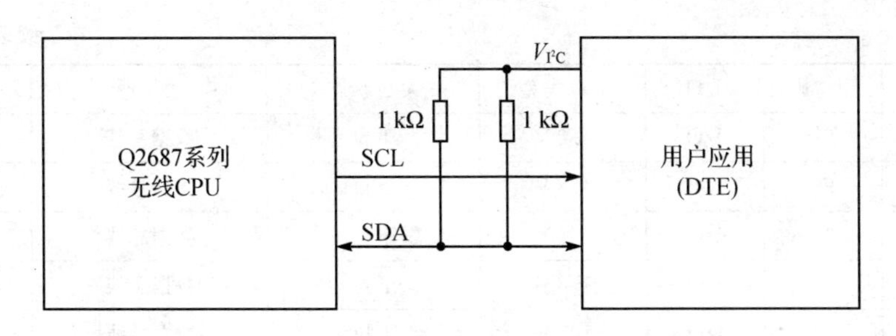

图 1.12　I^2C 总线应用示例

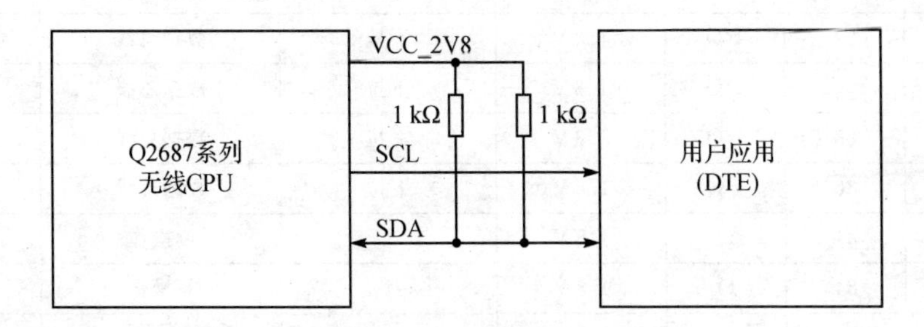

图 1.13　上拉电阻连接到 VCC_2V8 应用示例

I^2C 总线分为两种模式：一种是波特率为 100 kbps 的标准模式；另一种是波特率为 400 kbps 的快模式。上拉电阻的值根据所使用的模式来确定。在快模式下，建议使用 1 kΩ 电阻；在标准模式下，为了减少功率消耗，建议使用更高阻值的电阻。

1.6　并行接口

Q2687 系列无线 CPU 提供了一个 16 位的并行总线接口。要注意的是，只有 Q2687 系列无线 CPU 支持并行接口，Q2686 系列无线 CPU 不支持该功能。其引脚说明如表 1.15 所列。

表 1.15　Q2687 系列无线 CPU 并行总线接口引脚说明

信　号	引　脚	I/O	I/O类型	复位状态	说　明	复　用
D0	85	I/O	1.8 V	下拉	数据总线	无复用
D1	87	I/O	1.8 V	下拉	数据总线	无复用
D2	89	I/O	1.8 V	下拉	数据总线	无复用
D3	9	I/O	1.8 V	下拉	数据总线	无复用
D4	93	I/O	1.8 V	下拉	数据总线	无复用
D5	95	I/O	1.8 V	下拉	数据总线	无复用

续表 1.15

信号	引脚	I/O	I/O类型	复位状态	说明	复用
D6	97	I/O	1.8 V	下拉	数据总线	无复用
D7	99	I/O	1.8 V	下拉	数据总线	无复用
D8	00	I/O	1.8 V	下拉	数据总线	无复用
D9	98	I/O	1.8 V	下拉	数据总线	无复用
D10	96	I/O	1.8 V	下拉	数据总线	无复用
D11	94	I/O	1.8 V	下拉	数据总线	无复用
D12	92	I/O	1.8 V	下拉	数据总线	无复用
D13	90	I/O	1.8 V	下拉	数据总线	无复用
D14	88	I/O	1.8 V	下拉	数据总线	无复用
D15	86	I/O	1.8 V	下拉	数据总线	无复用
$\overline{OE}$-R/W	81	O	1.8 V	1	读操作	无复用
$\overline{WE}$-E	84	O	1.8 V	1	写操作	无复用
$\overline{CS3}$	83	O	1.8 V	1	芯片选择	无复用
$\overline{CS2}$	51	I/O	1.8 V	未定义	芯片选择	A25/GPIO1
A1	42	O	1.8 V	1	地址总线 1	无复用
A24	53	I/O	1.8 V	未定义	数据/命令选择	GPIO2

表1.16列出了在并行接口上根据地址总线大小而得出的不同组合的设置。

表 1.16 Q2687系列无线CPU的并行接口设置

地址总线条数	地址线	芯片选择	说明
1	A1	$\overline{CS2}$,$\overline{CS3}$	
2	A1,A24	$\overline{CS2}$,$\overline{CS3}$	
3	A1,A24,A25	$\overline{CS3}$	A25与/CS2复用

Q2687系列无线CPU中引脚5的VCC_1V8可为NAND存储器供电,图1.14所示为并行接口连接NAND存储器的示例图。

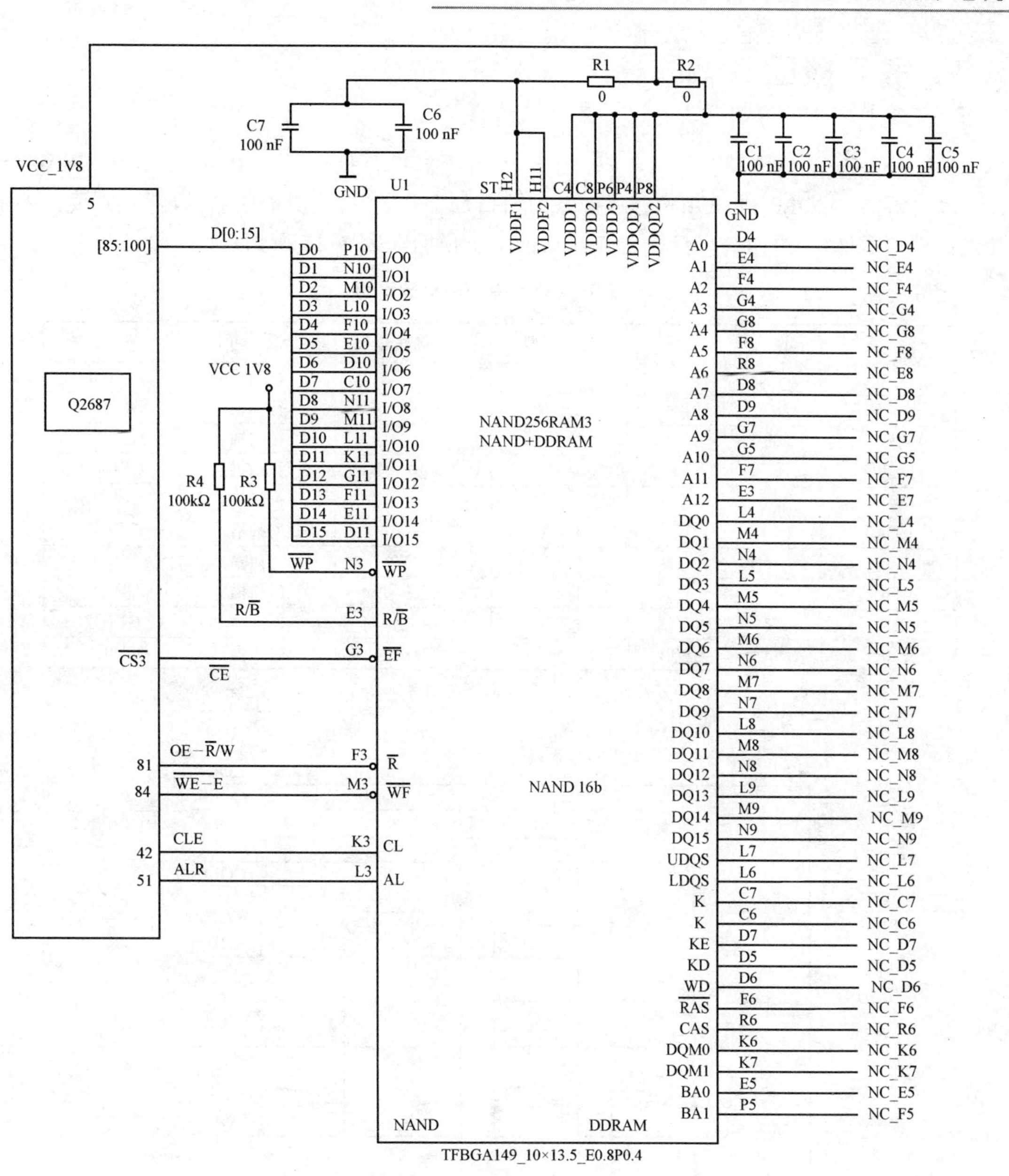

图 1.14　并行总线应用示例图

1.7 键盘接口

WISMO Quik Q26系列无线CPU为5×5行列式键盘提供了一个接口：5行(ROW0到ROW4)和5列(COL0到COL4)。该键盘为扫描数字式的，并且具有去抖功能，不需要再添加其他的模拟器件(如电阻、电容)。键盘接口的引脚说明如表1.17所列。

表1.17 键盘接口的引脚说明

信 号	引 脚	I/O	I/O类型	复位状态	说 明	复 用
ROW0	68	I/O	1.8 V	0	行扫描	GPIO9
ROW1	67	I/O	1.8 V	0	行扫描	GPIO10
ROW2	66	I/O	1.8 V	0	行扫描	GPIO11
ROW3	65	I/O	1.8 V	0	行扫描	GPIO12
ROW4	64	I/O	1.8 V	0	行扫描	GPIO13
COL0	59	I/O	1.8 V	上拉	列扫描	GPIO4
COL1	60	I/O	1.8 V	上拉	列扫描	GPIO5
COL2	61	I/O	1.8 V	上拉	列扫描	GPIO6
COL3	62	I/O	1.8 V	上拉	列扫描	GPIO7
COL4	63	I/O	1.8 V	上拉	列扫描	GPIO8

图1.15给出了键盘的应用示例。

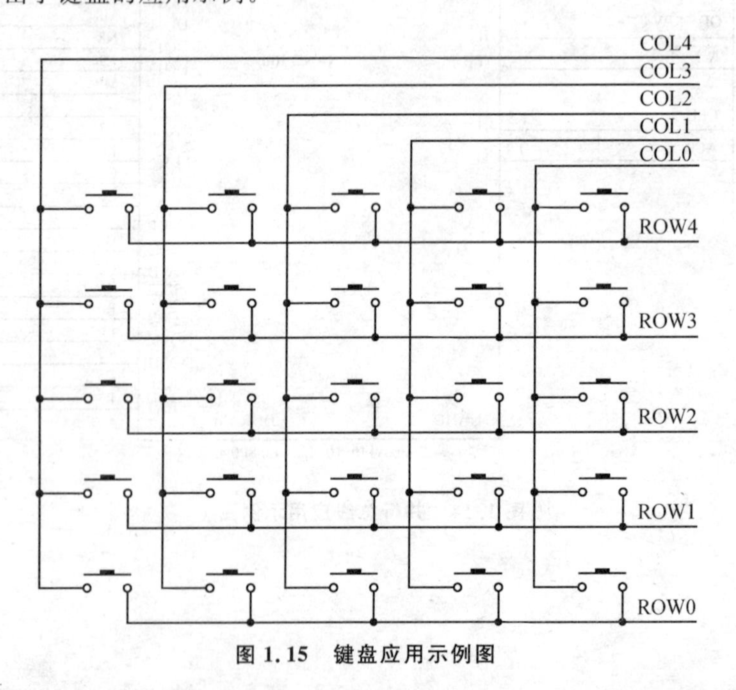

图1.15 键盘应用示例图

1.8　SIM卡接口

1. 引脚描述

WISMO Quik Q26系列无线CPU提供了SIM卡专用接口。SIM卡接口控制3 V/1.8 V SIM卡。该接口完全符合GSM 11.11关于SIM卡功能的标准。SIM卡接口有如下5个引脚：

SIM－VCC　为SIM卡提供工作电源；

$\overline{\text{SIM}}$－RST　SIM卡复位信号，使SIM卡复位；

SIM－CLK　时钟信号,为SIM卡提供工作时钟；

SIM－IO　I/O端口；

SIMPRES　SIM卡检测。

表1.18为SIM卡接口各引脚的详细说明。表1.19列出了SIM卡接口的电气特性。

表1.18　SIM卡接口引脚说明

信　号	引　脚	I/O	I/O类型	复位状态	说　明	复　用
SIM－CLK	14	O	2.9 V/1.8 V	0	SIM时钟	无复用
$\overline{\text{SIN}}$－RST	13	O	2.9 V/1.8 V	0	SIM复位	无复用
SIM－IO	11	I/O	2.9 V/1.8 V	上拉*	SIM数据	无复用
SIM－VCC	9	O	2.9 V/1.8 V		SIM电源	无复用
SIMPRES	12	I	1.8 V	Z	SIM卡检测	GPIO18

* SIM－IO上拉电阻大约为10 kΩ。

表1.19　SIM接口的电气特性

参　数	条　件	最小值	典型值	最大值	单　位
SIM－IO V_{IH}	$I_{IH}=\pm 20\ \mu A$	0.7×SIMVCC	—	—	V
SIM－IO V_{IL}	$I_{IL}=1$ mA	—	—	0.4	V
$\overline{\text{SIM}}$－RST,SIM－CLK V_{OH}	拉电流为20 μA	0.9×SIMVCC	—	—	V
SIM－IO V_{OH}	拉电流为20 μA	0.8×SIMVCC	—	—	V
$\overline{\text{SIM}}$－RST，SIM－IO，SIM－CLK V_{OL}	灌电流为－200 μA	—	—	0.4	V

续表 1.19

参　数	条　件	最小值	典型值	最大值	单　位
SIM - VCC 输出电压	SIMVCC＝2.9 V IVCC＝1 mA	2.84	2.9	2.96	V
	SIMVCC＝1.8 V IVCC＝1 mA	1.74	1.8	1.86	V
SIM - VCC 电流	VBATT＝3.6 V	—	—	10	mA
SIM - CLK Rise/Fall Time	30 pF	—	20	—	ns
$\overline{\mathrm{SIM}}$ - RST Rise/Fall Time	30 pF	—	20	—	ns
SIM - IO Rise/Fall Time	30 pF	—	0.7	1	μs
SIM - CLK 频率	30 pF	—	—	3.25	MHz

这里要注意的是，使用 SIM 卡时，电平由低到高的跃迁表示 SIM 卡被插入，电平由高到低的变化表示 SIM 卡被移除。

2. 典型应用

为了防止静电放电，建议在 SIM 卡插座上连接瞬间电压抑制二极管（Transient Voltage Suppressor，TVS）。将低电容（小于 10 pF）的 TVS 二极管连接到 SIM - CLK 与 SIM - IO 信号上，可以避免上升沿与下降沿时的干扰。这些二极管应该放置于尽量接近卡槽的位置。SIM 卡插槽的典型应用如图 1.16 所示。

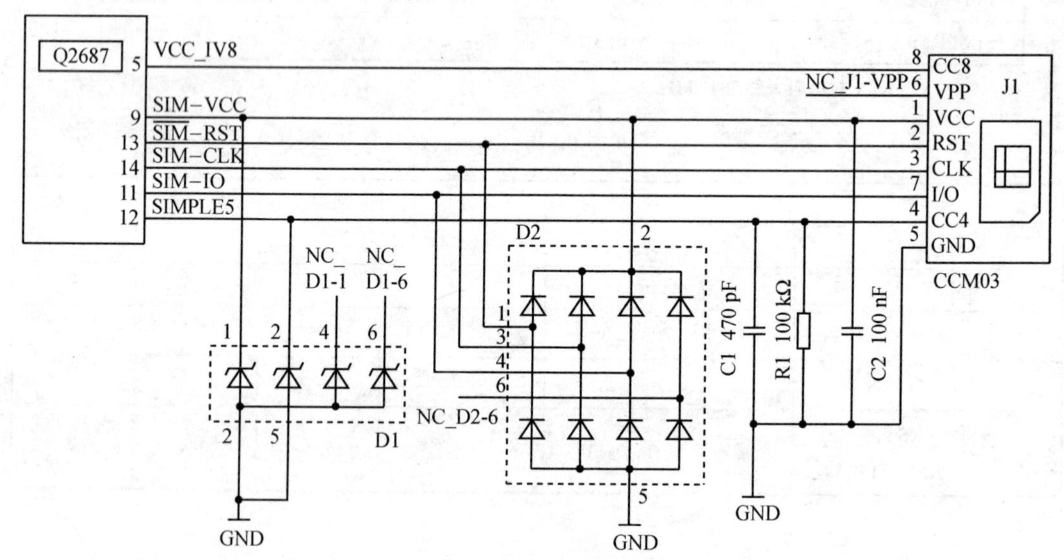

图 1.16　SIM 卡接口应用示例

建议使用组件的参数如下：

R1：100 kΩ。

C1：470 pF。

C2：100 nF。

D1：ESDA6V1SC6 from ST。

D2：DALC208SC6 from SGS－THOMSON。

J1：ITT CANNON CCM03 系列。

SIM－VCC上连接的电容(C2)最大值不能超过330 nF。表1.20所列为SIM卡槽引脚说明。

表1.20　SIM卡槽引脚说明

信　号	引　脚	说　明
VCC	1	SIM－VCC
RST	2	$\overline{\text{SIM}}$－RST
CLK	3	SIM－CLK
CC4	4	100 kΩ 上拉电阻的 SIMPRES
GND	5	GROUND
VPP	6	悬空
I/O	7	SIM－IO
CC8	8	无线CPU的VCC_1V8(引脚5)

1.9　通用输入/输出接口

WISMO Quik Q26系列无线CPU提供了44个通用I/O,可以用于控制外部设备,例如LCD,键盘背光灯等。Q2687系列无线CPU各GPIO引脚的说明,如表1.21所列。

表1.21　Q2687系列无线CPU GPIO引脚说明

信　号	引　脚	I/O	I/O类型	复位状态	复　用
GPIO1	51	I/O	1.8 V	未定义	A25/$\overline{\text{CS2}}$*
GPIO2	53	I/O	1.8 V	未定义	A24*
GPIO3	50	I/O	1.8 V	Z	INT0
GPIO4	59	I/O	1.8 V	上拉	COL0
GPIO5	60	I/O	1.8 V	上拉	COL1

续表 1.21

信　号	引　脚	I/O	I/O 类型	复位状态	复　用
GPIO6	61	I/O	1.8 V	上拉	COL2
GPIO7	62	I/O	1.8 V	上拉	COL3
GPIO8	63	I/O	1.8 V	上拉	COL4
GPIO9	68	I/O	1.8 V	0	ROW0
GPIO10	67	I/O	1.8 V	0	ROW1
GPIO11	66	I/O	1.8 V	0	ROW2
GPIO12	65	I/O	1.8 V	0	ROW3
GPIO13	64	I/O	1.8 V	0	ROW4
GPIO14	31	I/O	1.8 V	Z	CT103/TXD2
GPIO15	30	I/O	1.8 V	Z	CT104/RXD2
GPIO16	32	I/O	1.8 V	Z	$\overline{CT106}$/CTS2
GPIO17	33	I/O	1.8 V	Z	$\overline{CT105}$/TRS2
GPIO18	12	I/O	1.8 V	Z	SIMPRES
GPIO19	45	I/O	2.8 V	Z	无复用
GPIO20	48	I/O	2.8 V	未定义	无复用
GPIO21	47	I/O	2.8 V	未定义	无复用
GPIO22	57	I/O	2.8 V	Z	无复用**
GPIO23	55	I/O	2.8 V	Z	无复用**
GPIO24	58	I/O	2.8 V	Z	无复用
GPIO25	49	I/O	2.8 V	Z	INT1
GPIO26	44	I/O	漏极开路	Z	SCL
GPIO27	46	I/O	漏极开路	Z	SDA
GPIO28	23	I/O	2.8 V	Z	SPI1 - CLK
GPIO29	25	I/O	2.8 V	Z	SPI1 - IO
GPIO30	24	I/O	2.8 V	Z	SPI1 - I
GPIO31	22	I/O	2.8 V	Z	$\overline{SPI1}$ - CS
GPIO32	26	I/O	2.8 V	Z	SPI2 - CLK
GPIO33	27	I/O	2.8 V	Z	SPI2 - IO
GPIO34	29	I/O	2.8 V	Z	SPI2 - I
GPIO35	28	I/O	2.8 V	Z	$\overline{SPI2}$ - CS
GPIO36	71	I/O	2.8 V	Z	CT103/TXD1

续表1.21

信号	引脚	I/O	I/O类型	复位状态	复用
GPIO37	73	I/O	2.8 V	Z	CT104/RXD1
GPIO38	72	I/O	2.8 V	Z	$\overline{\text{CT105}}$/RTS1
GPIO39	75	I/O	2.8 V	Z	$\overline{\text{CT106}}$/CTS1
GPIO40	74	I/O	2.8 V	Z	$\overline{\text{CT107}}$/DSR1
GPIO41	76	I/O	2.8 V	Z	$\overline{\text{CT108}}$-2/DTR1
GPIO42	69	I/O	2.8 V	未定义	$\overline{\text{CT125}}$/RI1
GPIO43	70	I/O	2.8 V	未定义	$\overline{\text{CT109}}$/DCD1
GPIO44	43	I/O	2.8 V	未定义	32 kHz

* 在Q2687/X61系列中,这些引脚与并行总线(只有在Q2687/X61系列产品上支持并行总线)的控制信号复用。如果使用了并行总线,则这些引脚会强制转换为并行总线的功能。而Q2686系列无线CPU不支持并行总线,所以这些引脚无复用。

** 如果Q2686/7系列无线CPU使用了蓝牙模块,那么这些GPIO就要被保留。

1.10 A/D转换器

WISMO Quik Q26系列无线CPU内部提供了BAT-TEMP和AUX-ADC两个10位模/数转换器(ADC),转换电压为2 V。BAT-TEMP用于监控电池温度,应用软件在其过热时断开电源,以保证安全。AUX-ADC供用户应用软件使用。表1.25所列为ADC引脚说明。

表1.22 A/D转换器的引脚说明

信号	引脚	I/O	I/O类型	说明
BAT-TEMP*	20	I	模拟	A/D转换器
AUX-ADC	21	I	模拟	A/D转换器

* 该输入信号为电池充电温度传感器信号,用于测量电池温度。

ADC电气特性如表1.23所列。

表1.23 ADC电气特性

参数	最小值	典型值	最大值	单位
采样精度	—	10	—	位
采样速率	—	—	138**	Hz
输入信号范围	0	—	2	V

续表 1.23

参　数		最小值	典型值	最大值	单　位
INL(积分非线性)		—	—	15	mV
DNL(微分非线性)		—	—	2.5	mV
输入阻抗	BAT-TEMP	—	1M*	—	Ω
	AUX-ADC	—	1M	—	Ω

* 内部上拉电阻将电压提升到2.8 V。

* AUX-ADC和Open AT®应用程序的采样速率。

1.11 D/A转换器

Q2687系列无线CPU内部具有一个8位的数/模转换器(DAC),其转换电压为2.3 V。表1.24所列为D/A转换器的引脚说明。

该输出信号的外负载假设为典型的2 kΩ电阻和50 pF电容并联。

DAC的电气特性如表1.25所列。

表1.24 DAC引脚说明

信　号	引　脚	I/O	I/O类型	说　明
AUX-DAC	82	O	模拟	D/A转换器

表1.25 DAC的电气特性

参　数	最小值	典型值	最大值	单　位
采样精度	—	8	—	位
输出信号电压范围	0	—	2.3	V
复位后输出电压	—	1.147	—	V
INL(积分非线性)	−5	—	+5	LSB
DNL(微分非线性)	−1	—	+1	LSB

1.12 温度传感器接口

WISMO Quik Q2687系列无线CPU中嵌入了一个温度传感器,可以由软件通过ADC来获取Q2687无线CPU的温度。图1.17所示为该接口的特性曲线,平均步长为15 mV/℃。

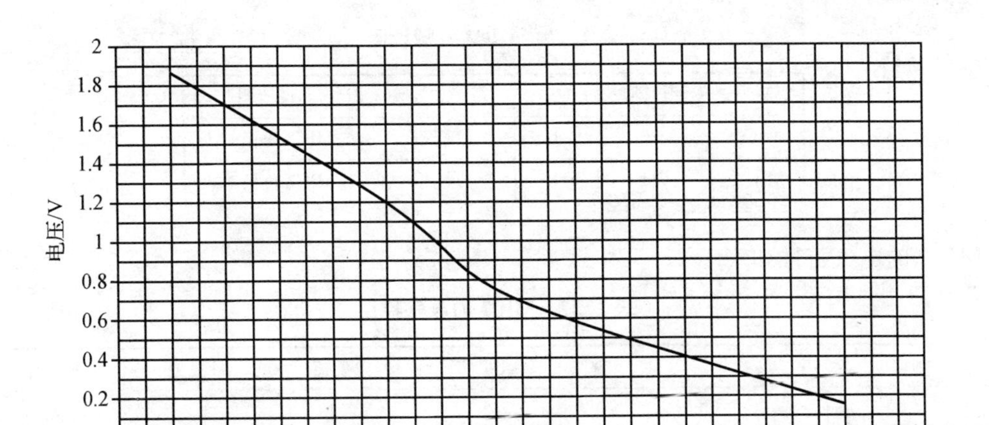

图 1.17　温度传感器特性曲线

1.13　模拟音频接口

WISMO Quik Q26 系列无线 CPU 具有免提回音消除功能，提供了两组话筒（MIC）输入接口（MIC1、MIC2）和两组扬声器输出接口（SPK1、SPK2）。

1.13.1　话筒输入接口

话筒的连接方式可以采用差分方式或单端方式。为了消除共模噪声和 TDMA 噪声，最好使用差分方式连接。使用单端连接时，要确保有很好的接地层、滤波器和屏蔽层，以避免产生对音频线路的干扰。

MIC2 接口内部具有电压偏置电路，可以方便地与手持话筒直接连接，而 MIC1 接口内部没有电压偏置电路，因此使用时需要增加外部电压偏置电路。

MIC 的输入增益可以从内部调整，也可以使用 AT 指令进行调整。

1. 主话筒输入（MIC2）

一般来说，MIC2 为差分输入（可以设置成单端方式），而且内部已包含电压偏置电路，话筒可以直接连接到该接口上。WISMO Quik Q26 系列无线 CPU 中已经嵌入了 AC 耦合器。MIC2 的引脚说明如表 1.26 所列。

表 1.26　MIC2 引脚说明

信　号	引　脚	I/O	I/O 类型	说　明
MIC2P	36	I	模拟	MIC2 正极输入
MIC2N	34	I	模拟	MIC2 负极输入

MIC2 的电气特性如表 1.27 所列。

表 1.27　MIC2 的电气特性

参　数		最小值	典型值	最大值	单　位
内部偏置电路	电压	2	2.1	2.2	V
	输出电流	—	—	1.5	mA
单端阻抗	内部 AC 耦合器	—	100	—	nF
	MIC2P(MIC2N 悬空)	1 100	1 340	1 600	Ω
	MIC2P(MIC2N 接地)	900	1 140	1 400	Ω
	MIC2N(MIC2P 悬空)	1 100	1 340	1 600	Ω
	MIC2N(MIC2P 接地)	900	1 140	1 400	Ω
输入电压	差分输入电压*	—	—	346	mV(RMS)
	最大绝对额定值	0	—	6**	V

* 输入电压由 AT 指令设置的话筒增益来决定。

** 由于 MIC2P 是内部偏压的，所以当连接由产生器提供的音频信号时需要使用一个耦合电容。只有无源话筒可以直接连接到 MIC2P 和 MIC2N 上。

(1) 差分连接

图 1.18 所示为带有 LC 滤波器的 MIC2 差分连接示例。

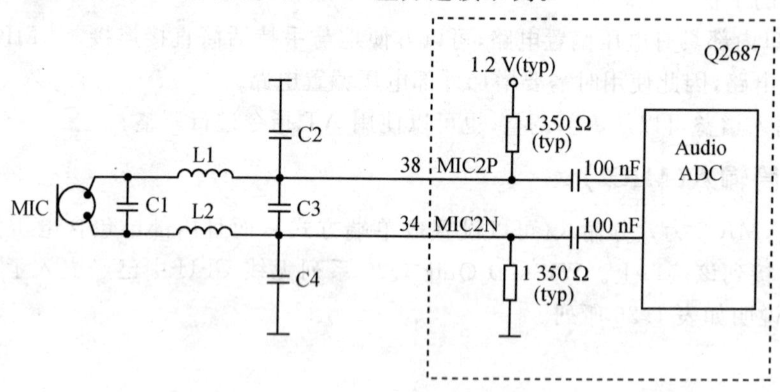

图 1.18　带有 LC 滤波器的 MIC2 差分连接示例

在图1.18中，C1要尽可能安放在离话筒最近的位置，用于消除TDMA噪声，要尽可能靠近无线CPU的接口。可根据实际情况(如接地层、屏蔽层等)决定是否选择L1、L2、C2、C3、C4。如果没有这些滤波器，音频质量可能也会很好，但是如果有电磁干扰的情况下，使用这些滤波器可以降低TDMA噪声。不使用LC滤波器的应用连接，如图1.19所示。

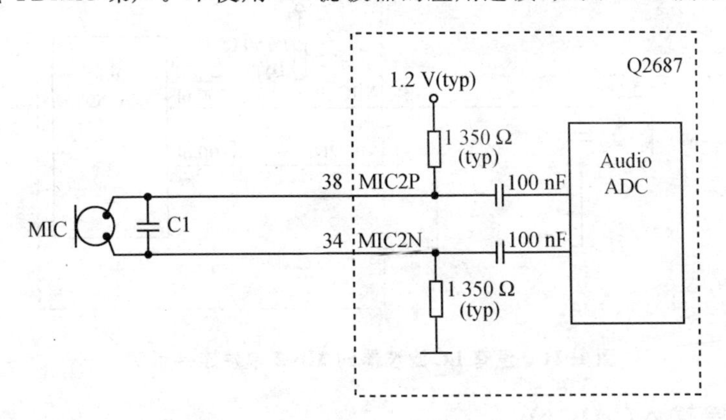

图1.19　无LC滤波器的MIC2差分连接示例

建议使用的组件为：

C1：12～33 pF。

C2，C3，C4：47 pF。

L1，L2：100 nH。

(2) 单端连接

图1.20为带有LC滤波器的MIC2单端连接示例。

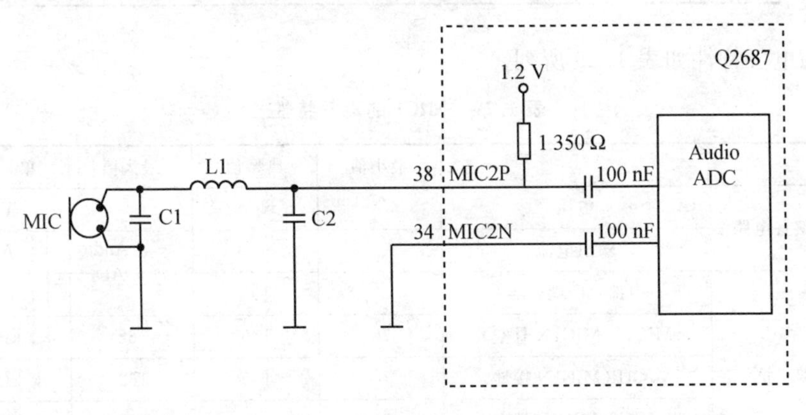

图1.20　带有LC滤波器的MIC2单端连接示例

由于MIC2N直接接地，故内部输入电阻值变为1 150 Ω。

一般来说，单端模式不能消除TDMA噪声。所以要消除TDMA噪声，就要增加LC滤波器 L1 和 C2。不使用话筒的时候，可以用一个 0Ω 电阻来代替滤波器，且不连接 C2。如图 1.21所示。其中，C1 为 12～33 pF。

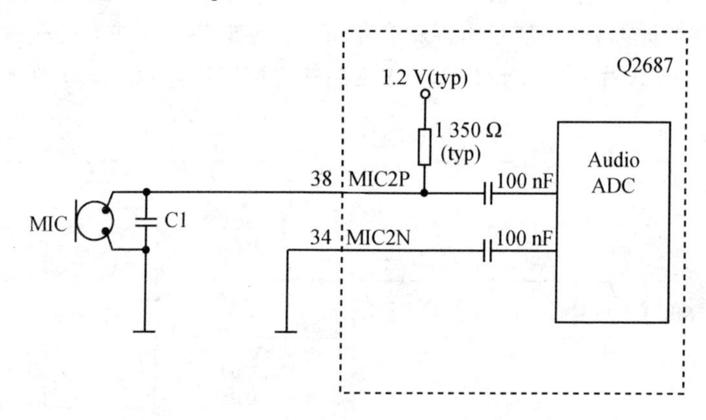

图 1.21　没有 LC 滤波器的 MIC2 单端连接示例

2. 辅助话筒输入(MIC1)

MIC1 接口是没有分压电路的差分接口，因此，使用驻极体话筒时，要根据话筒的电气特性设计外部电压偏置电路。接口中已经嵌入了 AC 耦合器。MIC1 引脚说明如表 1.28 所列。

表 1.28　MIC1 引脚说明

信　号	引　脚	I/O	I/O 类型	说　明
MIC1P	40	I	模拟	MIC1 正极输入
MIC1N	38	I	模拟	MIC1 负极输入

MIC1 的电气特性如表 1.29 所列。

表 1.29　MIC1 的电气特性

参　数		最小值	典型值	最大值	单　位
内部偏置电路	电压		N/A		V
	输出电流		N/A		A
单端阻抗	内部 AC 耦合器		100		nF
	MIC1P(MIC1N 悬空)	70	100	162	kΩ
	MIC1P(MIC1N 接地)	70	100	162	kΩ
	MIC1N(MIC1P 悬空)	70	100	162	kΩ
	MIC1N(MIC1P 接地)	70	100	162	kΩ

续表 1.29

参数		最小值	典型值	最大值	单位
输入电压	差分输入电压*	—	—	346	mV(RMS)
	最大绝对额定值	0	—	6	V

* 输入电压由AT指令设置的话筒增益来决定。

(1) 差分连接

图1.22为带有LC滤波器的MIC1差分连接示例。

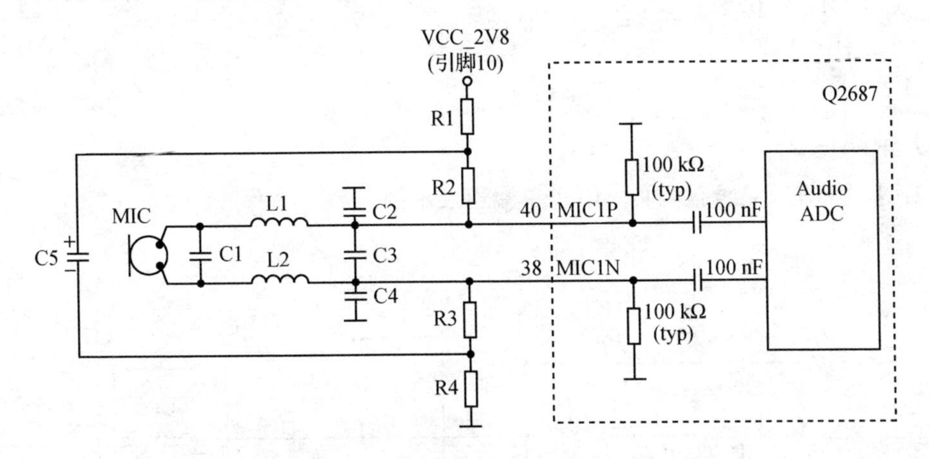

图1.22 带有LC滤波器的MIC1差分连接示例

图1.23所示为不带LC滤波器的MIC1差分连接示例。

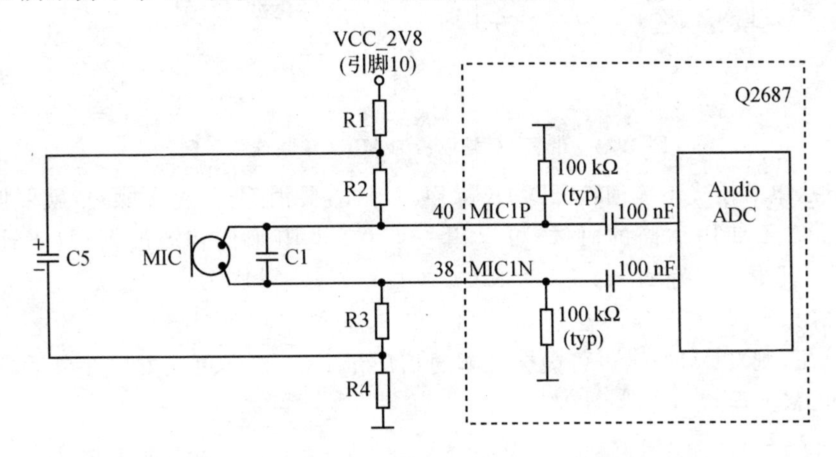

图1.23 不带LC滤波器的MIC1差分连接

在图1.22与图1.23中，C1要尽可能安放在离话筒最近的位置，用于消除TDMA噪声。

偏置电压可以直接使用Q26系列无线CPU的VCC_2V8(引脚10),也可以根据话筒的特性采用其他2～3 V的电压。

建议使用的组件参数为:

R1:4.7 kΩ。

R2、R3:820Ω。

R4:1 kΩ。

C1:12～33 pF。

C2,C3,C4:47 pF。

C5:2.2 μF±10%。

L1、L2:100 nH。

(2) 单端连接

图1.24为带有LC滤波器的MIC1单端连接示例。

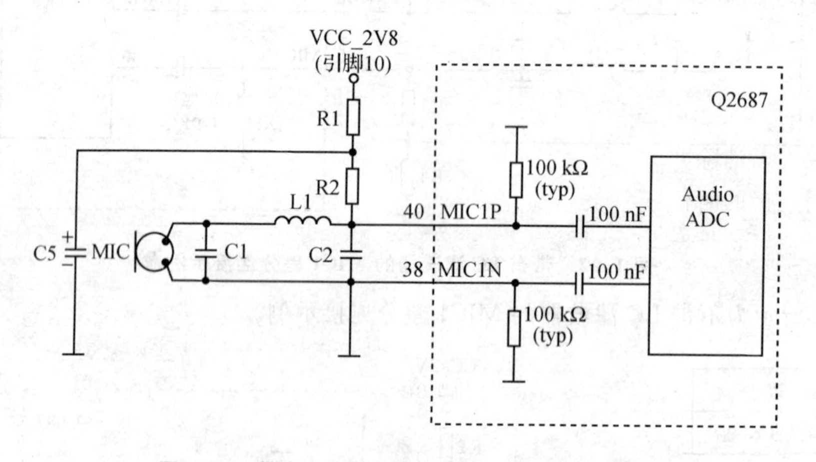

图1.24 带有LC滤波器的MIC1单端连接示例

一般来说,单端模式不能消除TDMA噪声。因此,要消除TDMA噪声,就要增加LC滤波器L1和C2。不使用话筒的时候,可以用一个0Ω电阻来代替滤波器,且不连接C2,如图1.25所示。其中,R1为47 kΩ,R2为820 Ω,C1为12～33 pF。

在单端情况下,偏置电压不能使用VCC_2V8,而要采用另外2～3 V的电压。若使用VCC_2V8电压,则TDMA噪声可能会影响通信质量。C1要尽可能安放在离话筒最近的位置,以消除TDMA噪声。

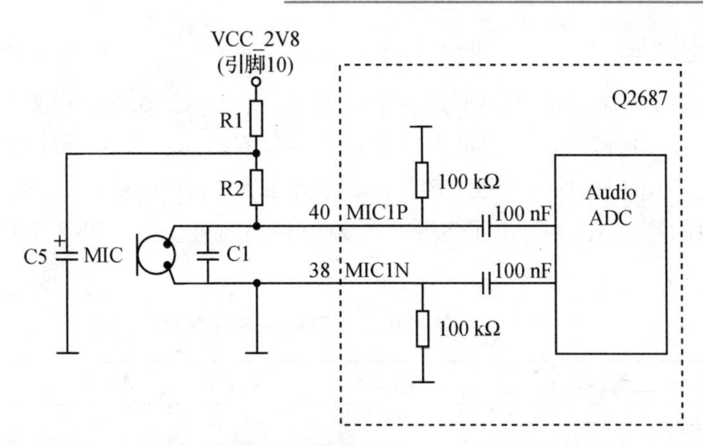

图1.25　不带LC滤波器的MIC1单端连接示例

1.13.2　扬声器接口

1. 扬声器输出特性

SPK1的连接采用单端方式，而SPK2既可以采用单端方式，又可以采用差分方式。使用差分方式连接可以消除共模噪声和TDMA噪声，而在单端模式下，会有一半的功率被损耗。使用单端模式连接的时候，要确保有很好的接地层、接地滤波器和屏蔽层，以避免对音频线路产生干扰。

差分方式扬声器输出阻抗如表1.30所列；单端方式扬声器输出阻抗如表1.31所列。

表1.30　差分方式连接扬声器的电气特性

参　数	典型值	单　位
Z(SPK2P,SPK2N)	8	Ω

表1.31　单端方式连接扬声器的电气特性

参　数	典型值	单　位
Z(SPK1P,SPK1N)	16或32	Ω
Z(SPK2P,SPK2N)	8	Ω

2. 扬声器输出引脚

扬声器的输出引脚说明如表1.35所列。

表1.32　SPK2引脚说明

信　号	引　脚	I/O	I/O类型	说　明
SPK1P	35	O	模拟	SPK1正极输出
SPK1N	37	O	模拟	SPK1负极输出
SPK2P	39	O	模拟	SPK2正极输出
SPK2N	41	O	模拟	SPK2负极输出

3. 话筒输出功率

由于两个话筒的配置不同，SPK1只有单端方式，而SPK2既可以设置成单端方式，又可以设置差分方式，因此这两个话筒的最大输出功率也是不同的。SPK2可以提供更大的功率。

表1.33列出了Q2686系列无线CPU单端方式下SPK1P的输出特性。单端方式下，只有SPK1P是可用的。表1.34列出了SPK2的差分输出特性。若SPK2采用单端方式，那么最大输出功率应减半。

表1.33　单端方式下SPK1K输出特性

参　数		最小值	典型值	最大值	单　位
输出偏置	电压	—	1.20	—	V
输出电压		0	—	2.75	V(PP)
输出功率	单端32Ω负载	—	—	27	mW
输出电流	最大容许	—	—	85	mA

表1.34　SPK2的差分输出特性

参　数		最小值	典型值	最大值	单　位
输出偏置	SPK2P和SPK2N电压	—	1.20	—	V
输出电压	SPK2P电压	0	—	0.9	V(PP)
	SPK2N电压	0	—	0.9	V(PP)
	差分电压(SPK2P−SPK2N)	0	—	1.8	V(PP)
输出功率	差分8Ω负载	—	—	48	mW
输出电流	最大容许	—	—	110	mA

4. 典型应用

扬声器的输出端接口可以直接连接扬声器。扬声器的最大输出功率不能超过设定值，否则就会损坏无线CPU。

(1) 差分连接

图1.26所示为扬声器差分连接示例。

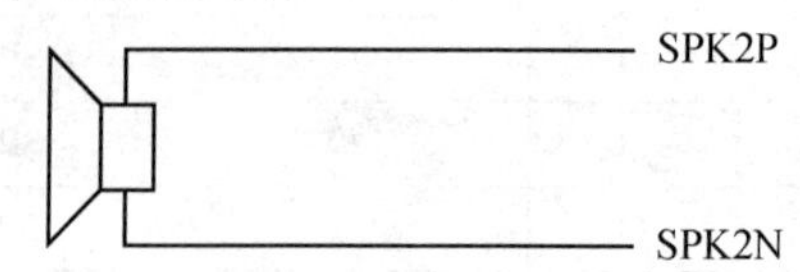

图1.26　扬声器的差分连接示例

差分模式中扬声器放大器输出阻抗为：$R \leqslant 1\,\Omega \pm 10\%$。无线 CPU 与扬声器连接时，要保证串行阻抗低于 3 Ω。

(2) 单端连接

图 1.27 所示为扬声器单端连接示例。

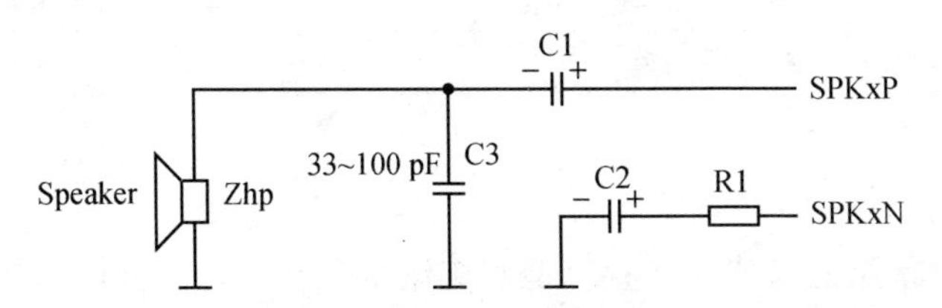

图 1.27　扬声器单端连接示例

图中，C1 为 6.8～47 μF，该值取决于扬声器性能与输出功率。C1＝C2；R1＝Zhp。

单端连接方式能造成输出功率的损耗，所以采用单端连接方式的扬声器输出功率要比差分方式的输出功率低 6 dB。对于一个 32 Ω 的扬声器，可以使用更为便宜小巧的电阻和电容，如：R1＝82 Ω，C2＝6.8 μF。单端模式下无线 CPU 与扬声器连接时，要保证串行阻抗低于 1.5 Ω。

(3) 标准扬声器的特性

标准扬声器的。特性如下：

- 类型：10 mW；电磁型。
- 阻抗：$Z=8\,\Omega$(SPK2)；$Z=32\,\Omega$(SPK1)。
- 灵敏度：最小 110 dB SPL(0 dB＝20 μPa)。
- 频率响应符合 GSM 标准。

1.14　蜂鸣器接口

1. 引脚描述

BUZZ-OUT 接口由脉宽调制控制器来控制，并且只能用于连接蜂鸣器。该接口为 Open drain 类型，蜂鸣器可以直接连接到该接口的输出端与 VBATT 之间。最大电流为 100 mA。表 1.35 列出了 PWM/BUZZER 输出接口的引脚说明。该接口的电气特性如表 1.36 所示。

表 1.35　PWM/BUZZER 输出引脚说明

信　号	引　脚	I/O	I/O 类型	复位状态	说　明
BUZZ-OUT	15	O	漏极开路	Z	蜂鸣器输出

表1.36 BUZZ-OUT接口电气特性

参 数	条 件	最小值	最大值	单 位
$V_{OL\ on}$	I_{ol}=100 mA	—	0.4	V
I_{PEAK}	VBATT=VBATTmax	—	100	mA
频率		1	50 000	Hz

2. 典型应用

在嵌入式系统中常用的蜂鸣器有直流型和交流型两种。直流型蜂鸣器只需要提供额定电压就可以控制蜂鸣器工作;交流型蜂鸣器则须提供一定频率的交流信号,才可以使蜂鸣器工作。直流型蜂鸣器的蜂鸣频率是固定不能改变的,而交流型蜂鸣器则可以通过更改驱动电流的频率来调整蜂鸣频率。这两种类型的蜂鸣器都可以使用相同的控制电路,只是控制方式有所不同。

蜂鸣器允许的最大峰值电流为80 mA,最大平均电流为40 mA。为了抵抗瞬时峰值电压,需要添加一个二极管,如图1.28所示。

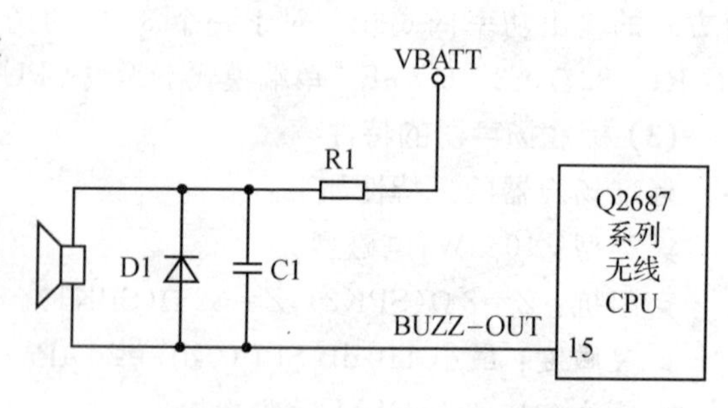

图1.28 蜂鸣器应用示例

图中,R1的作用是限制最大峰值电流,是必须接的。根据蜂鸣器的类型不同,电容C1可以选择0~100 nF。二极管D1为BAS16。标准蜂鸣器参数如下:

- 类型:电磁型。
- 阻抗:7~30 Ω。
- 灵敏度:最小90 dB SPL@10cm。
- 电流:60~90 mA。

BUZZ-OUT还可以连接一个LED,如图1.29所示。

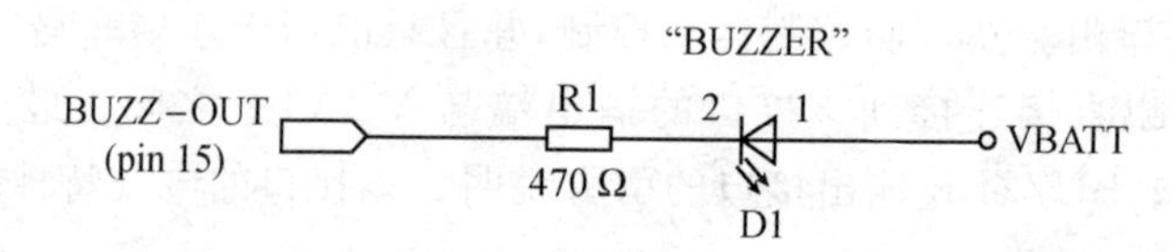

图1.29 BUZZ-OUT连接LED示例

图中,电阻R1的值可以根据LED(D1)的特性来调整。

1.15 充电器接口

WISMO Quik Q26 系列无线 CPU 提供了一个充电电路、两种算法和一个硬件充电方式(预充电),可使用三种类型的电池:Ni－Cd(镍-镉),算法 0;Ni－Mh(镍-氢),算法 0;Li－Ion(锂离子),算法 1。图 1.30 所示为典型的充电电路示例图。

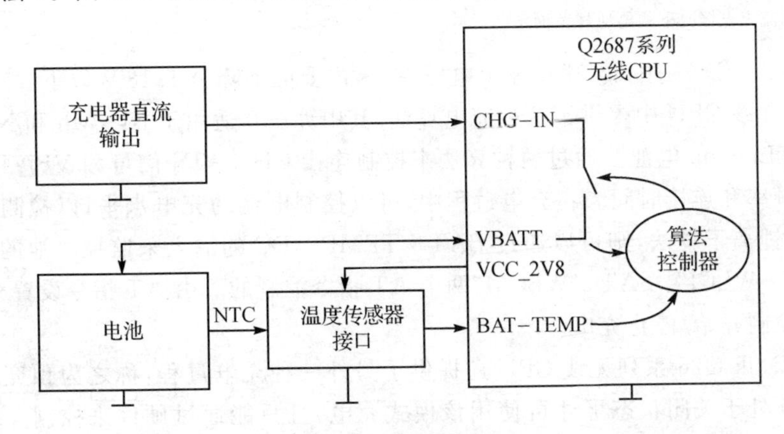

图 1.30　充电电路示例

Q26 系列无线 CPU 的充电电路由 CHG－IN 和 VBATT 之间的晶体管开关构成。通过两种算法来控制充电过程。BAT－TEMP 专用于温度监控,为 ADC 接口。要完成充电过程还需要三个外部的硬件支持:

- 800 mA 直流电源。电压范围由所选择的电池而定,并且要符合无线 CPU 的规范。
- 可充电电池。可以是锂电池、镍氢电池或者镍镉电池。如果无线 CPU 不使用可充电电池供电,则应将 CHG－IN 引脚悬空。
- 模拟温度传感器。该传感器只适用于锂电池,用于监控电池的温度,由一个 NTC 传感器和若干电阻组成。

表 1.37 所列为电池 AC/DC 适配器的规格说明。

表 1.37　电池 AC/DC 适配器规格说明

参　数	最小值	典型值	最大值	单　位	备　注
输入电压	90	—	265	V(rms)	
输入频率	45	—	65	Hz	
输出电压限制		—	6	V	无负载
	4.6	—	—	V	最大输出电流

续表 1.37

参　数	最小值	典型值	最大值	单　位	备　注
输出电流	*	1C**	***	mA	
输出电压	—	—	150	mV(PP)	最大输出电流,输出电压为5.3 V

*依据电流充电情况下的电池规范而定。

**1C为电池的正常容量。

***依据电流充电情况下的电池规范而定。

如果去掉AC/DC适配器,建议输出电压在1 s内要能下降至1.18 V以下。

Q26系列无线CPU中提供了两种充电算法,其中算法0适用于Ni-Mh和Ni-Cd电池,算法1适用于Li-Ion电池。通过两种算法来控制连接CHG-IN信号和VBATT信号的开关,控制转换频率和连接时间。在充电过程中,可以控制电池的充电水平,以检测充电是否结束。如果使用锂离子算法,则可以通过BAT-TEMP ADC的输入来监控电池的温度。充电算法是由"AT+WBCI"," AT+WBCM"两个AT指令控制的。由AT指令设置充电参数,选择电池类型,控制开始/停止充电。

WISMO Quik Q26系列无线CPU还提供了另外一种充电过程,称之为预充电模式。只有在无线CPU处于关闭状态下才可使用该模式充电,且只能通过硬件来控制。使用这种模式能够避免因过度放电使电池电量低于最低水平而造成的对电池的损害。

1.15.1 镍镉/镍氢充电算法

充电时,充电算法会在开关打开(T2)的时候测量电池电量,并关闭开关(T1)来给电池充电。当电池充电完毕(电池电压达到BattLevelMax)后,开关又会打开(T3)。充电波形如图1.31所示。

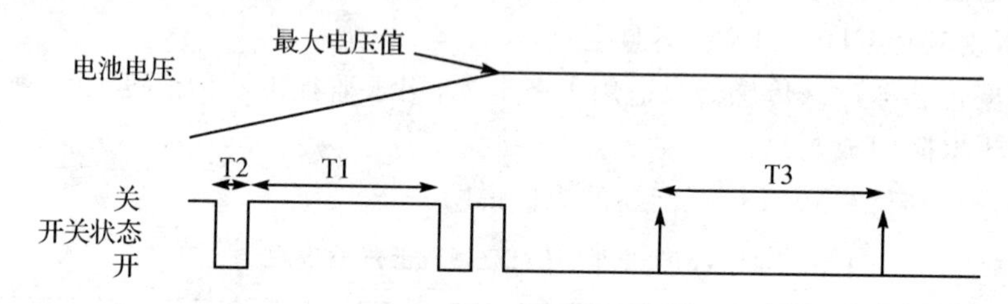

图1.31　镍镉/镍氢充电波形

镍镉/镍氢电池充电算法的电气特性如表1.38所列。

表 1.38 Ni-Cd/Ni-Mh 充电算法的电气特性

参 数	最小值	典型值	最大值	单 位
T1	—	1	—	s
T2	—	0.1	—	s
T3	—	5	—	s

这里的T1,T2,T3以及BattLevelMax都可以通过AT指令来设置。电池电量水平可以通过软件来监控。

1.15.2 锂离子充电算法

锂离子充电算法提供了对电池温度的监控,可以避免在充电过程中造成的电池损害。锂离子充电算法可以分解成三个阶段:

① 恒定电流充电阶段。

② 脉冲充电开始阶段。

③ 脉冲充电结束阶段。

三个阶段的波形如图1.32所示。从图中看出,恒定电流充电阶段为直至达到额定电压为止,在图1.32中为4.1 V,默认值为4.0 V。在脉冲充电开始阶段,每隔100 ms的休止期产生1 s的充电脉冲。当休止期电压超过BattLevelMax(默认值为4.2 V)时,休止期持续时间增长,进入脉冲充电结束阶段。当电池电压值超过4.2 V时,充电结束。如果电池充满以后,充电器还接在无线CPU上,那么充电算法会等待,直到电压差达103 mV,又会进入新一轮的充电过程。

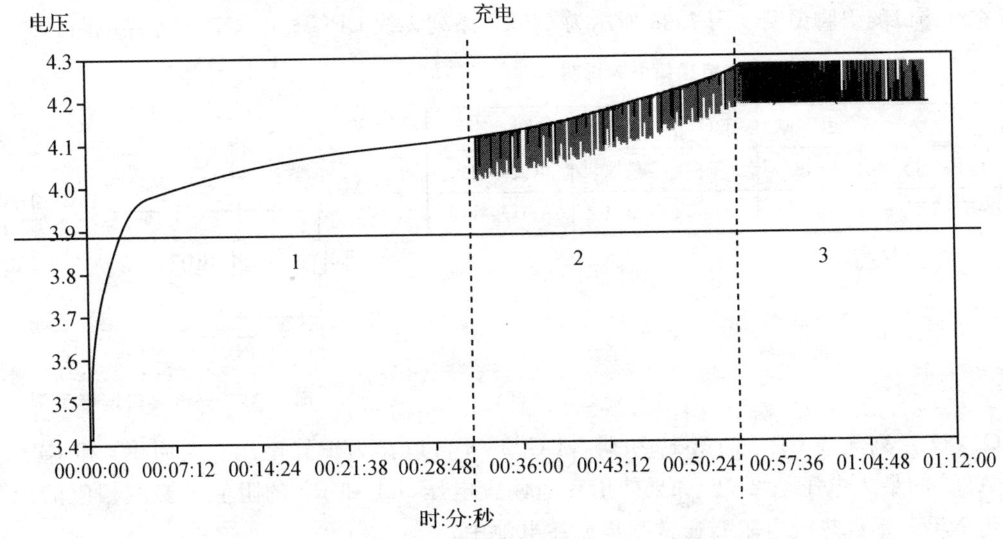

图 1.32 锂离子充电算法完全充电的三个阶段波形图

锂电池充电算法的电气特性如表1.39所列。

表1.39 锂电池充电算法的电气特性

参数		最小值	典型值	最大值	单位
第一阶段	关	—	Always	—	s
第二阶段	开	—	0.1	—	s
	关	—	1	—	s
第三阶段	开	0.1	—	10	s
	关	—	1	—	s

1.15.3 预充电模式

预充电模式是由硬件控制，而不是由软件控制的。只有当无线CPU已关闭，并且VBATT在2.8～3.2 V之间时预充电模式才能被激活。充电器电源应该连接到GHG－IN(引脚6,8)上。此模式下的充电电流为50 mA直流电，充电时FLASH－LED会不断闪烁。

预充电模式其实并不是一个真正的充电模式，它并不能完全充电，但是可以防止电池放电过度而使电池电压降低到最低限制之下，以延长电池寿命。

1.15.4 温度监控

温度控制只在锂电池算法1时可用。BAT－TEMP(引脚20)ADC输入对NTC温度传感器所提供的模拟温度信号进行采样，最小和最大温度范围可以由AT指令来设定。表1.40列出了电源充电接口的引脚说明。图1.33所示为Q2687系列无线CPU充电接口的连接电路。

表1.40 电源充电接口引脚说明

信号	引脚	I/O	I/O类型	说明
CHG－IN	6,8	I	模拟	电流源输入
BAT－TEMP	20	I	模拟	A/D转换器

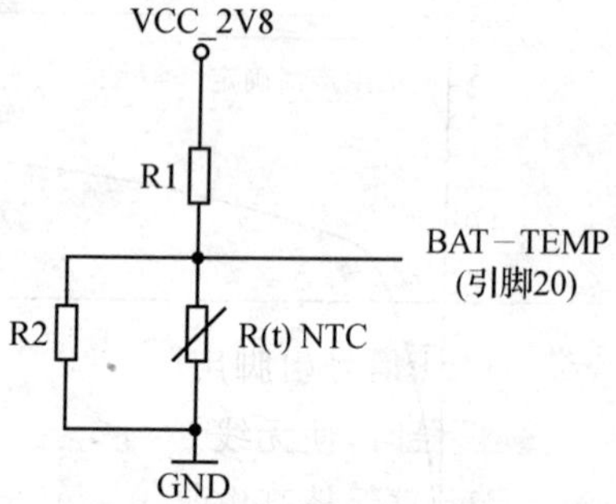

图1.33 充电接口连接示例

Q2687系列无线CPU的第10引脚VCC_2V8可以作为偏置电压。电阻R1和R2用于调整ADC的最大电压至2 V。如果使用其他偏置电压，R1和R2的阻值也要做相应的调整。R(t)为NTC(系数热敏电阻)，通常都集成在电池中。

各组件值的计算方法如下：

电阻值依赖于温度值，有

$$R(t) = R(t_0)\mathrm{e}^{B\left(\frac{1}{t+273}-\frac{1}{t_0+273}\right)} \tag{1.1}$$

其中，t_0 表示周围环境温度(＋25℃)，单位为℃；

B 为热灵敏度(4 250 K)；

t 表示温度，单位为℃。

$$R(t) = R(t_0)\mathrm{e}^{B\left[\frac{25-t}{298\times(t+273)}\right]} \tag{1.2}$$

$$V_{\mathrm{BAT\text{-}TEMP}} = \frac{R(t)//R2}{R(t)//R2+R1}\times \mathrm{VCC\_2V8} \tag{1.3}$$

$$\mathrm{BatteryTemperature(mV)} = V_{\mathrm{BAT-TEMP}}\times 1\,000 \tag{1.4}$$

表1.41列出了电源充电接口的电气特性。

表1.41 电源充电接口电气特性

参 数		最小值	典型值	最大值	单 位
充电温度		0	—	50	℃
BAT-TEMP(引脚20)	采样精度	—	10	—	位
	采样速率	—	216	—	Hg
	输入阻抗(R)	—	1	—	MΩ
	输入信号范围	0	—	2	V
CHG-IN(引脚6,8)	电压($I=I_{\mathrm{MAX}}$)	4.6*	—	—	V
	电压($I=0$)	—	—	6*	V
	最大电流	—	—	800	mA

*由电池生产商确定。

1.16 ON/$\overline{\text{OFF}}$信号

ON/$\overline{\text{OFF}}$信号引脚用于控制Q26系列无线CPU的运行与停止。当ON/$\overline{\text{OFF}}$引脚输出一个高电平信号时，使无线CPU工作。高电平持续的时间最少为1 000 ms，在无线CPU工作期间，该引脚一直保持高电平。要使无线CPU停止工作，可以将ON/$\overline{\text{OFF}}$引脚的电平变为低电平，也可以使用“AT＋CPOF”指令来完成。ON/$\overline{\text{OFF}}$引脚说明如表1.42所列。

表1.42 ON/$\overline{\text{OFF}}$引脚说明

信 号	引 脚	I/O	I/O类型	说 明
ON/$\overline{\text{OFF}}$	19	I	CMOS	无线CPU开关

表1.43列出了ON/$\overline{\text{OFF}}$引脚的电气特性。

表1.43　ON/$\overline{\text{OFF}}$引脚的电气特性

参　数	I/O类型	最小值	最大值	单　位
V_{IL}	CMOS	—	VBATT×0.2	V
V_{IH}	CMOS	VBATT×0.8	VBATT	V

图1.34为ON/$\overline{\text{OFF}}$引脚的连接实例图。

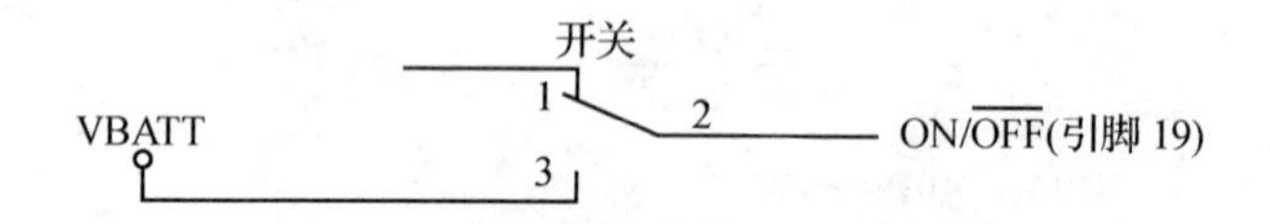

图1.34　ON/$\overline{\text{OFF}}$引脚的连接实例图

1.16.1　Power ON

Q2686系列无线CPU启动时，应用程序必须将ON/$\overline{\text{OFF}}$信号设置成高电平，并至少要保持2 000 ms，才能使无线CPU进入工作状态。在此之后，无线CPU内部的机制会将信号保持在高电平。在电源开启状态下，无线CPU执行内部复位操作（该操作持续40 ms），在这一阶段，要避免任何的外部复位操作。当初始化完成（初始化时间由SIM卡和通信网络决定）时，将返回“OK”信号（详见“AT＋WIND”和“AT＋WAIP”命令）。图1.35所示为开机过程的时序图。

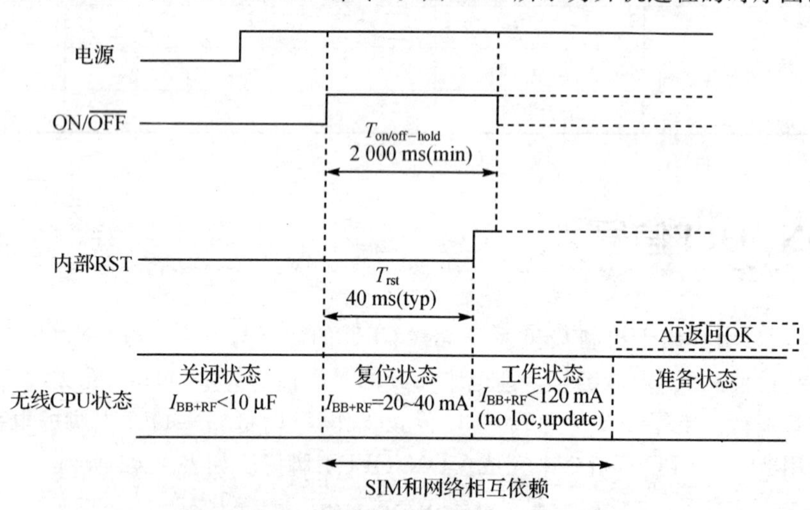

注：I_{BB+RF}为全部的电流消耗（基带部分＋射频部分）。

图1.35　Power-ON时序图（无PIN码）

1.16.2　Power OFF

要正确地关闭无线CPU，应用程序要先将NO/$\overline{\text{OFF}}$信号设置成低电平，然后发送“AT+CPOF”命令使之从网络上注销，最后关闭无线CPU。当返回“OK”信号时，电源可以关闭。图1.36所示为关机过程的时序图。

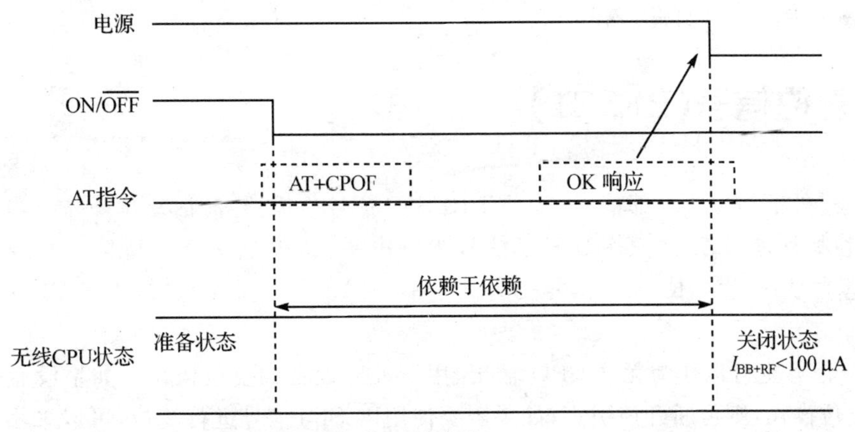

注：I_{BB+RF}为全部的电流消耗（基带部分+射频部分）。

图1.36　Power-OFF时序图

1.17　BOOT

BOOT信号用于控制WISMO Quik Q26系列无线CPU的软件下载。该下载模式不支持由AT指令控制的标准X-MODEM下载。使用Wavecom提供的专门的PC软件程序可在BOOT模式下载，且下载时，BOOT引脚必须连接到VCC_1V8。BOOT接口的操作模式说明如表1.47所列。

表1.44　BOOT接口操作模式说明

BOOT引脚	操作模式	说　明
悬空	常用模式	无下载
悬空	XMODEM下载模式	使用AT指令：AT+WDWL
1	强制下载模式	需要Wavecom的PC下载软件

当正常使用或在X-MODEM模式下下载时，要将BOOT引脚悬空。为了使开发和维护更加容易，建议在VCC_1V8（引脚5）上设置一个测试点，例如跳线或开关，如图1.37所示。BOOT接口的引脚说明如表1.45所列。

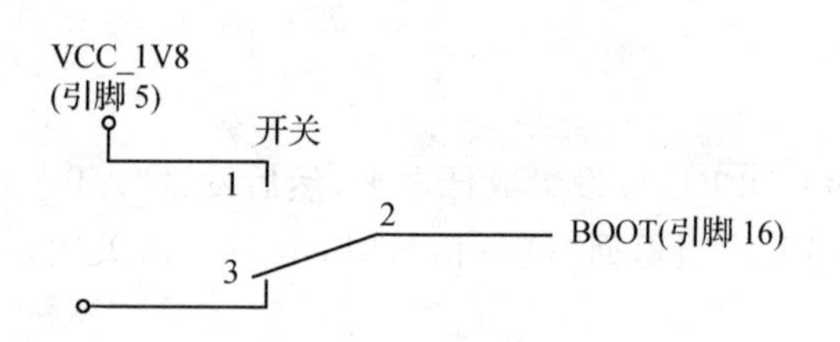

图 1.37　BOOT 引脚示例图

表 1.45　BOOT 引脚说明

信　号	引　脚	I/O	I/O 类型	说　明
BOOT	16	I	1.8 V	下载模式选择

1.18　复位信号($\overline{\mathrm{RESET}}$)

可以通过外部信号或内部信号(来源于$\overline{\mathrm{RESET}}$信号生成器)激活复位操作。当内部硬件上电时,复位操作就被激活。当$\overline{\mathrm{RESET}}$信号为低电平(该低电平至少持续 200 μs)时,无线 CPU 进入复位状态,直到$\overline{\mathrm{RESET}}$信号变为高电平。一旦复位操作完成,无线 CPU 便会返回"OK"信号。

$\overline{\mathrm{RESET}}$信号也可以作为无线 CPU 输出,用于外部设备的复位操作。如果没有外部设备需要执行复位操作,则可断开该引脚;如果需要使用$\overline{\mathrm{RESET}}$信号进行复位,可以采用集电极开路或漏极开路技术控制该引脚的输入/输出。图 1.38 为$\overline{\mathrm{RESET}}$引脚的连接到开关装置的示例图。图 1.39 为$\overline{\mathrm{RESET}}$引脚连接晶体管的示例图,图中所选择的晶体管装置可以为集电极开路或者漏极开路。

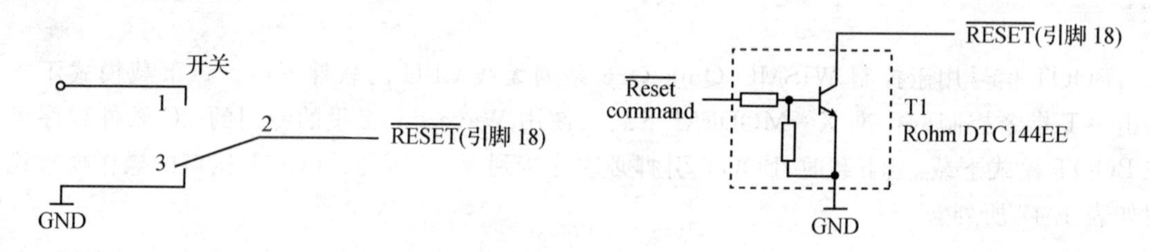

图 1.38　$\overline{\mathrm{RESET}}$引脚连接到开关装置的示例图

图 1.39　$\overline{\mathrm{RESET}}$引脚连接晶体管的示例图

如果选择集电极开路,则 T1 可为 Rohm DTC144EE。在这种情况下,如果复位命令(Reset Command)为 1,则经过 T1 后,$\overline{\mathrm{RESET}}$信号为 0,即低电平,无线 CPU 会进入复位状态。如果 Reset Command 为 0,则经过 T1 后,$\overline{\mathrm{RESET}}$信号为 1,即高电平,复位操作被禁止。

只要$\overline{\mathrm{RESET}}$信号保持在低电平,无线 CPU 就会一直处在复位模式下。要注意的是,$\overline{\mathrm{RESET}}$信号只能作为应急措施,操作系统复位操作要优于硬件复位。图 1.40 为$\overline{\mathrm{RESET}}$的时序波形图。

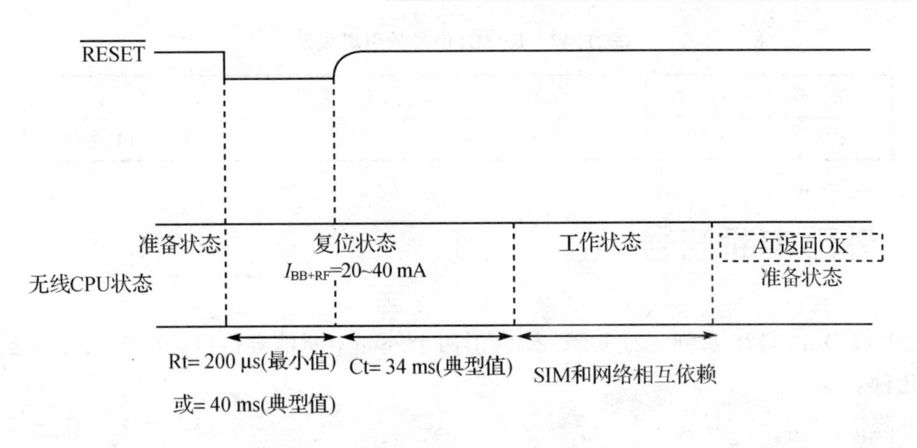

图 1.40　复位时序波形

$\overline{\text{RESET}}$ time(Rt)在无线 CPU 上电后开始执行，由 WISMO Quik Q26 系列无线 CPU 内部电压管理程序来产生。为了保持复位时间的一致性，建议不要在$\overline{\text{RESET}}$信号上再连接其他电阻或电容组件。

Ct 为 Q26 系列无线 CPU 初始化的取消时间，当硬件复位完成之后，由 Q26 系列无线 CPU 自动执行。$\overline{\text{RESET}}$信号的电气特性如表 1.46 所列。$\overline{\text{RESET}}$信号的引脚说明如表 1.47 所列。

表 1.46　$\overline{\text{RESET}}$信号的电气特性

参　数	最小值	典型值	最大值	单　位
输入阻抗(R) *	—	330	—	kΩ
输入容抗(C)	—	10	—	nF
$\overline{\text{RESET}}$ time(Rt) * * *	200	—	—	μs
上电时$\overline{\text{RESET}}$ time(Rt) * * * *	20	40	100	ms
取消时间(Ct)	—	34	—	ms
V_H * *	0.57	—	—	V
V_{IL}	0	—	0.57	V
V_{IH}	1.33	—	—	V

* 内部上拉电阻。

* * V_H：磁滞电压。

* * * 此复位时间为电源平稳后的最小复位时间。

* * * * 此复位时间为无线 CPU 上电时由无线 CPU 内部管理程序来执行的时间。

表 1.47　$\overline{\text{RESET}}$信号的引脚说明

信　号	引　脚	I/O	I/O 类型	说　明
$\overline{\text{RESET}}$	18	I/O 漏极开路	1.8 V	无线 CPU 复位

1.19　外部中断信号

WISMO Quik Q26 系列无线 CPU 提供了两个外部中断信号接口。中断信号的激活方式有以下几种：

- 下降沿。
- 上升沿。
- 上升沿及下降沿。
- 低电平。
- 高电平。

如果不使用外部中断信号，那么将该引脚设置为 GPIO；如果使用，则该引脚不能悬空。表 1.48 所列为外部中断引脚的说明。表 1.49 所列为外部中断引脚的电气特性。

表 1.48　外部中断信号引脚说明

信　号	引　脚	I/O	I/O 类型	复位状态	说　明	复　用
INT1	49	I	2.8 V	Z	外部中断	GPIO25
INT0	50	I	1.8 V	Z	外部中断	GPIO3

表 1.49　外部中断引脚的电气特性

参　数		最小值	最大值	单　位
INT1	V_{IL}	—	0.84	V
	V_{IH}	1.96	—	V
INT0	V_{IL}	—	0.54	V
	V_{IH}	1.33	—	V

INT0 和 INT1 均为高阻抗输入。如果中断输入信号是由漏极开路、集电极开路或开关来控制，那么就需要增加一个上拉或下拉电阻来设置中断信号；如果中断输入信号是由推挽式晶体管驱动的，就没有必要增加上拉或下拉电阻。图 1.41 为集电极开路的 INT0 连接示例图。图 1.42 为集电极开路的 INT1 连接示例图。

在图 1.41 和图 1.42 中，电阻 R1 可以为 47 kΩ。T1 为 Rohm DTC144EE 集电极开路晶体管。

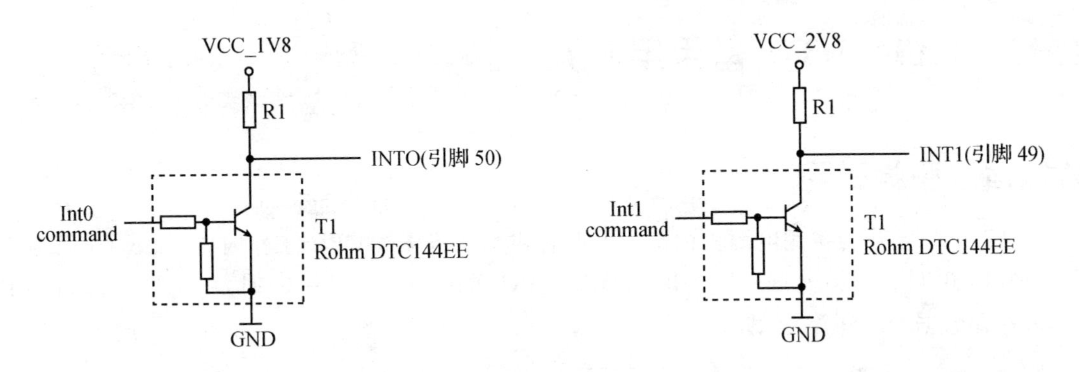

图1.41　集电极开路的INT0连接示例　　图1.42　集电极开路的INT1连接示例

1.20　VCC_2V8与VCC_1V8输出接口

VCC_2V8和VCC_1V8输出引脚只可以连接上拉电阻。这两个接口作为无线CPU的参考电源，在无线CPU工作后即可输出电压。表1.50所列为其引脚说明。表1.51为VCC_2V8和VCC_1V8信号的电气特性。

表1.50　VCC_2V8与VCC_1V8的引脚说明

信　号	引　脚	I/O	I/O类型	说　明
VCC_2V8	10	O	Supply	数字电源
VCC_1V8	5	O	Supply	数字电源

表1.51　VCC_2V8和VCC_1V8信号的电气特性

参　数		最小值	典型值	最大值	单　位
VCC_2V8	输出电压	2.74	2.8	2.86	V
	输出电流	—	—	15	mA
VCC_1V8	输出电压	1.76	1.8	1.94	V
	输出电流	—	—	15	mA

VCC_2V8和VCC_1V8所能提供的最大电流为15 mA，主要用于：

- 作为I/O信号的上拉电压。
- 为状态指示灯LED供电。
- 为SIM卡(SIMPRES)供电。
- VCC_2V8可以为ADC接口AUX-ADC提供电压参考。

1.21　BAT－RTC(备用电源)

1.21.1　引脚说明

BAT－RTC 作为备用电源为内部实时时钟供电。当无线 CPU 工作时,由无线 CPU 为实时时钟(Real Time Clock,RTC)供电;当无线 CPU 关闭(VBATT＝0)时,由备用电源向其供电,来保存数据和时间等,如图 1.43 所示。

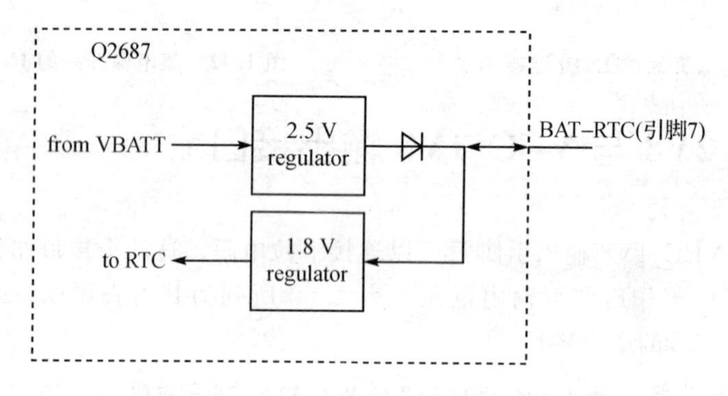

图 1.43　实时时钟电源

如果不使用 RTC,则该引脚要悬空;如果无线 CPU 已打开,VBATT 可用,则备用电源可以由内部 1.5 V 电源调整器来充电。表 1.52 为 BAT－RTC 的引脚说明。表 1.53 为 BAT－RTC 引脚的电气特性。

表 1.52　BAT－RTC 引脚说明

信　号	引　脚	I/O	I/O 类型	说　明
BAT－RTC	7	I/O	供电	RTC 备用电源

表 1.53　BAT－RTC 引脚的电气特性

参　数	最小值	典型值	最大值	单　位
输入电压	1.85	—	2.5	V
输入电流消耗*	3.0	3.3	3.6	μA
输出电压	2.40	2.45	2.50	V
输出电流	—	—	2	mA

* 当无线 CPU 电源关闭(VBATT＝0)时,由 RTC 备用电源提供。

1.21.2 典型应用

1. 大电容

当电容为0.47 F金电容时,最大工作电压为2.5 V,最短放电时间为25分钟。图1.44为Q2687系列无线CPU使用大电容时BAT－RTC的连接原理图。

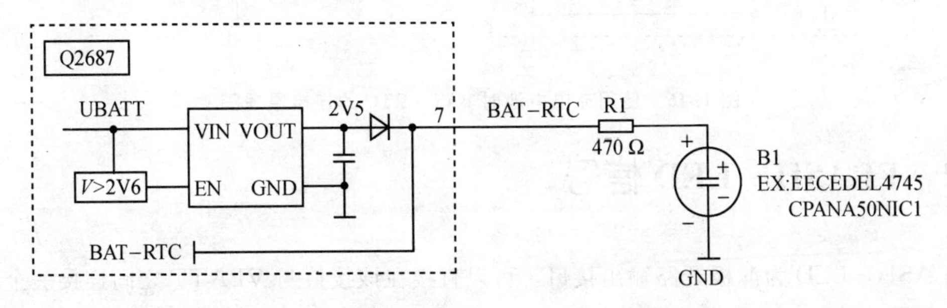

图1.44　使用大电容时BAT－RTC的连接原理图

2. 一次性普通电池

85 mAh的一次性普通电池最少可以使用800小时。图1.45为Q2687系列无线CPU使用普通电池时BAT－RTC的连接原理图。图中,二极管D1对电池起保护作用。

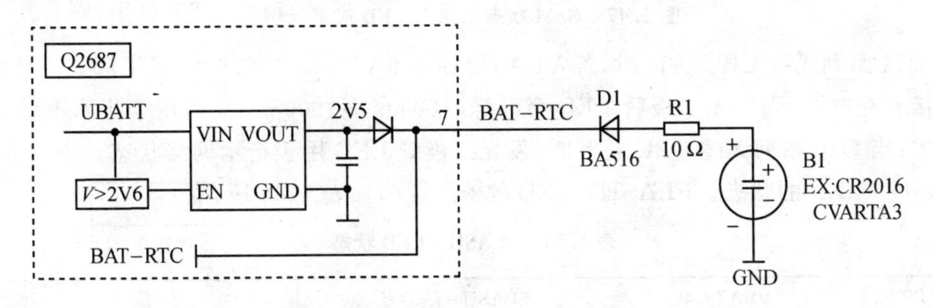

图1.45　使用一次性普通电池时BAT－RTC的连接原理图

3. 充电电池

2 mHh充电电池的使用时间为15小时。在电池被装入之前,要确保电池电压不超过2.75 V,否则将会损坏无线CPU。图1.46为Q2687系列无线CPU使用充电电池时BAT－RTC的连接原理图。

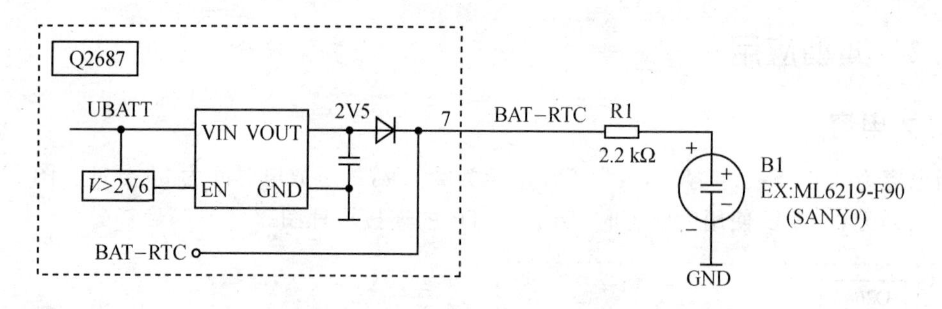

图1.46 使用充电电池时BAT-RTC的连接原理图

1.22 FLASH-LED信号

FLASH-LED为漏极开路输出接口。可以直接在该接口与VBATT之间连接一个LED和一个电阻，如图1.47所示。图中电阻R1的值可根据LED(D1)的特性而调整。

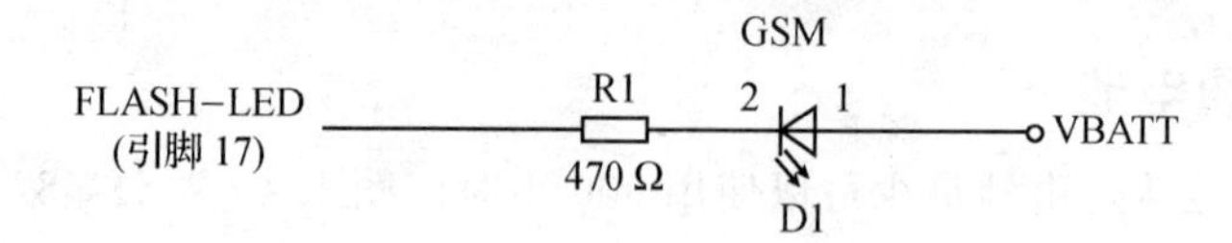

图1.47 GSM状态指示灯LED应用示例

当Q26系列无线CPU关闭时，若VBATT在2.8 V与3.2 V之间，且CHG-IN输入引脚上连接有充电器，则发光二极管LED会闪烁(100 ms亮，900 ms灭)，用于指示电池进入预充电阶段；当Q26系列无线CPU打开时，发光二极管LED用于指示网络状态。表1.54列出了FLASH-LED的状态。FLASH-LED的引脚说明如表1.55所列。

表1.54 FLASH-LED状态

无线CPU状态	VBATA状态	FLASH-LED状态	说　明
关闭	VBATT<2.8 V或VBATT>3.2 V	熄灭	无线CPU关闭
	2.8 V<VBATT<3.2 V	闪烁，指示处于预充电状态(亮100 ms，灭900 ms)	无线CPU关闭，处于预充电模式(CHG-IN上必须要连接有充电器)

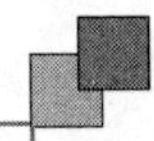

续表 1.54

无线 CPU 状态	VBATA 状态	FLASH－LED 状态	说　明
打开	VBATT>3.2 V	持续发光	无线 CPU 启动,还未通过网络注册
		慢闪(亮 200 ms,灭 2 s)	无线 CPU 启动,已通过网络注册
		快闪(亮 200 ms,灭 600 ms)	无线 CPU 启动,已通过网络注册,且正在进行通信
		超快闪(亮 100 ms,灭 200 ms)	无线 CPU 启动,所下载的软件错误或不兼容("BAD SOFTWARE")

表 1.55　FLASH－LED 引脚说明

信　号	引　脚	I/O	I/O 类型	复位状态	说　明
FLASH－LED	17	O	漏极开路输出	1,未定义	LED 驱动

FLASH－LED 在复位期间为高电平,在软件初始化期间不确定,如图 1.48 所示。软件初始化时,即复位完毕后最多持续 2 s 时间,FLASH－LED 不指示无线 CPU 的状态。直到 2 s 后,才会提供正确的无线 CPU 状态。FLASH－LED 的电气特性如表 1.56 所列。

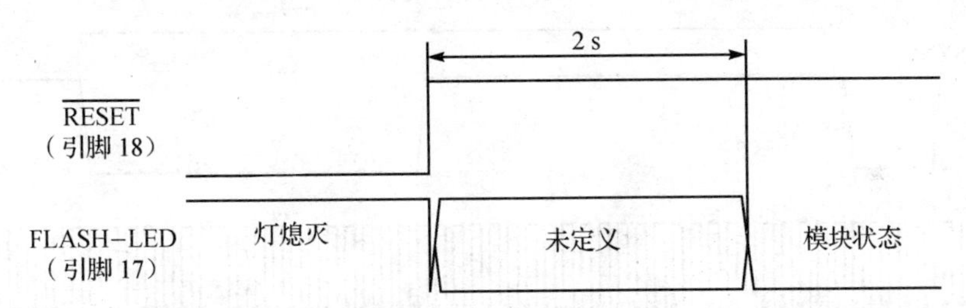

图 1.48　复位和初始化期间 FLASH－LED 状态

表 1.56　FLASH－LED 的电气特性

参　数	条　件	最小值	典型值	最大值	单　位
V_{OL}	—	—	—	0.4	V
I_{OUT}	—	—	—	8	mA

1.23　数字音频接口(PCM)

数字音频接口(PCM)可以连接音频标准外设,如外部音频编解码器。此模块为可编程模块,可以给音频外设分配大量的地址。PCM 接口具有以下特性。

- 在物理层上与 IOM－2 接口兼容。
- 主模式的帧有 6 个时隙,用户使用第 0 时隙。
- 768 kHz 的单端时钟模式。
- 16 位数据字。
- 线性定律,信号不压缩。
- 长帧同步。
- 推挽式 PCM－OUT 和 PCM－IN。

PCM 接口为 4 线制,各信号功能为:

- PCM－SYNC(输出):帧同步信号发送一个频率为 8 kHz 的脉冲来同步帧数据的输入与输出。
- PCM－CLK(输出):位时钟信号,控制音频外设的数据传输。
- PCM－OUT(输出):数据输出帧,取决于所选择的配置模式。
- PCM－IN(输入):数据输入帧,取决于所选择的配置模式。

PCM 帧的波形如图 1.49 所示。

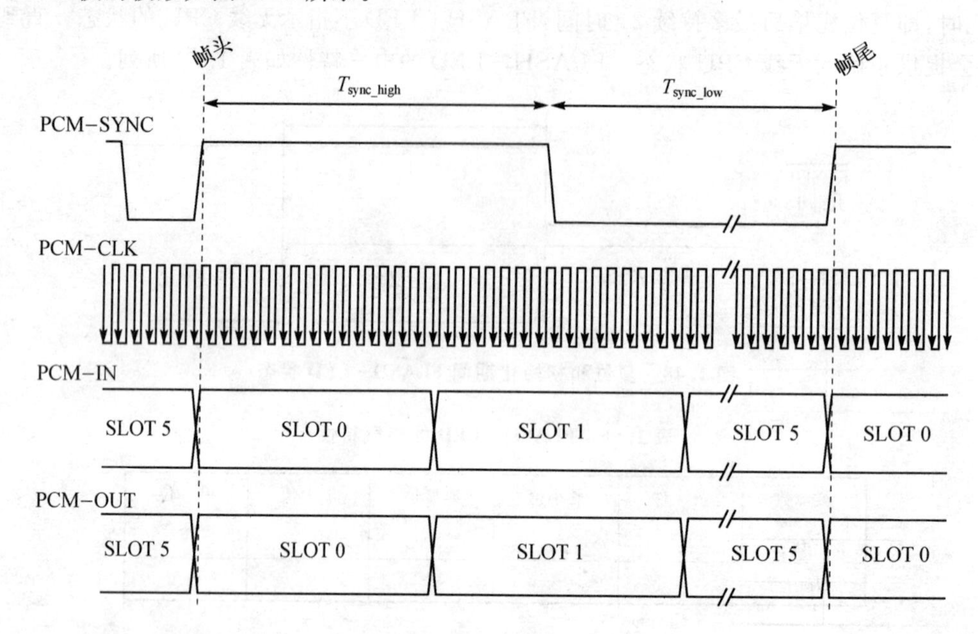

图 1.49 PCM 帧波形

PCM 的取样波形,如图 1.50 所示。该接口的 AC 特性,如表 1.57 所列。PCM 接口引脚说明,如表 1.58 所列。

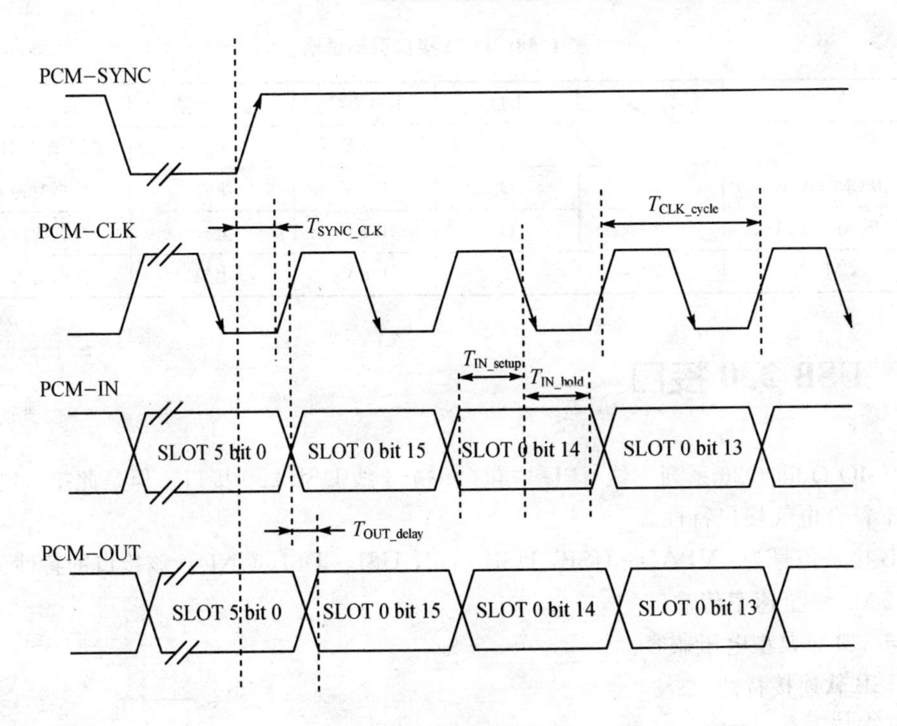

图 1.50 PCM 取样波形

表 1.57 PCM 接口 AC 特性

信 号	说 明	最小值	典型值	最大值	单 位
$T_{sync\_low}+T_{sync\_low}$	PCM - SYNC 周期	—	125	—	μs
T_{sync_low}	PCM - SYNC 低电平时间	—	93	—	μs
T_{sync_high}	PCM - SYNC 高电平时间	—	32	—	μs
T_{SYNC_CLK}	PCM - SYNC 到 PCM - CLK 时间	—	−154	—	ns
T_{CLK_cycle}	PCM - CLK 周期	—	1 302	—	ns
T_{IN_setup}	PCM - IN 装载时间	50	—	—	ns
T_{IN_hold}	PCM - IN 保持时间	50	—	—	ns
T_{OUT_delay}	PCM - OUT 延迟时间	—	—	20	ns

表 1.58 PCM 接口引脚说明

信 号	引 脚	I/O	I/O类型	复位状态	说 明
PCM-SYNC	77	O	1.8 V	下拉	帧同步 8 kHz
PCM-CLK	79	O	1.8 V	下拉	数据时钟
PCM-OUT	80	O	1.8 V	上拉	数据输出
PCM-IN	78	I	1.8 V	上拉	数据输入

1.24 USB 2.0 接口

WISMO Quik Q26 系列无线 CPU 中包含一个 4 线 USB 2.0 接口。但是此接口电源电压为 5 V,不符合电气接口特性。

USB 接口信号为：VPAD-USB，USB-DP，USB-DM，GND。该接口的特性为：

- 12 Mbps 全速率传输。
- 与 3.3 V 典型电压兼容。
- USB 软连接特性。
- 不支持下载。
- 与 CDC 1.1-ACM 兼容。

要注意的是,外部接口电源输入(+5 V)和无线 CPU 的 USB 电源(VPAD-USB)之间需要一个从 5 V 到 3.3 V 的电压调整器。表 1.59 列出了 USB 接口引脚说明。USB 接口信号的电气特性如表 1.60 所列。图 1.51 为 USB 接口应用示例。

表 1.59 USB 接口引脚说明

信 号	引 脚	I/O	I/O类型	说 明
VPAD-USB	52	I	VPAD_USB	USB 电源
USB-DP	54	I/O	VPAD_USB	差分数据接口正极
USB-DM	56	I/O	VPAD_USB	差分数据接口负极

表 1.60 USB 接口的电气特性

参 数	最小值	典型值	最大值	单 位
VPAD-USB，USB-DP，USB-DM	3	3.3	3.6	V
VPAD-USB 输入电流消耗	—	8	—	mA

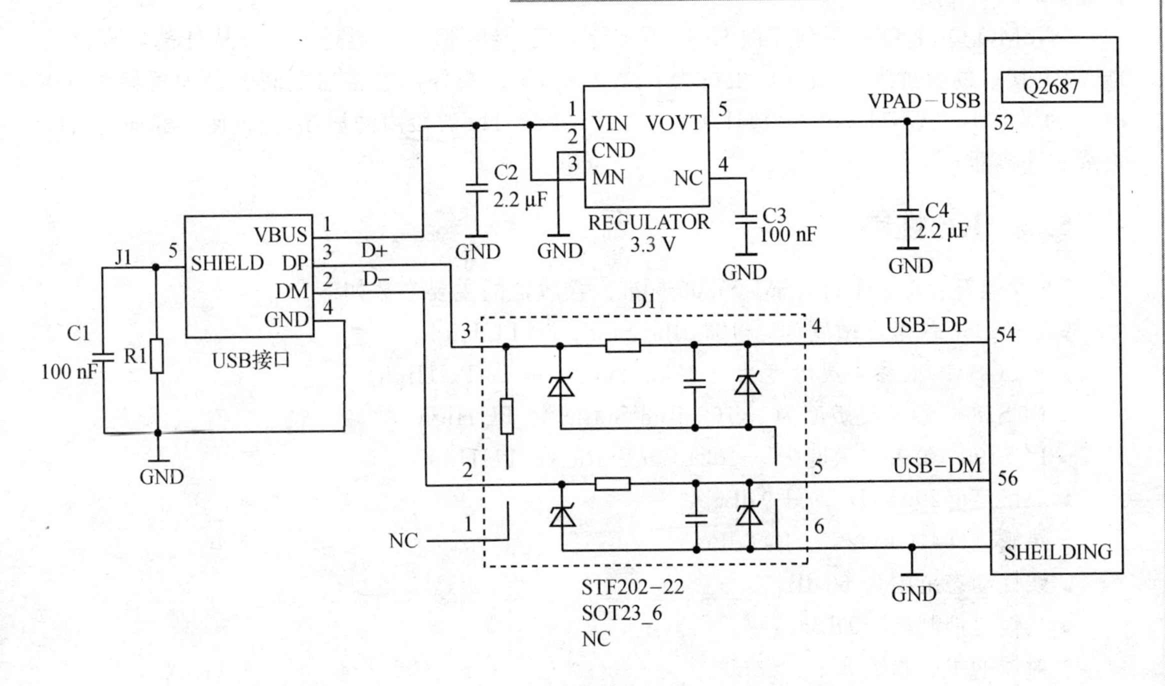

图 1.51　USB 应用示例

建议使用的组件为：

R1：1 MΩ。

C1，C3：100 nF。

C2，C4：2.2 μF。

D1：STF2002－22 from SEMTECH。

U1：LP2985AIM 3.3 V from NATIONAL SEMICONDUCTOR。

使用 3.3 V 调整器，通过 J1 供电。D1 为具有 ESD 保护的 EMI/RFI 过滤器，其内部上拉电阻用于检测全速，已集成到无线 CPU 内。R1 和 C1 应靠近 J1。

1.25　RF 接口

1.25.1　RF 连接

PCB 板提供了三种连接 RF 天线的方式：一种是 U. FL 连接器，很多厂家都提供适合 U. FL连接器的电缆；一种是固定连接，如果使用该方式，最好使用 RG178 同轴电缆；一种是 IMP 连接器，该连接器专用于 board－to－board 的应用，且必须焊接到用户板上，该连接器可由 Radiall 公司提供。

WISMO Quik Q26 系列无线 CPU 不支持车载天线，但可以通过 GPIO 从外部实现该功能。RF 接口的阻抗为 50 Ω，DC 阻抗为 0 Ω，无线 CPU 与外部连接器之间的最大损耗为 0.5 dB。为了减小在 GSM 850/900 MHz 和 1 800/1 900 MHz 波段内的损耗，应该使用标准的天线电缆和连接器。

1.25.2 RF 性能

RF 性能符合 ETSI 的 GSM 05.05 标准。接收器的主要参数如下：

- GSM850 参考灵敏度为 −104 dBm Static & TUHigh。
- E-GSM900 参考灵敏度为 −104 dBm Static & TUHigh。
- DCS1800 参考灵敏度为 −102 dBm Static & TUHigh。
- PCS1900 参考灵敏度为 −102 dBm Static & TUHigh。
- 灵敏度@200 kHz ＞ ＋9 dBc。
- 灵敏度@400 kHz ＞ ＋41 dBc。
- 线性动态范围为 63 dB。
- 共信道抑制比≥9 dBc。

发射器的主要参数如下：

- 最大输出功率(E-GSM & GSM 850)：33 dBm±2 dB(常温)。
- 最大输出功率(G-SM 1800 & PCS 1900)：30 dBm±2 dB(常温)。
- 最小输出功率(E-GSM & GSM 850)：5 dBm±5 dB(常温)。
- 最小输出功率(GSM 1800 & PCS 1900)：0 dBm±5 dB(常温)。

1.25.3 天线标准

可以根据使用情况调整 RF 频率。双频或四频天线必须符合表 1.61 中的参数。

表 1.61 天线参数

特 性	Q2686/7 系列无线 CPU			
	E-GSM 900	DCS 1800	GSM 850	PCS 1900
TX 频率	880～915 MHz	1 710～1 785 MHz	824～849 MHz	1 850～1 910 MHz
RX 频率	925～960 MHz	1 805～1 880 MHz	869～894 MHz	1 930～1 990 MHz
阻抗	50 Ω			
VSWR	RX 最大	1.5∶1		
	TX 最大	1.5∶1		
发射增益	至少在一个方向上为 0 dBi			

天线应该尽可能地远离模拟和数字电路(包括接口信号)。在嵌入式天线的应用中,屏蔽的好坏会很大程度地影响接收灵敏性,并且天线的发射功率也会对实际应用产生影响(如 TDMA 噪声)。一般来说,所有工作于高频的组件和芯片(如微处理器、内存、AC/DC 转换器)以及其他主动 RF 部分都不能太靠近无线 CPU;否则,就要确保有效的电源层和屏蔽。为了减少损耗,RF 线路应做得越短越好。

第 2 章

Q2686 无线 CPU 硬件开发平台

Q2686/7 系列无线 CPU 是一种嵌入式 GSM/GPRS/EGPRS 无线 CPU。为满足实际应用的需求，Q26 系列无线 CPU 集成了一些模拟电路、数字电路和一片微处理器，以提供良好的解决方案。Q26 系列 GSM/GPRS/EGPRS 无线 CPU 可以应用于许多领域，如能量表（电表、水表、气表等）、手持设备、车载设备以及消费品等领域。为了方便开发人员的使用，中国石油大学（华东）嵌入式移动通信 363 实验室为 Q26 系列设计了无线最小开发板和功能齐全的开发实验箱。该两款开发板既适合教学实验，也适合科研开发等。以下分别对最小开发板和开发实验箱的硬件接口进行介绍。

2.1 最小开发板

如图 2.1 所示，最小开发板包括以下接口。

- 1 个外部板连接器。
- 无线 CPU 连接器。

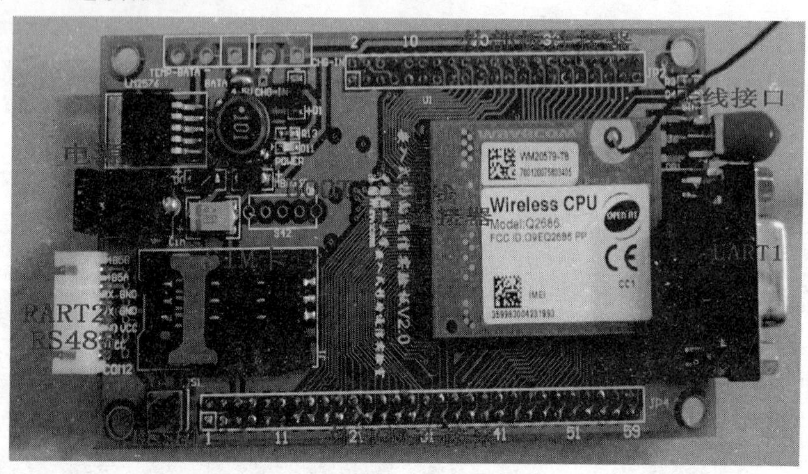

图 2.1 最小开发板

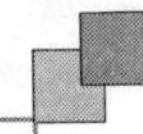

- RS-232主串行接口(UART1),9线。
- RS-232辅助串行接口&RS-485(UART2)。
- 1.8 V/3 V SIM卡接口。
- RESET按钮。
- 电源连接器。
- BOOT开关。
- 天线接口。
- 电源指示灯。
- FLASH LED。

1. 外部板连接器

Q2686无线CPU的所有信号均连接到外部板连接器上,连接器的引脚说明如下表所列。

表2.1　连接器的引脚说明

引　脚	外部接口引脚	名　称		电　压	I/O	说　明
		通称	复用			
1	Jp4_3	VBATT		VBATT	I	电源
2	Jp4_5	VBATT		VBATT	I	电源
3	Jp2_3	VBATT		VBATT	I	电源
5	Jp4_33	VCC_1V8		VCC_1V8	O	1.8 V电源输出
6	Jp4_2	CHG-IN		CHG-IN	I	充电器输入接口
7	Jp4_4(34)	BAT-RTC		BAT-RTC	I/O	RTC电池连接器
8	Jp4_36	VCC_2V8		VCC_2V8	O	2.8 V电源输出
9	Jp4_31	BUZZ-OUT		漏极开路	O	蜂鸣器输出
10	Jp4_35	BAT-TEMP		模拟	I	电池温度检测
11	Jp4_32	AUX-ADC		模拟	I	模数转换
12	Jp4_38	$\overline{\text{SPI1}}$-CS	GPIO31	VCC_2V8	O	SPI1芯片选择控制信号
13	Jp4_29	SPI1-CLK	GPIO28	VCC_2V8	O	SPI1时钟信号
14	Jp4_37	SPI1-I	GPIO30	VCC_2V8	I	SPI1数据输入
15	Jp4_30	SPI1-IO	GPIO29	VCC_2V8	I/O	SPI1数据输入/输出
16	Jp4_40	SPI2-CLK	GPIO32	VCC_2V8	O	SPI2时钟信号
17	Jp4_27	SPI2-IO	GPIO33	VCC_2V8	I/O	SPI2数据输入/输出
18	Jp4_39	$\overline{\text{SPI2}}$-CS	GPIO35	VCC_2V8	O	SPI2芯片选择控制信号
19	Jp4_28	SPI2-I	GPIO34	VCC_2V8	I	SPI2数据输入

续表 2.1

引 脚	外部接口引脚	名 称		电 压	I/O*	说 明
		通称	复用			
20	Jp4_42	CT104-RXD2	GPIO15	VCC_1V8	O	辅助 RS-232 接收数据
21	Jp4_25	CT103-TXD2	GPIO14	VCC_1V8	I	辅助 RS-232 发送数据
22	Jp4_41	$\overline{\text{CT106}}$-CTS2	GPIO16	VCC_1V8	O	辅助 RS-232 清除发送
23	Jp4_26	$\overline{\text{CT105}}$-RTS2	GPIO17	VCC_1V8	I	辅助 RS-232 请求发送
24	Jp4_44	MIC2N		模拟	I	MIC2 输入负极
25	Jp4_23	SPK1P		模拟	O	Speaker1 输出正极
26	Jp4_43	MIC2P		模拟	I	MIC2 输入正极
27	Jp4_24	SPK1N		模拟	O	Speaker1 输出负极
28	Jp4_46	MIC1N		模拟	I	MIC1 输入负极
29	Jp4_21	SPK2P		模拟	O	Speaker2 输出正极
30	Jp4_45	MIC1P		模拟	I	MIC1 输入正极
31	Jp4_22	SPK2N		模拟	O	Speaker2 输出负极
32	Jp4_48	A1		VCC_1V8	O	地址总线 1
33	Jp4_19	GPIO44		VCC_2V8	I/O	
34	Jp4_47	SCL	GPIO26	漏极开路	O	I^{2}C 总线时钟信号
35	Jp4_20	GPIO19		VCC_2V8	I/O	
36	Jp4_50	SDA	GPIO27	漏极开路	I/O	I^{2}C 总线数据信号
37	Jp4_17	GPIO21		VCC_2V8	I/O	
38	Jp4_49	GPIO20		VCC_2V8	I/O	
39	Jp4_18	INT1	GPIO25	VCC_2V8	I	中断 1 输入
40	Jp4_52	INT0	GPIO3	VCC_1V8	I	中断 0 输入
41	Jp4_15	GPIO1		VCC_1V8	I/O	
42	Jp4_51	VPAD-USB		VPAD—USB	I	USB 电源
43	Jp4_16	GPIO2		VCC_1V8	I/O	
44	Jp4_54	USB-DP		VPAD—USB	I/O	USB 数据信号
45	Jp4_13	GPIO23		VCC_2V8	I/O	
46	Jp4_53	USB-DM		VPAD—USB	I/O	USB 数据信号
47	Jp4_14	GPIO22		VCC_2V8	I/O	
48	Jp4_56	GPIO24		VCC_2V8	I/O	
49	Jp4_12	COL0	GPIO4	VCC_1V8	I/O	键盘列线 0

续表 2.1

引　脚	外部接口引脚	名　称		电　压	I/O*	说　明
		通称	复用			
50	Jp4_51	COL1	GPIO5	VCC_1V8	I/O	键盘列线 1
51	Jp4_11	COL2	GPIO6	VCC_1V8	I/O	键盘列线 2
52	Jp4_58	COL3	GPIO7	VCC_1V8	I/O	键盘列线 3
53	Jp4_10	COL4	GPIO8	VCC_1V8	I/O	键盘列线 4
54	Jp4_57	ROW4	GPIO13	VCC_1V8	I/O	键盘行线 4
55	Jp4_7	ROW3	GPIO12	VCC_1V8	I/O	键盘行线 3
56	Jp4_60	ROW2	GPIO11	VCC_1V8	I/O	键盘行线 2
57	Jp4_9	ROW1	GPIO10	VCC_1V8	I/O	键盘行线 1
58	Jp4_59	ROW0	GPIO9	VCC_1V8	I/O	键盘行线 0
59	Jp2_8	$\overline{\text{CT125RI}}$	GPIO42	VCC_2V8	O	主 RS232 响铃检测
60	Jp2_39	$\overline{\text{CT109-DCD1}}$	GPIO43	VCC_2V8	O	主 RS232 数据载波检测
61	Jp2_9	CT103TXD1	GPIO36	VCC_2V8	I	主 RS232 发送数据
62	Jp2_38	$\overline{\text{CT105}}$-RTS1	GPIO38	VCC_2V8	I	主 RS232 请求发送
63	Jp2_10	CT104RXD1	GPIO37	VCC_2V8	O	主 RS232 接收数据
64	Jp2_37	$\overline{\text{CT107}}$-DSR1	GPIO40	VCC_2V8	O	主 RS232 数据设备准备就绪
65	Jp2_11	$\overline{\text{CT106}}$-CTS1	GPIO39	VCC_2V8	O	主 RS232 清除发送
66	Jp2_32	$\overline{\text{CT108}}$-2-DTR1	GPIO41	VCC_2V8	I	主 RS232 数据终端准备就绪
67	Jp2_12	PCM-SYNC		VCC_1V8	O	PCM 帧同步
68	Jp2_35	PCM-IN		VCC_1V8	I	PCM 数据输入
69	Jp2_13	PCM-CLK		VCC_1V8	O	PCM 时钟信号
70	Jp2_34	PCM-OUT		VCC_1V8	O	PCM 数据输出
71	Jp2_14(GPIO4)	$\overline{\text{OE}}$-R/W		VCC_1V8	O	输出使能/只读不写
72	Jp2_33	AUX-DAC		模拟	O	数/模转换输出
73	Jp2_32(GPIO5)	$\overline{\text{WE}}$-E		VCC_1V8	O	写允许信号
74	Jp2_16	D0		VCC_1V8	I/O	并行数据
75	Jp2_31	D15		VCC_1V8	I/O	并行数据
76	Jp2_17	D1		VCC_1V8	I/O	并行数据
77	Jp2_30	D14		VCC_1V8	I/O	并行数据
78	Jp2_18	D2		VCC_1V8	I/O	并行数据
79	Jp2_29	D13		VCC_1V8	I/O	并行数据

续表 2.1

引 脚	外部接口引脚	名 称		电 压	I/O*	说 明
		通称	复用			
80	Jp2_19	D3		VCC_1V8	I/O	并行数据
81	Jp2_28	D12		VCC_1V8	I/O	并行数据
82	Jp2_20	D4		VCC_1V8	I/O	并行数据
83	Jp2_27	D11		VCC_1V8	I/O	并行数据
84	Jp2_21	D5		VCC_1V8	I/O	并行数据
85	Jp2_26	D10		VCC_1V8	I/O	并行数据
86	Jp2_22	D6		VCC_1V8	I/O	并行数据
87	Jp2_25	D9		VCC_1V8	I/O	并行数据
88	Jp2_23	D7		VCC_1V8	I/O	并行数据
89	Jp2_24	D8		VCC_1V8	I/O	并行数据
90	Jp2_6	DB9_2				
91	Jp2_5	DB9_3				
92	Jp2_2	485A				
93	Jp2_1	485B				
94	Jp2_41	A_GND				
95	Jp2_42	ANT				
96	Jp2_40	GND				
97	Jp4_6	GND				
98	Jp4_8	GND				
99	Jp2_7	GND				
100	Jp2_4	GND				

2. 电 源

Q2686 无线 CPU 有两种电源可供选择：一种是 DC 外部电源，另一种是 AC/DC 适配器，如图 2.2 所示。这两个电源均可为无线 CPU 及 Q2686 无线 CPU 开发板上的外围设备供电。本书主要采用 AC/DC 适配器。

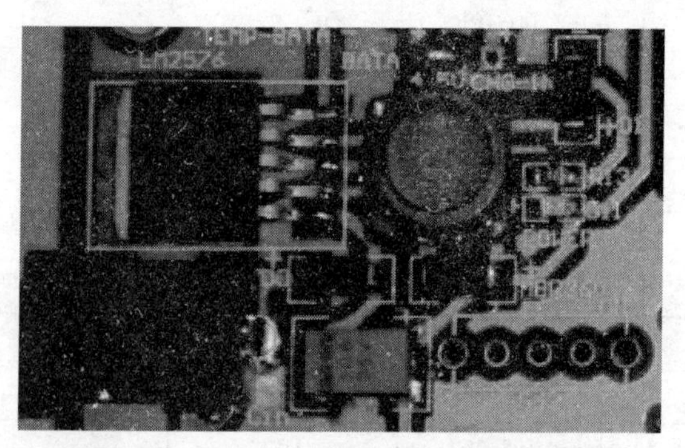

图 2.2 电源接口

3. UART1

UART1为无线CPU主RS-232串行接口，工作电压为3.0 V。在Q26系列开发板上为DB9，它是9针SUB-D母头RS-232连接器，如图2.3所示。表2.2列出了与串口1连接的无线CPU引脚说明。

图2.3 串口1

表2.2 J400引脚说明

引 脚	信 号	I/O	I/O类型	说 明
1	CT109/DCD	O	RS-232(V24/V28)	数据载波检测
2	CT104/RXD	O	RS-232(V24/V28)	接收串行数据
3	CT103/TXD	I	RS-232(V24/V28)	发送串行数据
4	CT108-2/DTR	I	RS-232(V24/V28)	数据终端就绪
5	GND			接地
6	CT107/DSR	O	RS-232(V24/V28)	数据设备就绪
7	CT105/RTS	I	RS-232(V24/V28)	请求发送
8	CT106/CTS	O	RS-232(V24/V28)	清除发送
9	CT125/RI	O	RS-232(V24/V28)	响铃指示

4. UART2

UART2为无线CPU辅助RS-232串行接口，其工作电压为1.8 V。利用UART2的收发引脚设计了RS-485接口。UART2与RS-485统一接口为COM2，如图2.4所示。表2.3列出了与COM2连接的无线CPU引脚说明。

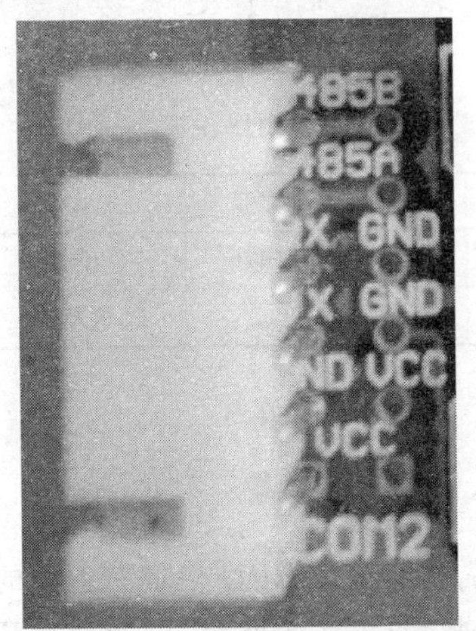

图2.4 UART2/RS-485

表2.3 COM2引脚说明

引 脚	信 号	说 明
1	Vcc	电源
2	GND	接地
3	CT103/TXD	发送串行数据
4	CT104/RXD	接收串行数据
5	485A	RS-485D+
6	485B	RS-485D−

需要注意的是,RS－485的写操作需要高电平使能。最小开发板通过GPIO9控制RS－485的写操作,默认状态时GPIO9为低电平。

5. SIM卡接口

J1为1.8 V/3 V标准SIM卡插槽,如图2.5所示。表2.4列出了连接器与无线CPU连接的各引脚信号说明。

图2.5　SIM卡槽

表2.4　J700引脚说明

引　脚	信　号	I/O	I/O类型	说　明	备　注
1	SIM－Vcc	O	1.8 V/2.9 V	SIM卡电源	
2	SIM－RST	O	1.8 V/2.9 V	SIM卡复位	
3	SIM－CLK	O	1.8 V/2.9 V	SIM卡时钟	
4	SIMPRES	I	最大1.8 V	SIM卡检测	与GPIO18复用
5	GND			接地	
6	VPP	悬空			
7	SIM－DATA	I/O	1.8V/2.9V	SIM卡数据	
8	CC8		1.8V	SIMPRES电源	

如果需要使用SIMPRES信号,那么应将“SIMPRES”开关切换到“SIMPRES”,即将第1与第2引脚短接;否则,将“SIMPRES”开关切换到另外一边,即将第2与第3引脚短接。

6. 天　线

天线通过SMA连接器连接到开发板上,如图2.6所示。表2.5列出了RF连接器与无线CPU连接的各引脚说明。

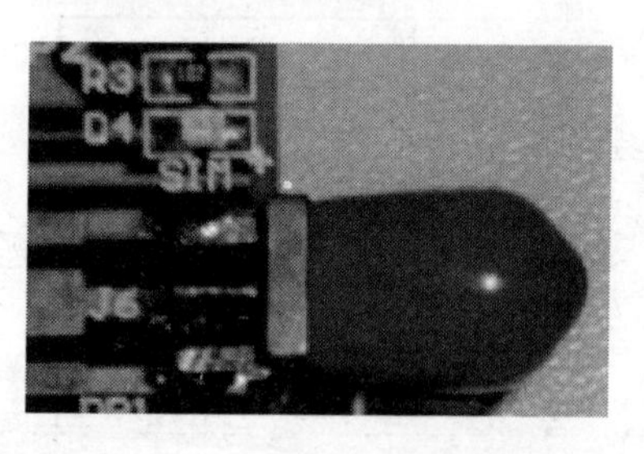

图2.6　最小开发板天线接口

表2.5　RF连接器引脚说明

引　脚	信　号	I/O	I/O类型	说　明
1	ANT		RF 50 Ω	RF信号
2,3	GND			接地

用户通过图2.6所示的天线接口接入天线。另外,用户需要将无线CPU模块右上角的天线接点与图2.6天线接口的ANT引脚用一段金属丝焊接起来,如图2.7所示,以使最小开发板更好地应用于工业开发领域。

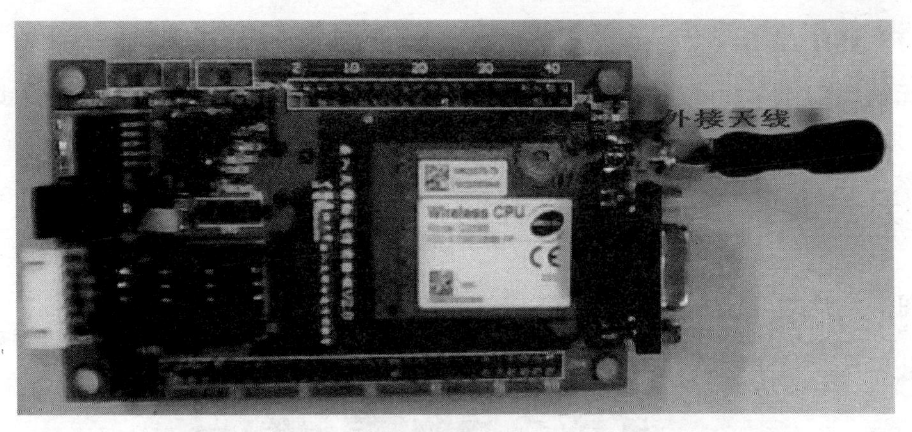

图 2.7　最小开发板用于工业领域时的天线连接图

当最小开发板用于简单的实验室开发时，只需将无线 CPU 模块接入天线(即将一小段金属线焊接到无线 CPU 模块的天线接点处)即可，如图 2.8 所示。

图 2.8　最小开发板用于实验室简单开发的天线连接图

7. BOOT

BOOT 开关只用于使用 Wavecom 的专用下载软件“DWLWin”，通过 UART1 下载新的软件到无线 CPU。正常模式下，BOOT 应该为“OFF”状态。BOOT 的状态配置，如表 2.6 所列。

表 2.6　BOOT 状态配置

模　式	BOOT	ON/$\overline{\text{OFF}}$
正常	OFF	ON
下载	ON	ON

8. 电源指示灯

电源信号指示灯 D11 为红色，用于指示外部电源的状态。当将最小开发板的 BATA2 (Vcc)与 BATA3 短接时(默认状态)，上电后指示灯亮，断电后指示灯灭。

9. FLASH LED

当无线 CPU 处于关闭状态时，在预充电模式下“FLASH - LED”(D4)会不断闪烁；当无线 CPU 处于开启状态时，“FLASH - LED”用于指示网络状态。

2.2　开发实验箱硬件接口说明

如图 2.9 所示，开发实验箱包括以下应用接口。

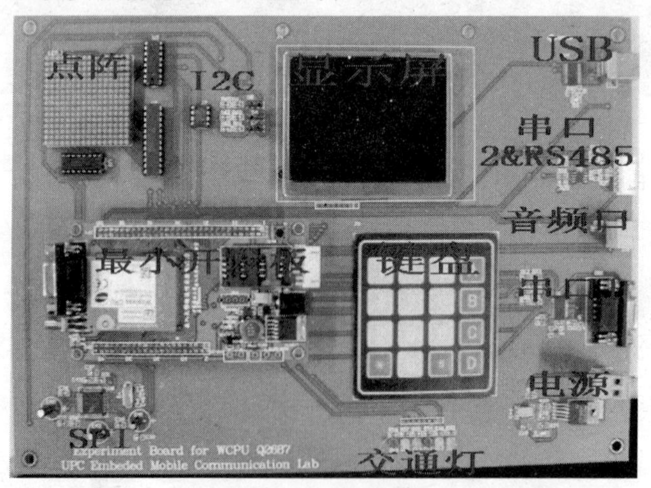

图 2.9　开发实验箱图

- 1 个外部板连接器。
- RS - 232 主串行接口(UART1)，9 线。
- RS - 232 辅助串行接口和 RS - 485(UART2)串行接口。
- 音频接口。
- USB 接口。
- 电源连接器。
- I^2C。
- SPI。
- 键盘。
- 显示屏。
- 点阵。
- 交通灯。

1. 1个外部板连接器

开发实验箱的外部板连接器与最小开发板匹配，如图2.10所示。最小开发板通过外部连接器与开发实验箱连接，从而扩展无线CPU的其他应用。

2. RS-232主串行接口(UART1),9线

开发实验箱的UART1设计与最小开发板相同。

3. RS-232辅助串行接口和RS-485(UART2)串行接口

开发实验箱的UART2设计原理与最小开发板相同。不同的是串口2(J1)的接口引脚顺序，如表2.7所列。

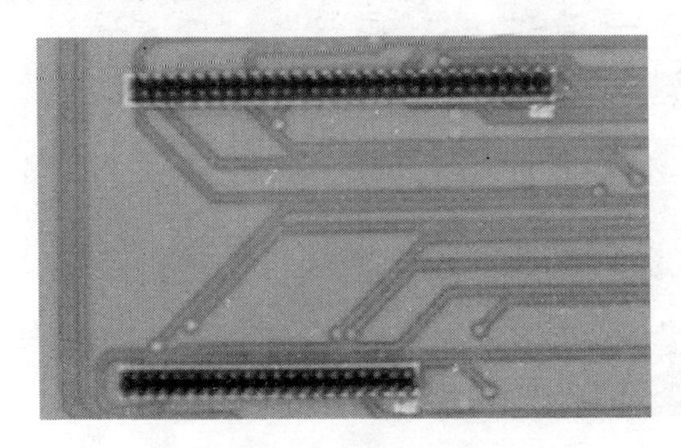

图2.10　外部板连接器

表2.7　J1引脚说明

引　脚	信　号	说　明
1	CT103/TXD	发送串行数据
2	GND	接地
3	CT104/RXD	接收串行数据
4	485B	RS-485D−
5	Vcc	电源
6	485A	RS-485D+

4. 音频接口

Q26系列无线CPU具有两个音频接口：AUDIO1和AUDIO2。开发实验箱设计采用了AUDIO2，即J18。AUDIO2音频接口的话筒输入端集成了驻极体话筒的偏置电路，以方便连接，如图2.11所示。音频接口与无线CPU连接的各引脚信号描述如表2.8所列。

图2.11　音频接口

表2.8　J18连接器引脚信号说明

引　脚	信　号	I/O	I/O类型	说　明
1	MIC2N	I	模拟	话筒负极输入信号
2	SPK2N	O	模拟	扬声器负极输出信号
3	SPK2P	O	模拟	扬声器正极输出信号
4	MIC2P	I	模拟	话筒正极输入信号

5. USB 接口

实验箱上的 USB 接口采用串口转 USB 芯片 FT232RL 设计，采用 CT104 - RXD2 和 CT103 - TXD2 作为输入经芯片转化为 USB 信号，如图 2.12 所示。用户也可采用 Q26 系列无线 CPU 提供的 DM、DP 引脚用于 USB 接口的设计。

6. 电源连接器

不同于最小开发板，开发实验箱采用 DC 外部直流电源，如图 2.13 所示，可以给实验箱和最小开发板同时供电。

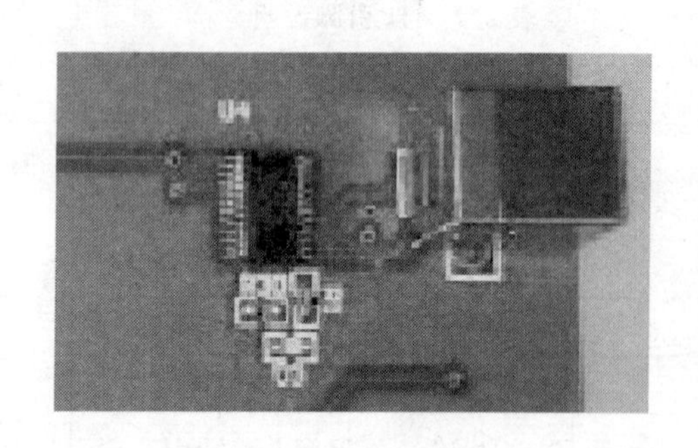

图 2.12　USB 接口

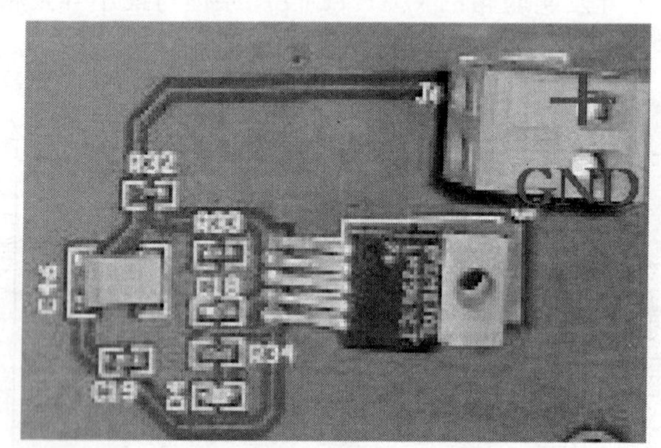

图 2.13　电　源

7. I²C

I²C 总线分为两种模式：一种是波特率为 100 kbps 的标准模式；另一种是波特率为 400 kbps 的快模式。当无线 CPU 设置的 I²C 总线速率是 400 kbps 时（短路桥 1 左短路，短路桥 2、3 右短路），Vcc 为 5 V；当设置为 100 kbps 时（短路桥 1 右短路，短路桥 2、3 左短路），Vcc 为 2.5 V。另外，SCL 和 SDA 需接一个上拉电阻接到 Vcc 上。当速率为 400 kbps 时，上拉电阻值为 2 kΩ，当速率为 100 kbps 时，上拉电阻值为 10 kΩ。开发实验箱采用 24LC01B 芯片实现 I²C 的通信功能，如图 2.14 所示，短路桥 1、2、3 分别为开发实验箱上的 S8、S6 和 S7。表 2.9 列出了 I²C 芯片与无线 CPU 连接的引脚说明。

8. SPI

Q26 系列无线 CPU 提供了 SPI1 和 SPI2 两个接口。开发实验箱采用 SPI1 原理设计 SPI 接口，通过芯片 ATT7022 实现 SPI 通信功能，如图 2.15 所示。表 2.10 列出了 SPI 芯片与无线 CPU 连接的引脚说明。

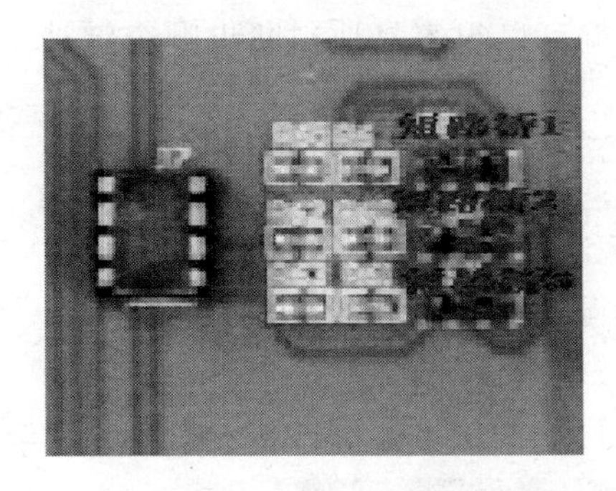

图2.14　I^2C

表2.9　I^2C引脚说明

信　号	引　脚	I/O	I/O类型	复位状态	说　明	复　用
SCL	44	O	漏极开路	Z	串行时钟	GPIO26
SDA	46	I/O	漏极开路	Z	串行数据	GPIO27

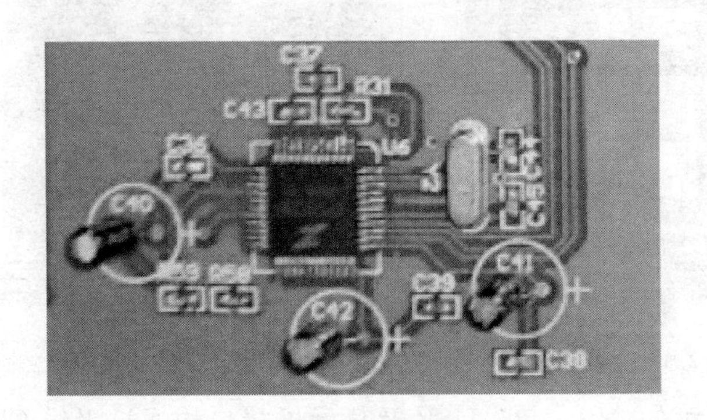

图2.15　SPI

表2.10　SPI1引脚说明

信　号	引　脚	I/O	I/O类型	复位状态	说　明	复　用
SPI1－CLK	23	O	2.8 V	Z	SPI串行时钟	GPIO28
SPI1－IO	25	I/O	2.8 V	Z	SPI串行输入/输出	GPIO29
SPI1－I	24	I	2.8 V	Z	SPI串行输入	GPIO30
$\overline{\text{SPI1}}$－CS	22	O	2.8 V	Z	SPI使能	GPIO31

9. 键　盘

开发实验箱采用4×4行列式键盘输入方式，如图2.16所示。无线CPU的引脚ROW0～ROW3设置为输入引脚，引脚COL0～COL3设置为输出引脚(或引脚ROW0～ROW4设置为输入引脚，引脚COL0～COL4设置为输出引脚)。要注意的是，引脚ROW0～ROW3和引脚COL0～COL3不能同时设置为输入或输出。引脚COL0～COL3在同一时间仅其中一个引脚以一定的顺序及频率输出低电平；控制器快速查询引脚ROW0～ROW3的电平状态，如果有一个键被按下，则在一定时间内引脚ROW0～ROW3中将有一个引脚为低电平；再查询

COL0～COL3 的输出状态，找出此时输出低电平的引脚，就可以很容易地判断出哪个键被按下。

10. 显示屏

开发实验箱采用北京迪文科技的 DMD32240T035_01WN 显示屏，如图 2.17 所示。通过无线 CPU 的引脚 CT104－RXD2 和 CT103－TXD2 实现对显示屏的控制操作，具体说明可参考显示屏说明文档。

图 2.16　键　盘

图 2.17　显示屏

由前面的 3 及 4 可知，RS－485、USB 及显示屏接口均通过无线 CPU 的引脚 CT104－RXD2 和 CT103－TXD2 设计而成，三者不可同时使用。通过设计短路桥 4(开发实验箱上 S2)来使能 RS－485 和显示屏。需要说明的是当使用 RS－485 时，短路桥 4 右短路，USB 接口不上电；当使用显示屏时，短路桥 4 左短路，USB 接口不上电；当使用 USB 接口时，短路桥 4 左右均断路。

11. 点　阵

开发实验箱利用无线 CPU 的 GPIO 接口设计点阵，如图 2.18 所示。其采用 4—16 线译码器 74HC154，用低电平选择要扫描的某一列，用两片 8 位串行输入转并行输出移位寄存器 74HC595 级联，实现 16 位串行输入转并行输出，扫描点阵的 16 行。通过 GPIO 控制移位寄存器和译码器，实现对点阵的操作。

12. 交通灯

开发实验箱利用无线 CPU 的 GPIO 接口设计交通灯模块，如图 2.19 所示。可以通过控制 GPIO 的电平高低实现交通灯的亮灭。

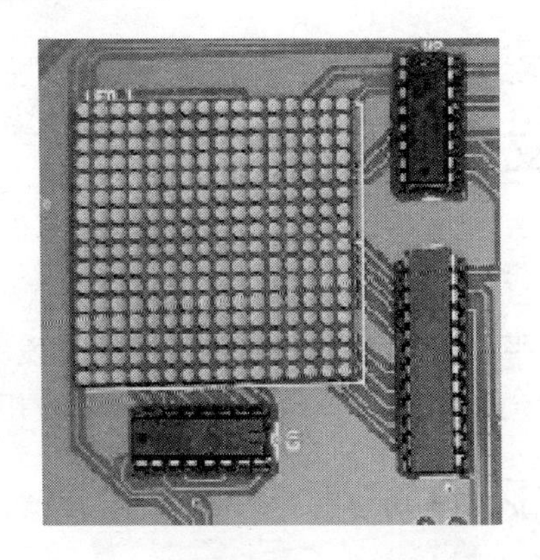

图 2.18　点　阵

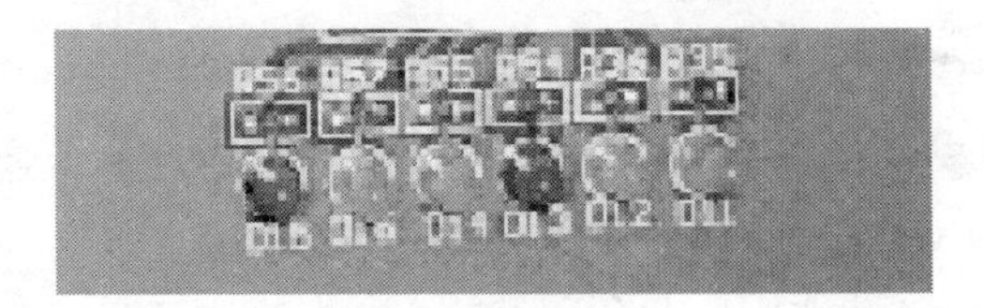

图 2.19　交通灯

第3章

Open AT 开发环境简介

Open AT 是 Sierra Wireless 公司所提供的，用于开发嵌入式应用程序的 MUSE(Modular User Software Environment)平台。通过 Open AT 软件开发平台，开发人员可以在 Sierra Wireless 公司提供的无线 CPU 或调制解调器上进行嵌入式应用开发。

3.1 Open AT 开发环境安装

3.1.1 安装配置

在安装 Open AT 开发环境前，要先检查 PC 的配置是否符合下面给出的最低配置要求。

- 操作系统为 Windows ® Vista / 7 / XP。
- Sun JavaSE Development Kit JDK1.6x。
- Pentium 1 GHz 的 CPU(或更高)。
- 256MB 内存，推荐使用 512MB 内存(或更高)。
- 1GB 可用硬盘空间。
- 至少 1 个可用的串行接口。

最新 Open AT 开发包 Sierra Wireless Software Suite 中集成了 Eclipse 开发环境，集编码、调试、目标下载和目标监视于一体，使得应用程序的开发比以前更简单、快速、高效。

3.1.2 Open AT SDK 的安装

Q2686/7 系列无线 CPU 支持 Sierra Wireless 开发平台，如图 3.1 所示，安装软件分为 JDK1.6x 和 Sierra Wireless Software Suite 二部分。安装过程分两步：第一步安装 JDK1.6x；第二步安装 Sierra Wireless Software Suite。

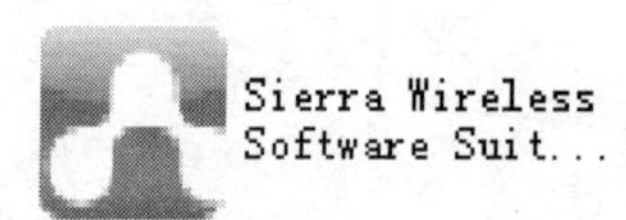

图 3.1 安装软件

安装过程如下：

第一步：双击图标，安装 JDK1.6x。显示的安装界面，如图 3.2 所示。

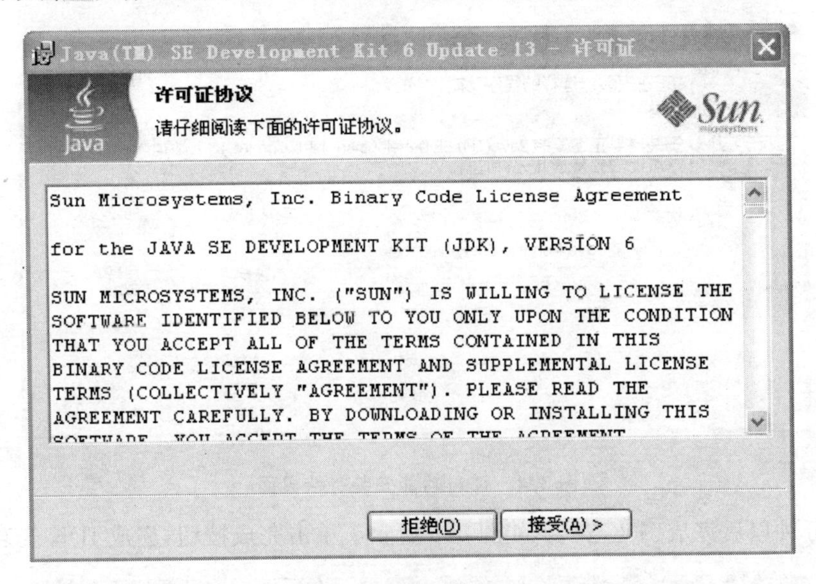

图 3.2　JDK 安装界面

在图 3.2 中，单击接受按钮，进入下一步安装界面，如图 3.3 所示。

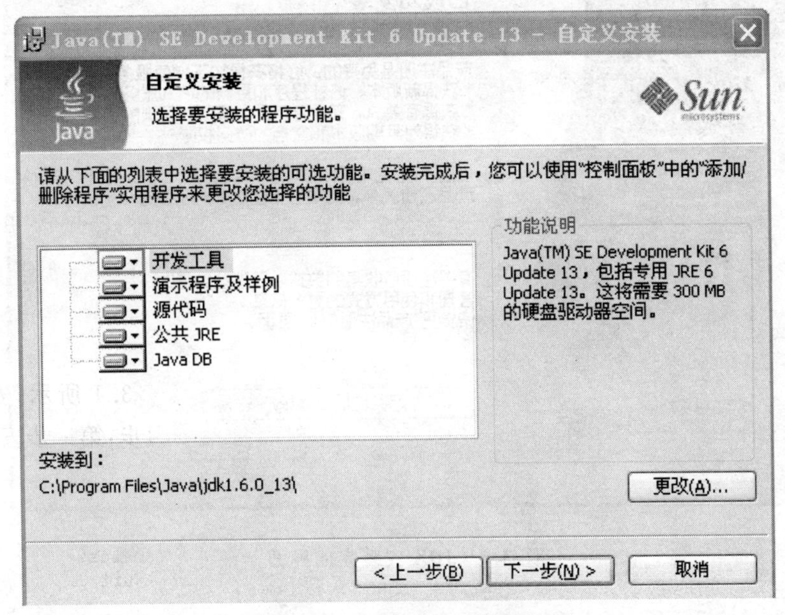

图 3.3　JDK 自定义安装界面

选择默认安装程序功能和默认安装路径即可，单击下一步进入安装界面，如图 3.4 所示。

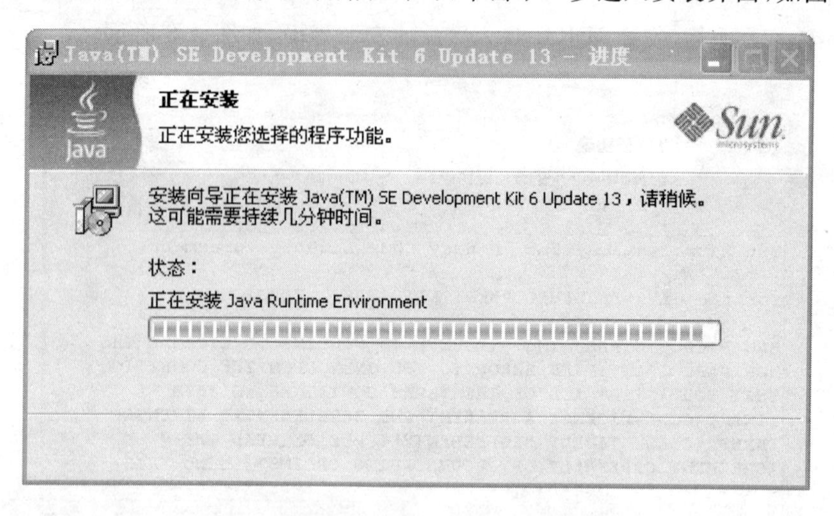

图 3.4　JDK 功能安装等待界面

等待几分钟以后完成 JDK 安装，如图 3.5 所示。单击完成按钮，完成 JDK 安装。

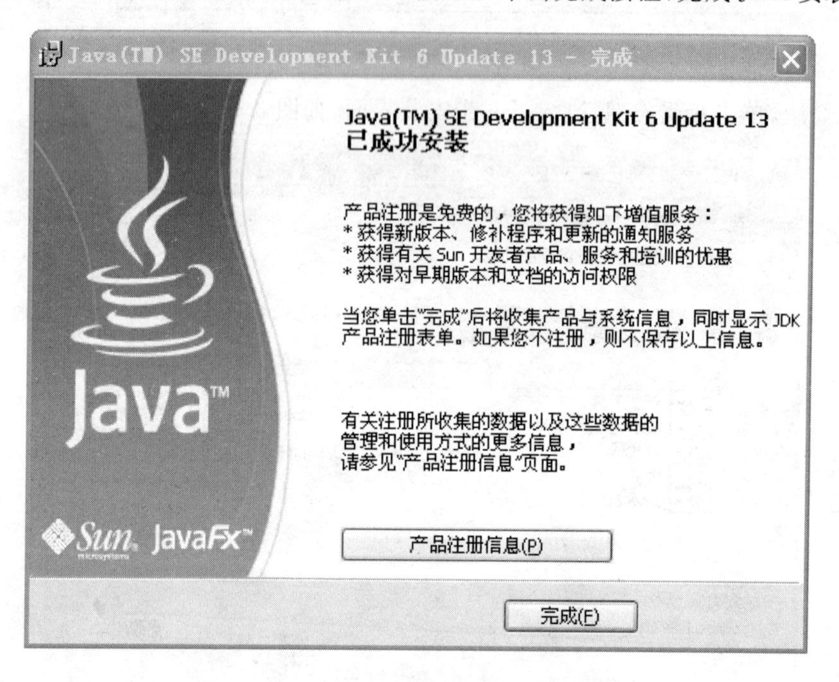

图 3.5　JDK 安装完成界面

第二步：双击图标，安装 Sierra Wireless Software Suite。显示的安装界面，如图 3.6 所示。等待文件抽取完成后，进入欢迎界面，如图 3.7 所示。

图 3.6　Sierra Wireless 安装界面

图 3.7　Sierra Wireless 安装欢迎界面

在图 3.7 中,单击 Next 按钮进入产品选择界面,如图 3.8 所示。选择产品 AirPrime Q26 Series 3GPP,然后单击 Next 按钮进入安装界面,如图 3.9 所示。

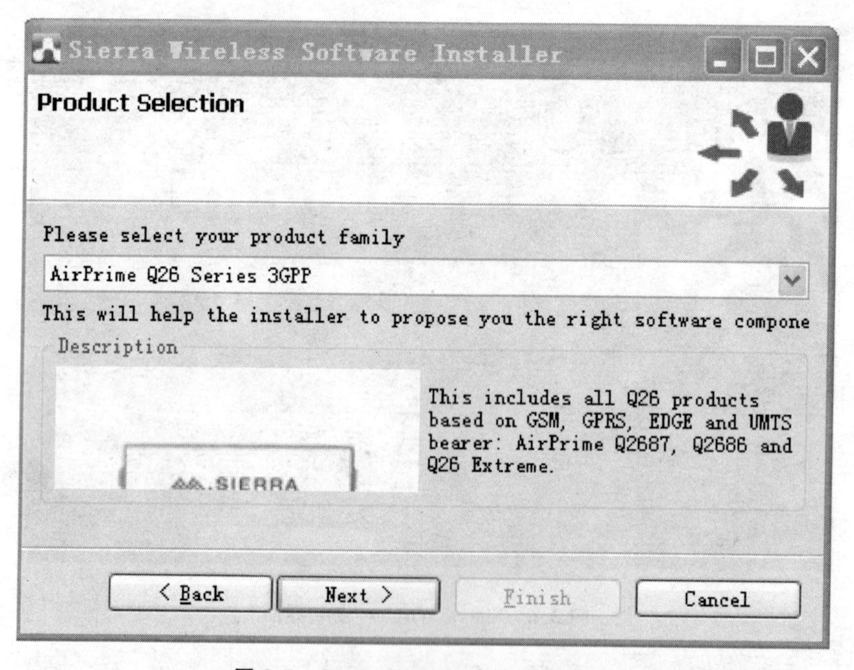

图 3.8 Sierra Wireless 产品选择界面

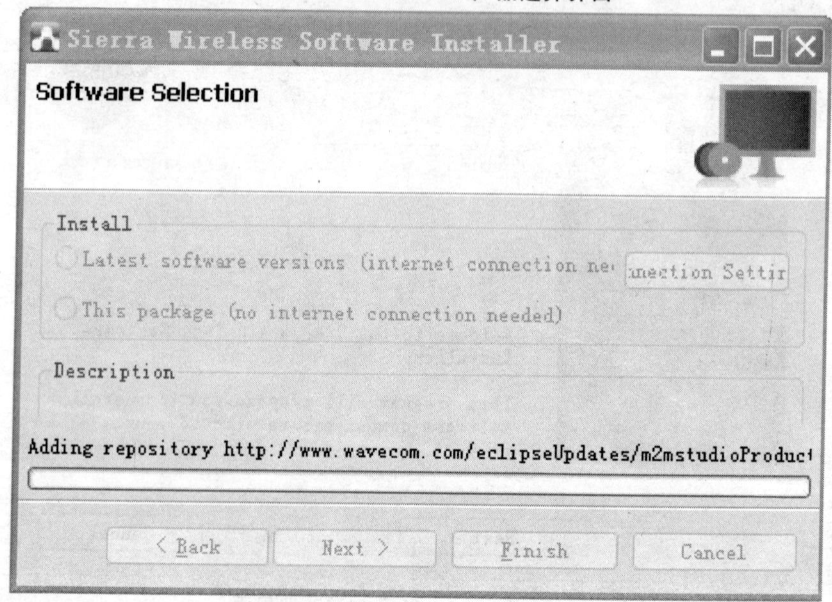

图 3.9 Sierra Wireless 产品选择界面

等待 Adding repository 完成后，进入安装界面，如图 3.10 所示。选择 This package(no internet connection needed)模式，然后，单击 Next 按钮进入路径选择界面，如图 3.11 所示。

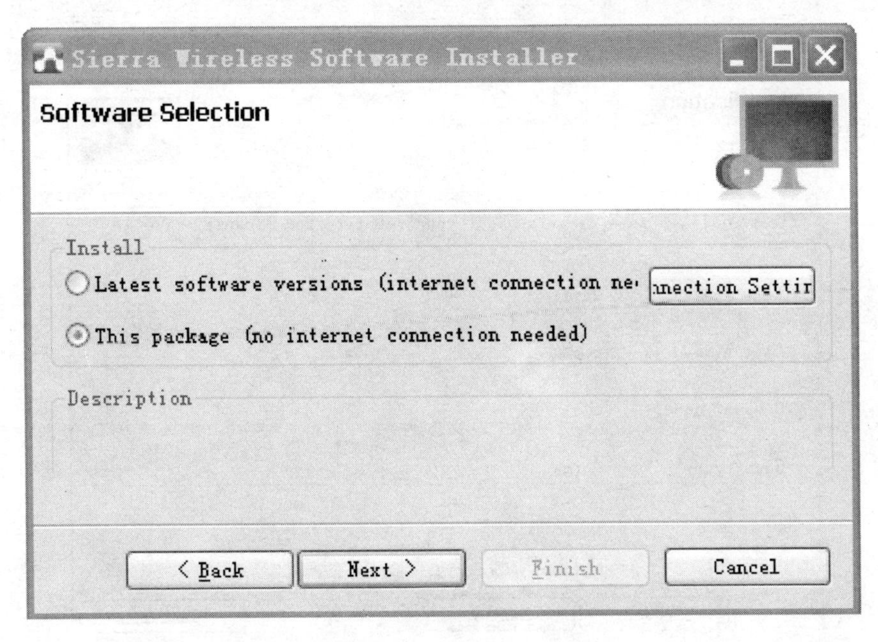

图 3.10　Sierra Wireless 安装选择界面

图 3.11　Sierra Wireless 安装路径选择界面

在图 3.11 中，默认安装路径后，单击 Next 按钮进入信息注册界面，如图 3.12 所示。注册信息根据具体情况，填写完成后，单击 Next 按钮进入许可认证界面，如图 3.13 所示。

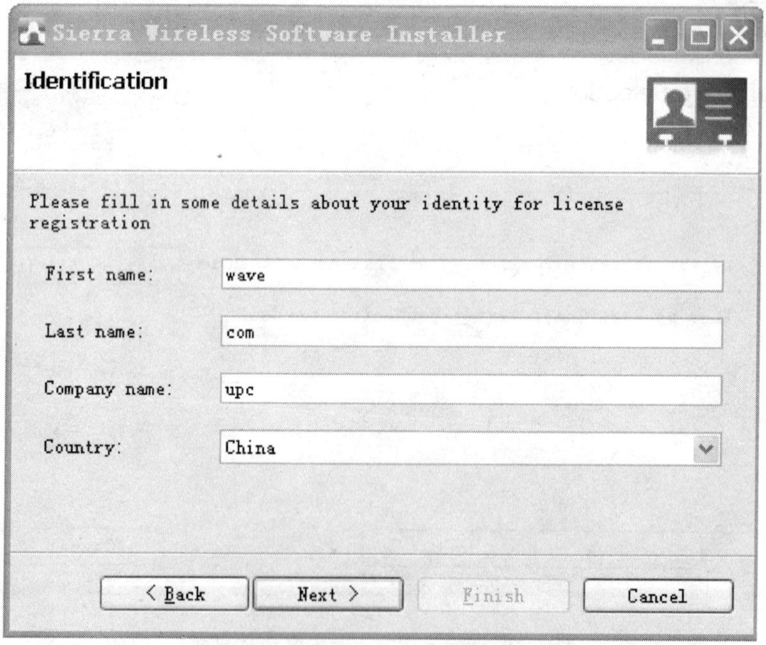

Sierra Wireless Software Installer
Identification
Please fill in some details about your identity for license registration
First name:
wave
Last name:
com
Company name:
upc
Country:
China
< Back
Next >
Finish
Cancel

图 3.12　Sierra Wireless 信息注册界面

Sierra Wireless Software Installer
License Acceptance
Please select an item to see the related license.
Items to be Installed
License
Sierra Wireless Software Suite
Discovery Tool (1.2.0)
GR Open AT Plug-in Package
WIP Open AT Plug-in Package
Open AT Firmware Package (7.
C-GPS-OPUS-I Open AT Plug-in
USER LICENSE AGREEMENT FOR
SIERRA WIRELESS SOFTWARE SUITE
IMPORTANT DOWNLOAD,
INSTALLATION AND USE OF THE
SIERRA WIRELESS SOFTWARE SUITE
IS SUBJECT TO THE FOLLOWING
LICENSE RESTRICTIONS.
Sierra Wireless will allow you
I have read and agree with all terms of each license.
< Back
Install
Finish
Cancel

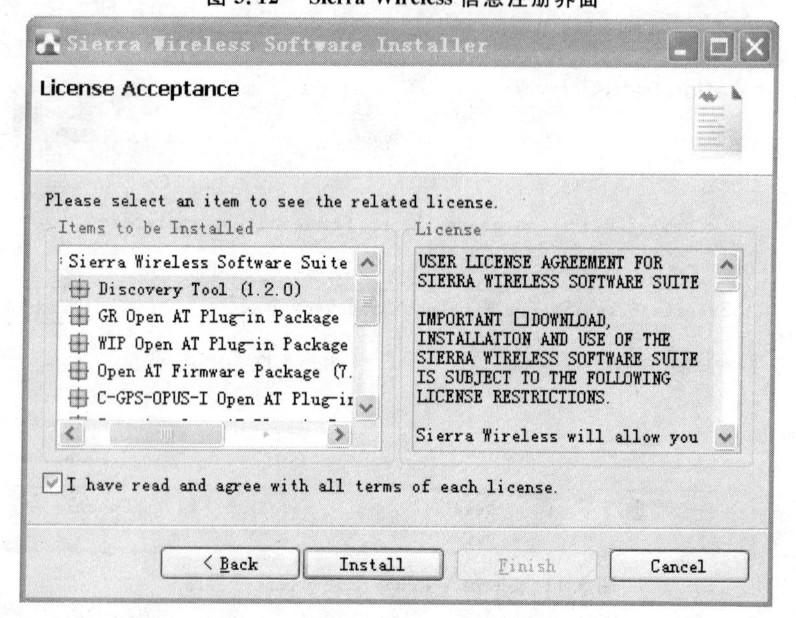

图 3.13　Sierra Wireless 许可认证界面

在图 3.13 中，勾选许可，单击 Install 按钮，进入的安装界面，如图 3.14 所示。

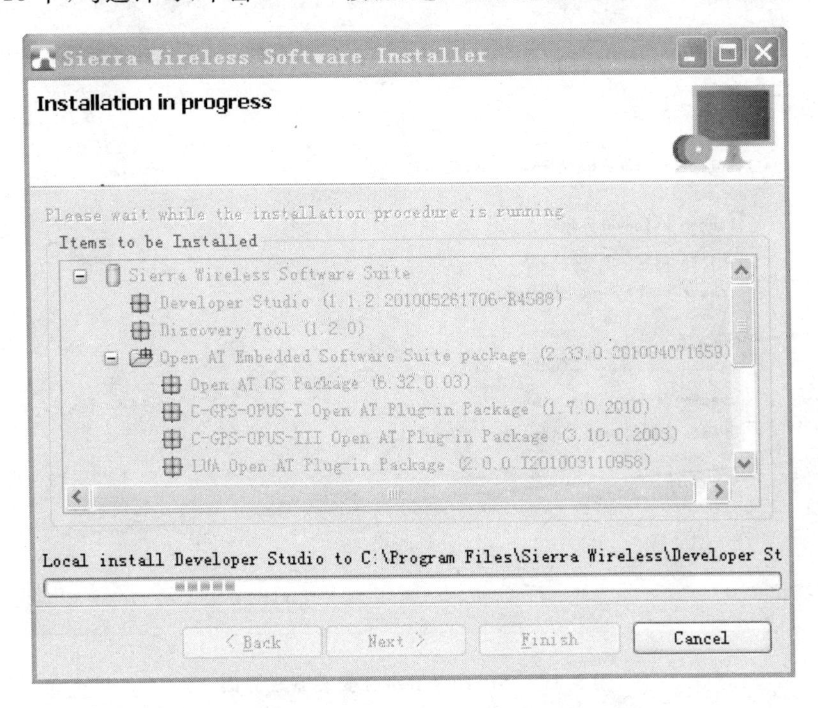

图 3.14　Sierra Wireless 安装界面

在图 3.14 中，可以单击右上角的最小化按钮后台安装，如图 3.15 所示。

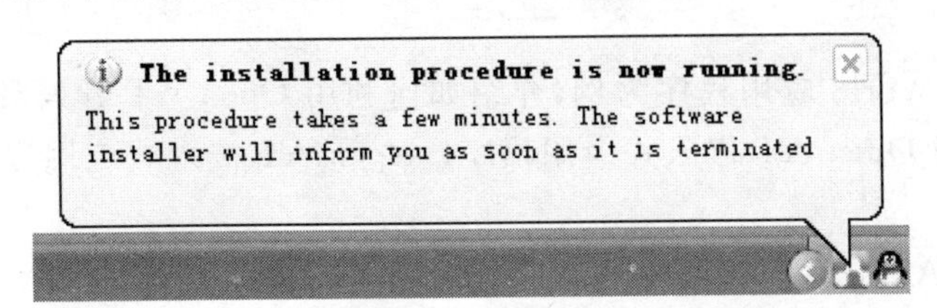

图 3.15　Sierra Wireless 后台安装界面

等待几分钟以后程序安装完成，进入完成界面，如图 3.16 所示。

如图 3.16 所示，勾选相应选项，单击 Finish 按钮完成 Open AT 开发环境的安装。在桌面和开始菜单列表里产生 Developer Studio 快捷方式图标。

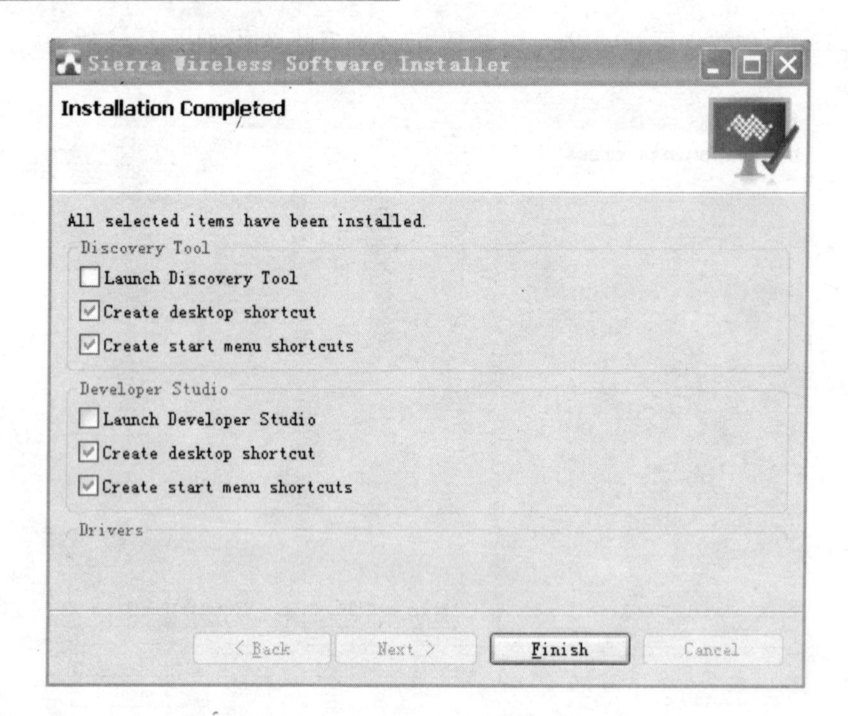

图 3.16 Sierra Wireless 安装完成界面

3.2 Open AT 应用程序开发

本节以 Hello_World 应用程序为例，介绍如何利用 Open AT 开发环境 Sierra Wireless Software Suite 开发 Open AT 嵌入式应用程序。Open AT 嵌入式应用程序开发过程一般包括以下几个步骤。

① 利用 Open AT 开发向导创建工程。

② 通过终端仿真器来调试嵌入式应用程序。

③ 生成目标文件(二进制文件)。

④ 将生成的二进制文件下载到无线 CPU 中。

3.2.1 创建应用程序

Open AT 开发向导为用户提供了简单而友好的界面。从"开始"菜单中启动 Open AT 开发环境(开始→程序→Sierra Wireless→Developer Studio→Developer Studio)，进入开发平台。从菜单栏 File→New→Open AT Project 进入 Open AT 开发向导窗口，如图 3.17 所示。

图3.17 Open AT开发向导窗口

在开发向导窗口中，要设置下列信息：

① 在Project name文本框中输入要创建的工程名称。

② 如要把工程存储到指定目录中，则要取消选中的Use default location，并在Location文本框中输入工程路径(路径中不能包含任何空格或非英文字符)。

③ 在Project type选项区中选择创建工程的类型。该选项决定最后由开发的应用程序生成的目标文件是二进制文件还是库文件。Open AT Library为Open AT接口的C标准库文件，Open AT Binary为Open AT应用程序二进制文件。

④ 如果要把工程加入到工作集中，则需进行配置，否则默认即可。

⑤ 单击Next按钮进入工程的Target Platform Configuration配置界面，如图3.18所示。其配置如下：

- 在Target platform selection Mode选择模式中建立一个新的目标平台(Target Platform)，也可以使用已经建立的目标平台。
- SDK Profile选项卡的选择不是必需的，选上会保证目标平台的连续性，使其他packages (OS, Firmware and used Plug－ins)统一到指定的profile版本。
- OS选项卡是Open AT应用程序使用的操作系统版本。

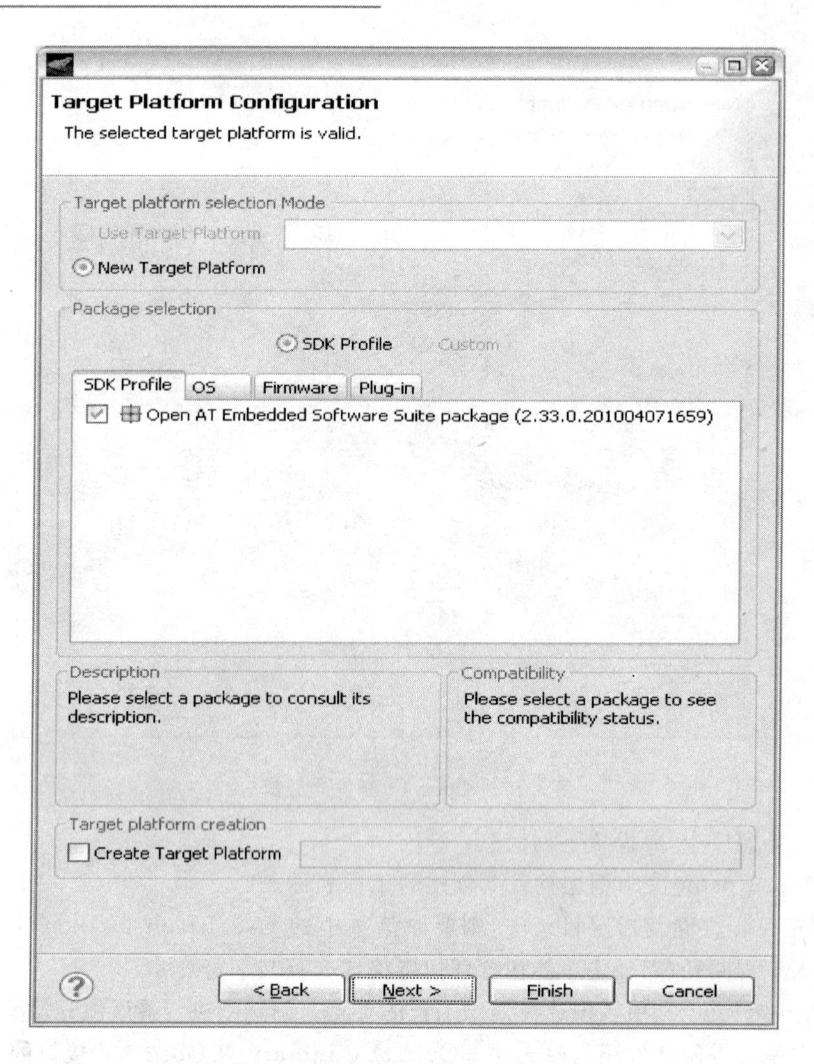

图 3.18　Target Platform 配置界面

➢ Firmware 选项卡是该工程使用的固件版本号。

➢ Plug - in 选项卡是该工程使用的插件及其版本号。

➢ 当建立新目标平台时，用户可以选中 Create Target Platform 复选框并命名保存下来为以后建立相同配置的工程时使用。

⑥ 单击 Finish 按钮建立一个临时空工程或单击 Next 按钮进入 Sample selection 例子选择界面，如图 3.19 所示。

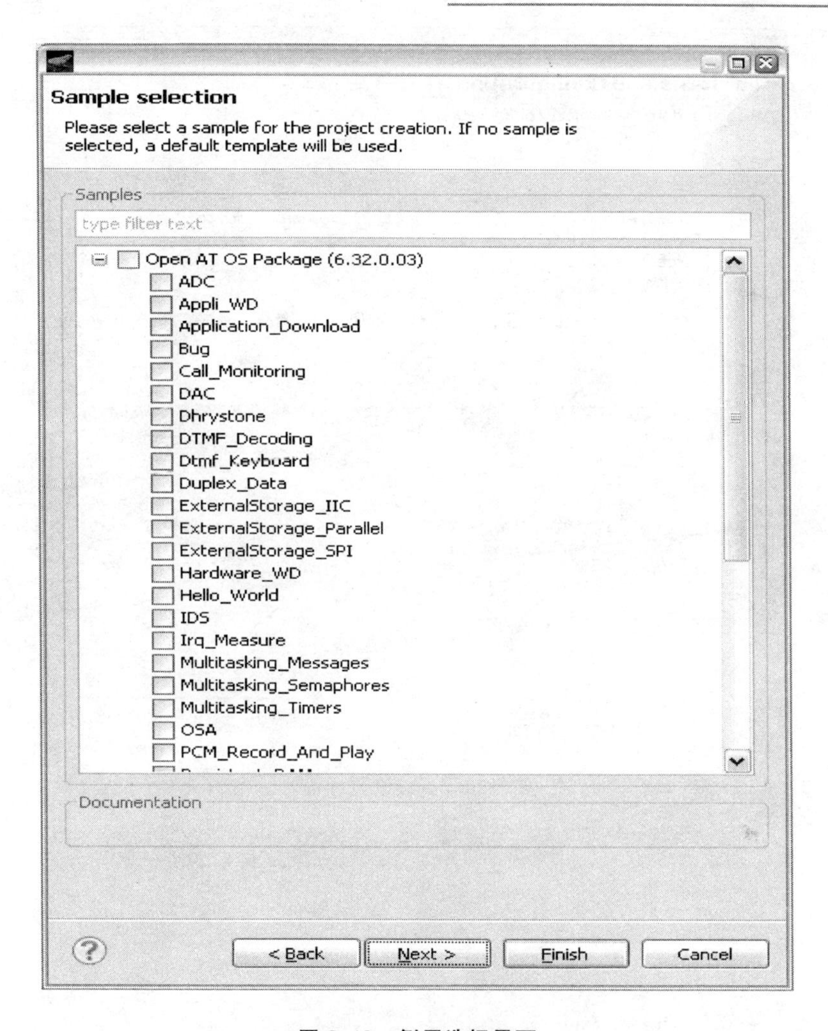

图 3.19 例子选择界面

⑦ 选中 Hello_World 并单击 Finish 按钮建立该例子工程或单击 Next 按钮进入工程高级设置界面,如图 3.20 所示。其配置如下:

➢ 在 Toolchain 区 选择生成工程调试编译器,只有工程支持的 Toolchains 才能添加。

➢ 在 Dependencies 区 允许添加参数到已经存在的库工程中。

➢ 在 Configuration 区允许添加其他参数。在 Wireless CPU 下拉列表框中,包括一个目标平台可以支持的多种类型。在 Memory Type 下拉列表框中,可以根据目标类型设置内存。

⑧ 单击 Finish 按钮建立工程,在 Developer Studio 窗口中显示建立的工程管理列表,如图 3.21 所示。单击 hello_world.c 打开代码编辑区编辑应用程序。

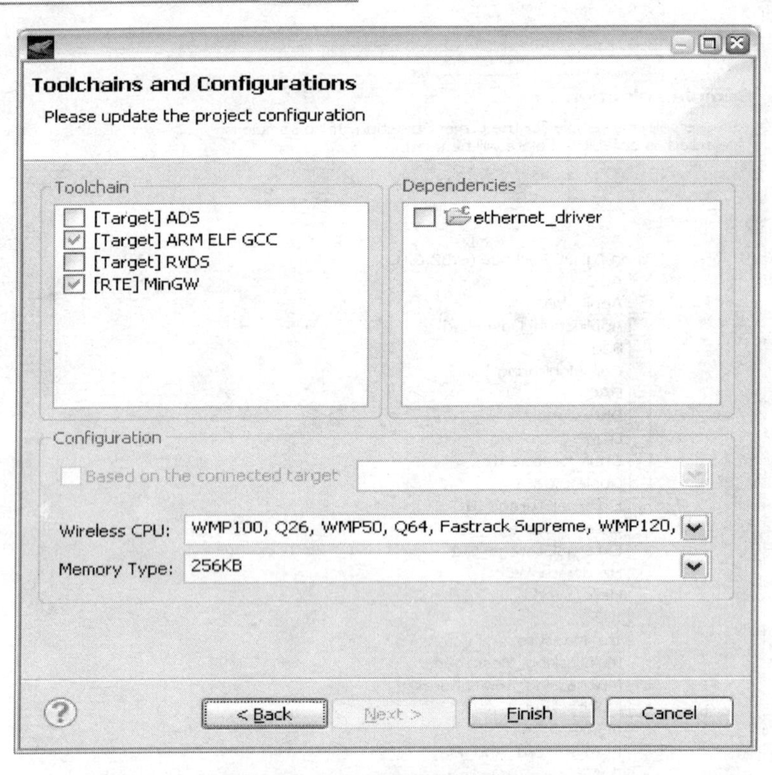

图 3.20　高级设置界面

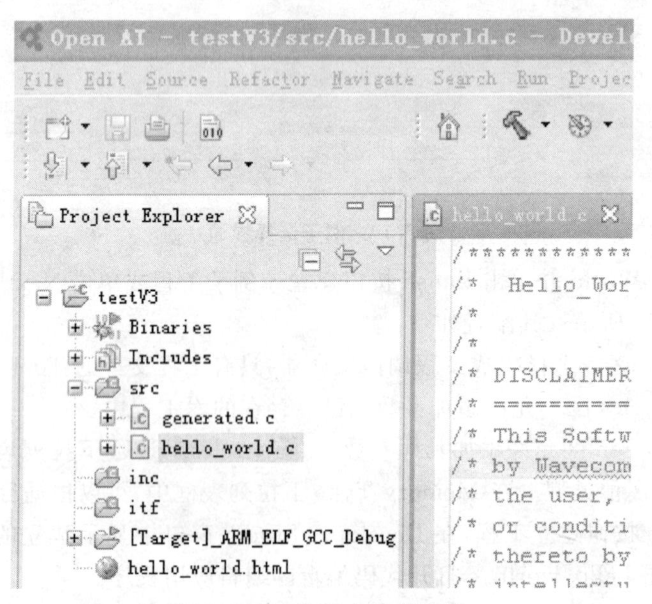

图 3.21　工程建立完成界面

3.2.2 生成应用程序

代码编辑完成后需要生成工程才能仿真调试或下载应用程序到目标板。首先需要选择起作用的工程生成配置。具体有三种方法：

① 单击工具栏的图标，选择起作用的工程生成配置，如图3.22所示。

② 或单击工具栏的图标，选择起作用的工程生成配置，如图3.23所示。

图3.22 工程配置界面

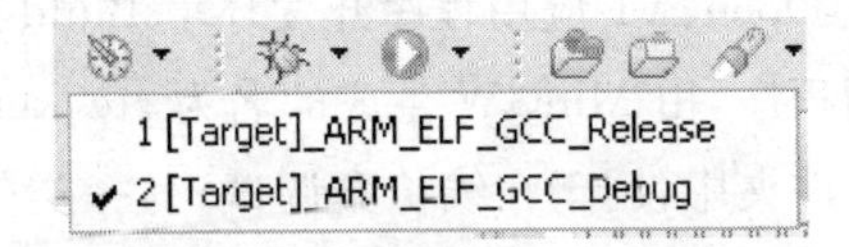

图3.23 工程配置界面

③ 或者选择工程并单击右键选择起作用的工程生成配置，如图3.24所示。

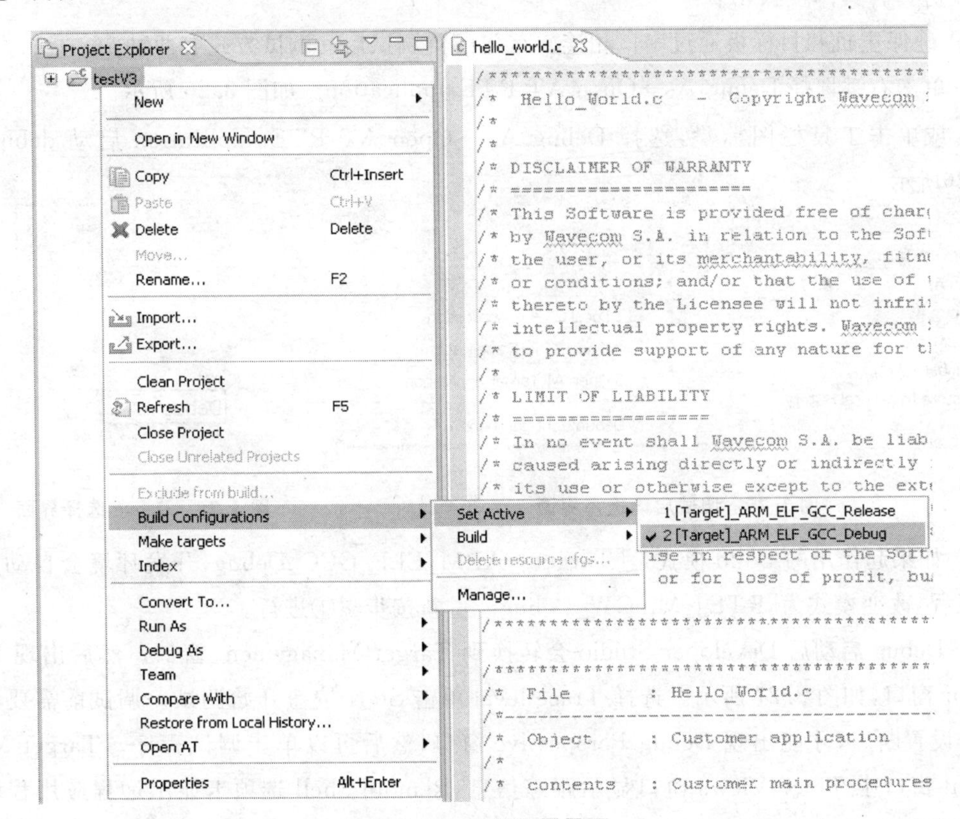

图3.24 工程配置界面

一旦起作用的工程生成配置变化，开发平台会自动生成工程。或者在左边的工程管理器中，选择要生成的工程并单击工具栏中 Build 按钮生成。如果生成失败，说明有错误，修改错误后需要再次生成工程。也可以单击右键选择 Clean Project 清理工程配置重新设置工程。

3.2.3　调试应用程序

进入 Open AT 应用程序开发环境 Build 后，可以生成两类用途不同的目标文件：一类是远程应用程序，由 MinGW 生成的名为 rte_kernel.exe 的目标文件，保存在/[RTE]_MinGW_Debug 文件夹中，用于在线仿真调试；另一类是目标应用程序，由 ARM_ELF_GCC 编译器生成的用于下载到无线 CPU 的目标文件。

RTE 模式在线仿真调试程序指应用程序在主机上执行，同时和目标板里运行固件通讯实现在线仿真。具体步骤如下：

① 确保主机和目标板通过串口相连。首先配置调试启动调试方式有两种。

- 单击右键选择 Debug As→Open AT RTE application。如图 3.25 所示。
- 或单击工具栏图标，选择 Debug As→Open AT RTE application 启动 debug，如图 3.26所示。

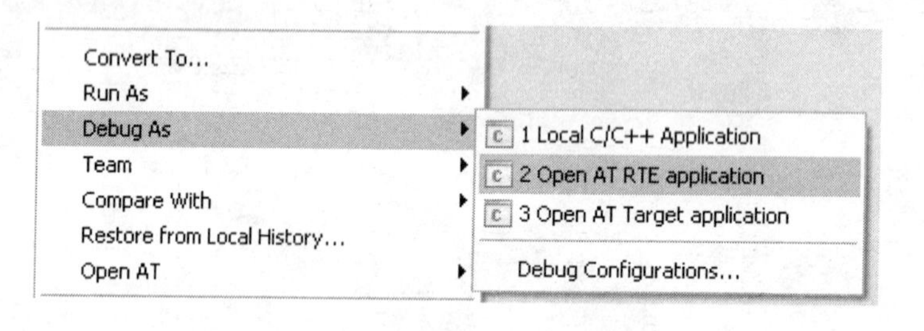

图 3.25　调试启动选择界面

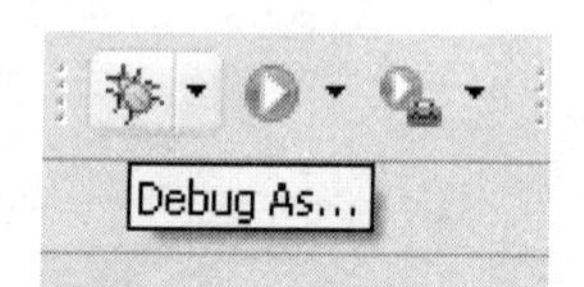

图 3.26　Debug 选择界面

② 如果起作用的 Build 模式是[Target]_ARM_ELF_GCC_Debug，开发环境会自动重新生成工程，改变模式为[RTE]_MinGW_Debug。重新按步骤①进行。

③ Debug 启动后 Developer Studio 会转换到 Target Management 窗口。然后出现 RTE Monitor 窗口，如图 3.27 所示。选择 Trace level 单击 Start 按钮开始调试。调试前需要在源程序中设置断点，才能出现 Debug Perspective 窗口，然后可以单步调试程序。Target Management 窗口中 Trace Views 窗口显示跟踪信息，Remote Shell 选项卡显示远程应用程序发送的字符串，如图 3.28 所示。

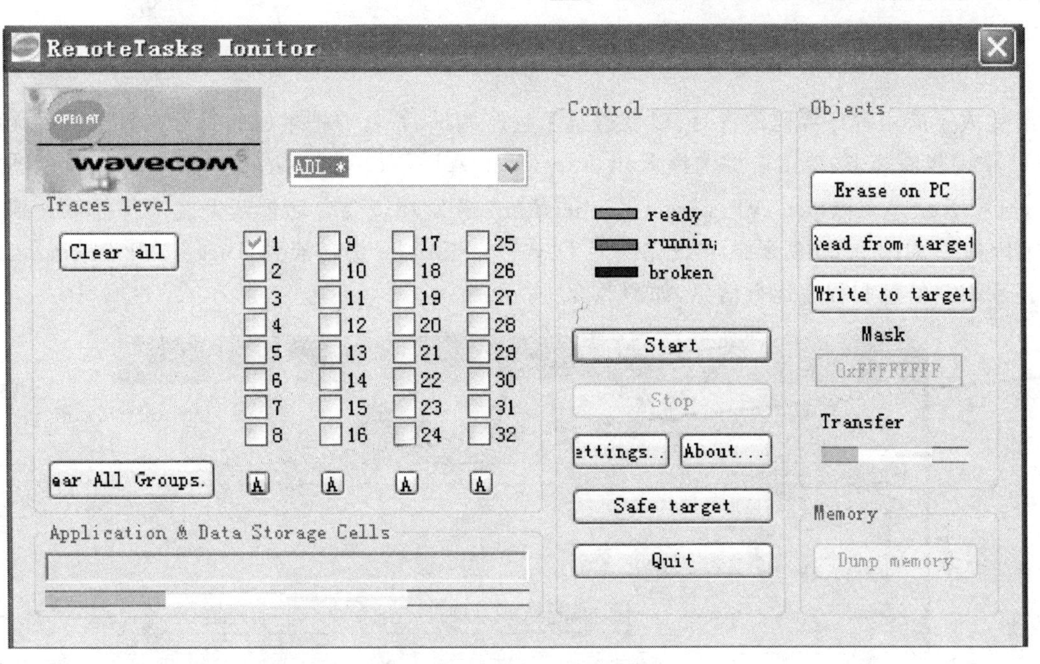

图 3.27 RTE Monitor 界面

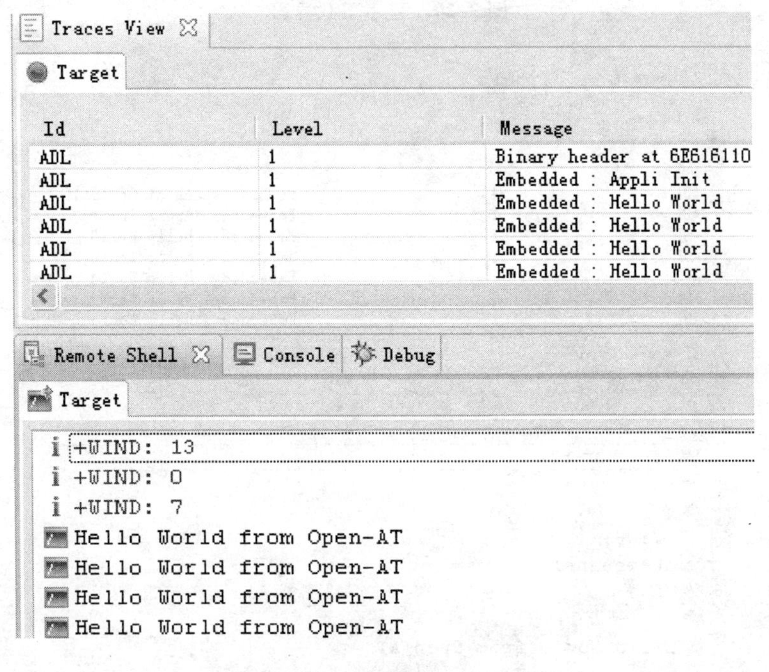

图 3.28 Target Management 窗口

3.2.4 下载应用程序

完成了应用程序源码的设计，以及通过了程序调试后，就要把生成的目标文件下载到无线CPU 中。步骤如下：单击右键选择 Run As→Open AT Target application 或单击工具栏图标 ，选择 Run As→Open AT Target application。开发环境会自动重新生成工程并下载到无线 CPU 中，如图 3.29 所示。下载完成后 Developer Studio 会转换到 Target Management 窗口显示跟踪信息和程序运行信息，如图 3.30 所示。

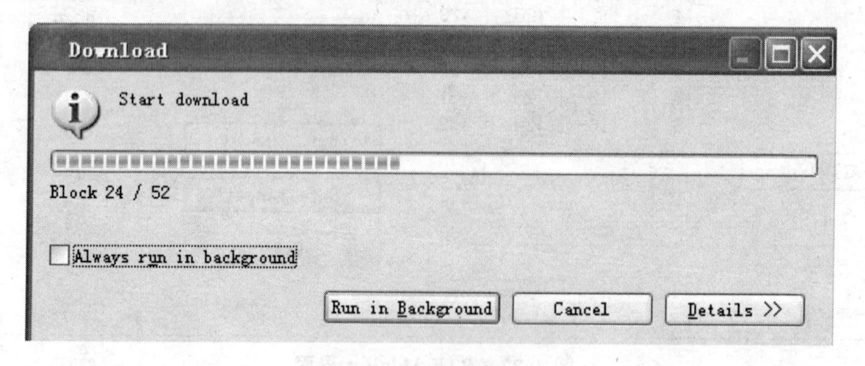

图 3.29 程序下载界面

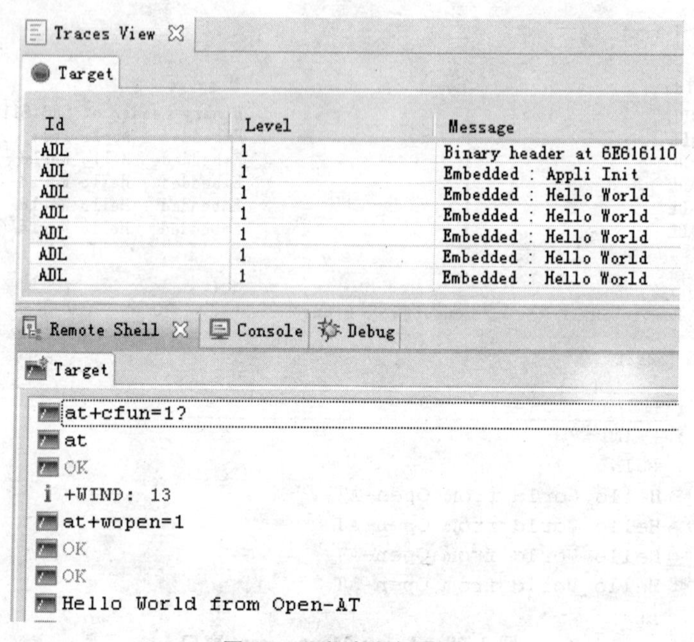

图 3.30 程序运行界面

第 4 章

Q26 系列无线 CPU ADL 程序设计基础

4.1 ADL 程序设计基础

4.1.1 无线 CPU 应用模式

目前，无线 CPU 的应用范围很广，如交通管理、水文探测、石油开采、银行管理、商店管理等。典型的应用模式主要可以分为 3 类：外部应用模式、嵌入式应用模式和联合应用模式。

外部应用模式（External Application）：使用串行接口实现与无线 CPU 的通信，并且利用外部应用程序控制无线 CPU 及其硬件资源（如 ROM、RAM、Flash 等），如图 4.1 所示。例如，利用 PC 机上的超级终端通过 RS－232 串口向无线 CPU 发送 AT 指令，从而实现某种操作。对于外部应用模式，不需要另外为无线 CPU 设计嵌入式应用程序，仅利用其内部的 Wavecom Core 即可。

嵌入式应用模式（Embedded Application）：由嵌入式应用程序实现无线 CPU 的应用，无需外部控制，如图 4.2 所示。在这种模式下，模块的资源由 Wavecom Core 管理，嵌入式应用程序要通过调用相关的 API 函数获得需要的资源。

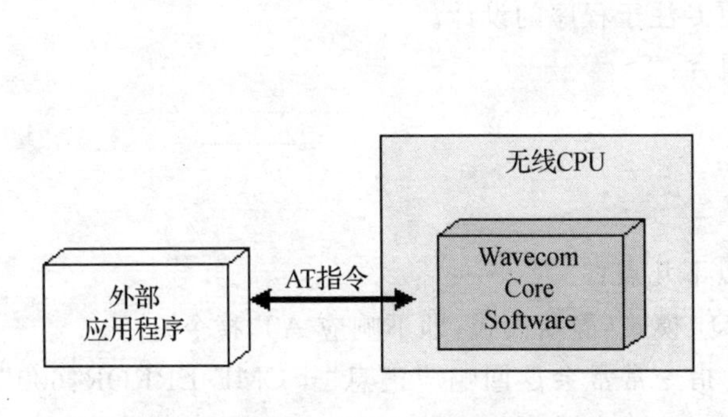

图 4.1　外部应用模式

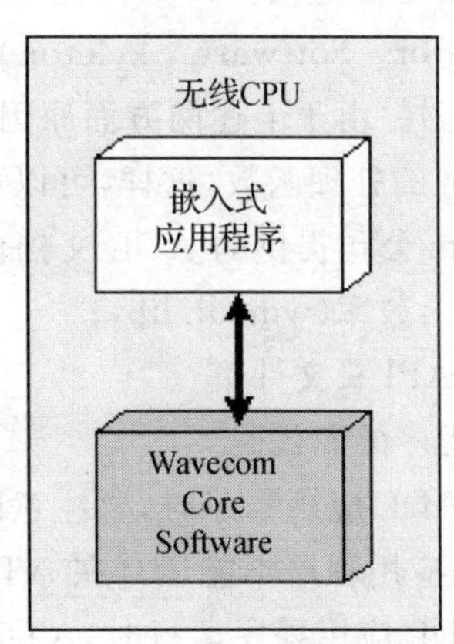

图 4.2　嵌入式应用模式

联合应用模式(Cooperative Application):如图 4.3 所示,将外部应用模式和嵌入式应用模式结合起来,由外部应用程序通过串行接口实现外部数据的交换(非无线通信部分),由嵌入式应用程序实现无线通信功能(如短消息服务)、PDA 等。

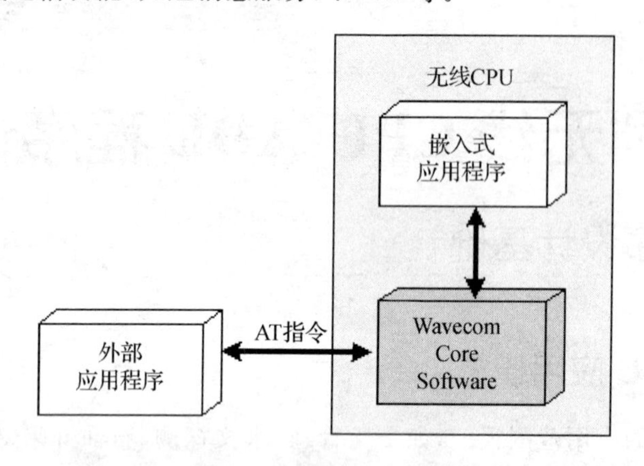

图 4.3 联合应用模式

本书后续章节主要介绍无线 CPU 的嵌入式应用模式和联合应用模式的嵌入式应用程序的设计。为了简化嵌入式应用程序的开发,配合无线 CPU 提供了相关的 API 函数。通过调用相应的 API 函数,程序员可以简单、快捷地在 Open AT 开发平台上开发嵌入式应用程序。

4.1.2 应用开发层

无线 CPU 内部软件结构如图 4.4 所示。在 Open AT V2.00 之后的版本,包含了建立在 Open AT 标准 API 之上的应用开发层函数库(ADL Library)。ADL 为 Open AT 应用程序开发人员提供了上层应用接口,简化了嵌入式应用程序的开发。ADL 还提供了嵌入式应用程序框架(Mandatory Software Skeleton),包括消息解析器和服务声明机制(如:SMS、FCM、GPRS 服务等)。由于上述两方面原因,Open AT 应用程序开发人员在开发应用程序时,只需编写调用服务的处理函数,这样,可以更专注于程序的设计。

Wavecom 公司提供的 ADL 文档包含:

➢ ADL 函数库(wmadl.lib);

➢ ADL API 头文件集;

➢ 示例程序的源代码。

在开发 ADL 应用程序时,要注意以下几点:

① ADL 应用程序不能运行在 ATQ1 模式(静默模式,即不响应 AT 指令)。

② 当 ADL 应用程序运行时,ATQ 指令常常会返回响应消息“+CME ERROR:600”,这是嵌入式应用程序所不允许的,因此,要将该响应屏蔽。

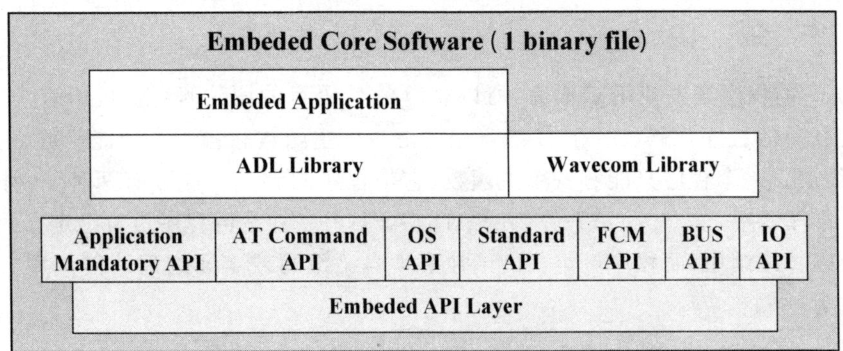

图 4.4　模块内部软件结构

③ 当 ADL 应用程序运行时，嵌入式应用程序可以使用组合指令。例如："AT+CREG?;+CGMR"是由"AT+CREG?"和"AT+CGMR"两条指令组成。如果使用组合指令，那么应用程序不会调用响应处理函数。

④ 由于 ADL 应用程序自行处理"+WIND"响应，当"AT+WOPEN"指令的状态为 0 或 1 时，指令"AT+WIND"的值会不一致。

4.1.3　数据结构

Open AT 使用 C 语言结合 Wavecom 公司提供的 ADL API 来开发嵌入式应用程序。为了方便嵌入式应用程序的设计，提高程序的易读性，Wavecom API 定义了一些新的数据类型(详见表 4.1)。在进行嵌入式程序设计的时候，既可以直接使用 C 语言提供的数据类型，也可以使用 Wavecom API 提供的数据类型。要注意的是，在命名变量时，这些数据类型的名称作为 Wavecom API 的保留字不能使用。除了表 4.1 中列出的数据类型外，其他数据类型的定义都与 C 语言一致，例如布尔型、浮点型、双精度型等。

表 4.1　Open AT 的数据类型

数据类型	占字节数	数据表示范围	注　释
ascii	1	−128～127	等价于 char
s8	1	−128～127	等价于 signed char
u8	1	0～255	等价于 unsigned char
s16	2	−32768～32767	等价于 short
u16	2	0～65535	等价于 unsigned short
s32	4	$-2^{31}\sim2^{31}-1$	等价于 int
u32	4	$0\sim2^{32}-1$	等价于 unsigned int

4.1.4 函　数

Open AT的程序开发使用C语言，所以要遵循C语言的语法规范。C语言中，函数是用于完成特定任务的程序代码。一个C语言程序由一个主函数和若干个功能函数(也可以没有功能函数)组成。一个程序只能有一个主函数，它是程序的起点。函数有两种，一种是编译系统提供的标准库函数，如Open AT提供的ADL API；另一种是由程序员自己定义的函数。标准函数库可以直接调用，而程序员定义的函数必须自己编写或定义之后才能调用。函数定义的一般形式为：

```
存储类别　函数类型　函数名(形参列表)
{
    局部变量定义
    函数体
}
```

其中，函数的存储类别只能是extern或static；函数类型说明了由return语句返回的函数返回值的类型。形参列表中列出了主调函数与被调函数之间传递数据的形式参数，必须在形参列表中声明形参的类型。

在C语言中，函数必须先声明或定义后再调用。为了保险起见，最好在程序的开始先对要用到的函数进行声明。

4.1.5 ADL程序结构

利用ADL API开发的嵌入式应用程序的结构如下：

```
预处理          #include "×××.h"
分配用户RAM     u32 wm_apmCustomStack[256];
                const u16 wm_apmCustomStackSize = sizeof(wm_apmCustomStack);
声明全局变量    u32  pubVar;
声明函数1       void fun1();
声明函数2       void fun2()
                {
函数体              …
                }
主函数          void adl_main(adl_apmInitType_e InitType)
                {
主函数体            …
                }
函数1           void fun1()
                {
```

```
函数体                  …
                    }
```

利用ADL API开发的嵌入式应用程序的开始部分通常是预处理命令，如上面程序中的#include命令。该预处理命令通知编译器在对程序编译时，将所需要的头文件读入后再一起进行编译。一般在头文件中包含程序在编译时的一些必要信息，通常编译器都会提供若干个不同用途的头文件。头文件的读入是在对程序编译时才完成的。此外还有#define和#typedef等预处理命令。

嵌入式应用程序是由函数组成的。一个ADL应用程序至少应该包含一个主函数adl_main()，也可以包含一个主函数adl_main()和若干功能函数。函数之间可以相互调用，但主函数adl_main()只能调用其他的功能函数，而不能被其他功能函数所调用。

主函数adl_main()的主要任务是初始化全局变量(如变量pubVar)，声明需要使用的服务(如SMS、FCM、定时器等)，以及最多发送一条AT指令用于初始化模块。主函数adl_main()的参数InitType为Wavecom Core发送给应用程序的系统消息，如Power On、重新启动等。该参数的数据类型为adl_apmInitType_e，其具体定义如下：

```
typedef enum
{
    ADL_INIT_POWER_ON                  // 正常启动
    ADL_INIT_REBOOT_FROM_EXCEPTION     //由于嵌入式应用程序出错重新启动模块
    ADL_INIT_DOWNLOAD_SUCCESS          //由于安装成功重新启动模块
    ADL_INIT_DOWNLOAD_ERROR            //由于安装失败重新启动模块
} adl_apmInitType_e;
```

另外，除了预处理命令#include和主函数adl_main()是必需的之外，全局变量wm_apmCustomStack[256]和wm_apmCustomStackSize也是必需的。这两个变量用于分配用户RAM(A系列模块允许的最大空间为32KB，B系列模块允许的最大空间为128KB)。用户RAM主要用于存放全局变量(如变量pubVar)、分配函数调用栈以及动态堆。

如上所述，ADL应用程序允许的最小结构为：

```
预处理        #include "×××.h"
分配用户RAM   u32 wm_apmCustomStack[256];
              const u16 wm_apmCustomStackSize = sizeof(wm_apmCustomStack);
主函数        void adl_main(adl_apmInitType_e InitType)
              {
主函数体          …
              }
```

4.1.6 ADL 开发实例

下面的程序用于在 GPO2 上输出方波。程序中调用了两项服务:定时器服务(详见 4.2.2 节)和 GPIO 服务(详见 4.2.5 节)。主函数 adl_main()主要对定时器和 GPO2 端口进行设置,以及对全局变量进行初始化。输出方波的周期由定时器控制,即方波的输出周期等于定时器计时长度的 2 倍。

```
#include  "adl_global.h"                    // 预处理
u32  wm_apmCustomStack [ 256 ];             // 分配用户 RAM
const  u16  wm_apmCustomStackSize = sizeof ( wm_apmCustomStack );
static  s8  gpioHandler;
static  bool  outFlag;
bool  tmrHandle( u8  ID );
void  adl_main ( adl_InitType_e  InitType )
{
    //如果在远程应用程序执行工具中选中相应的 Trace Level 编号,
    //则调试程序时,目标监视工具中将显示本语句引号内的内容,
    //从而跟踪程序执行的位置
    TRACE (( 1,  "Embedded Application : Main" ));
    gpioHandler = 0;
    outFlag = FALSE;
    // 设置定时器
    adl_tmrSubscribe( TRUE,  50,  ADL_TMR_TYPE_100MS,  tmrHandle );
    TRACE (( 1,  "Embedded Application : Timer Create" ));
    // 设置 GPO2
    gpioHandler = adl_ioSubscribe( ADL_IO_Q2406_GPO_2, 0, 0, 0, NULL );
    TRACE (( 1, "Embedded Application : ADL_IO_Q2406_GPO_2" ));
}

bool  tmrHandle( u8  ID )                   // 定时器调用函数
{
    TRACE (( 1,  "Embedded Application : Timer Cycle" ));
    outFlag = ! outFlag;
    if ( outFlag = = TRUE )                 // 输出高电平
    {
        adl_ioWrite( gpioHandler, ADL_IO_Q2406_GPO_2, 0xFFFFFFFF );
        TRACE (( 1, "Embedded Application : High" ));
    }
    else                                    // 输出低电平
```

```
    {
        adl_ioWrite( gpioHandler, ADL_IO_Q2406_GPO_2, 0 );
        TRACE (( 1, "Embedded Application : Low" ));
    }
    return TRUE;
}
```

4.2　Q26系列无线CPU高级API库函数

应用程序接口(Application Programming Interface,API)是操作系统留给程序员开发应用程序时调用系统底层功能的接口,包括一系列复杂的数据结构、消息和函数。通过 Wavecom 提供的 ADL API,程序员可以在 Wavecom 无线 CPU 上实现嵌入式应用程序开发。

4.2.1　adl_at.h

该头文件定义的函数用于处理 AT 指令。

1. adl_atUnSoSubscribe 函数

该函数用于定义与响应函数相关的主动响应。当 ADL 解析器接收到预定义的主动响应时,就会执行响应函数。

主动响应可以看做是函数 wm_apmAppliParser()通过参数接收到的消息,该消息的类型参数"MsgTyp"被设置为 WM_AT_UNSOLICITED。在定义了主动响应后,如果要终止与其相关的处理函数,则必须注销已定义的主动响应。

在这里要注意的是:如果定义了两个主动响应(假设这两个主动响应的句柄分别为 1 和 2),那么在每次收到 1 的反馈时,2 就会被执行。

函数原型:

```
s16   adl_atUnSoSubscribe( ASCII * UnSostr, adl_atUnSoHandler_t UnSohdl )
```

函数参数:

UnSostr—定义的主动响应消息。该参数也可以设置为 adl_rspID_e 响应 ID。

UnSohdl—与定义的主动响应消息对应的处理函数。该函数的定义如下:

```
typedef bool ( * adl_atUnSoHandler_t) (adl_atUnsolicited_t * )
```

其数据类型为 adl_atUnsolicited_t,用于保存接收到的主动响应消息。该结构体的定义如下:

```
typedef struct
{
    adl_strID_e   RspID;             // 标准响应 ID
```

```
    u16          StrLength;       // 主动响应字符串的长度
    ascii        StrData[1];      // 指向主动响应字符串的指针
} adl_atUnsolicited_t;
```

如果收到的是标准响应消息，那么 RspID 表示的是解析后的标准响应消息的 ID。

如果主动响应消息被发送到外部应用，那么响应处理函数的返回值是“TRUE”；否则，为“FALSE”。注意：如果几个函数同时与同一个主动响应消息相关，那么当这个主动响应消息被发送到外部应用时，所有的函数都将返回“TRUE”。

函数返回值：

如果成功，则返回 OK；如果失败，则返回 ERROR(−1)；如果该函数被低级中断处理函数调用，则返回 ADL_RET_ERR_SERVICE_LOCKED。

2. adl_atUnSoUnSubscribe 函数

该函数用于注销已声明的主动响应，以及销毁其句柄。

函数原型：

```
s16   adl_atUnSoUnSubscribe (ASSII * UnSostr,adl_atUnSoHandler_t UnSohdl)
```

函数参数：

UnSostr—希望拒绝的主动响应字符串。

UnSohdl—与主动响应相关的处理函数。

函数返回值：

如果收到主动响应，则返回 OK；否则，返回错误信息；如果该函数被低级中断处理函数调用，则返回 ADL_RET_ERR_SERVICE_LOCKED。

3. adl_atSendResponse 函数

该函数根据请求的类型向外部应用输出字符，作为主动响应或者内部响应。

函数原型：

```
s32 adl_atSendRespose(u8 Type, assii * String)
```

函数参数：

Type—请求类型。有以下三种类型：

① ADL_AT_RSP 表示最终响应消息，必须结束当前的 AT 指令。

② ADL_AT_UNS 表示主动响应消息，为 AT 指令运行时显示的文本信息。

③ ADL_AT_INT 表示中间响应消息，为当前 AT 指令运行操作之外的响应文本信息。

String—存储向外部应用输出的字符串，该字符串将会作为文本信息显示在所请求的端口上。

函数返回值:

如果该函数被低级中断处理函数调用,则返回ADL_RET_ERR_SERVICE_LOCKED;如果函数执行成功,则返回OK。

4. adl_atSendStdResponse函数

该函数根据请求的类型向外部应用输出标准响应消息,作为主动响应或者内部响应。

函数原型:

```
s32 adl_atSendStdResponse( u8 Type, adl_strID_e RspID )
```

函数参数:

Type—请求类型。有以下三种类型:

① ADL_AT_RSP表示最终响应消息,必须结束当前的AT指令。

② ADL_AT_UNS表示主动响应消息,为AT指令运行时显示的文本信息。

③ ADL_AT_INT表示中间响应消息,为当前AT指令运行操作之外的响应文本信息。

RspID—将要发送的标准响应ID。

函数返回值:

如果该函数被低级中断处理函数调用,则返回ADL_RET_ERR_SERVICE_LOCKED;如果函数执行成功,则返回OK。

5. adl_atSendStdResponseExt函数

该函数根据请求的类型,向外部应用输出带参数的标准响应消息,作为主动响应或者内部响应。

函数原型:

```
S32 adl_atSendStdResponse( u8 Type,adl_strID_e RspID,u32 arg)
```

函数参数:

Type—请求类型。有以下三种类型:

① ADL_AT_RSP表示最终响应消息,必须结束当前的AT指令。

② ADL_AT_UNS表示主动响应消息,为AT指令运行时显示的文本信息。

③ ADL_AT_INT表示中间响应消息,为当前AT指令运行操作之外的响应文本信息。

RspID—将要发送的标准响应ID。

arg—标准响应的参数,根据响应的ID,该参数可以是u32型,或者是assii型。

函数返回值:

如果该函数被低级中断处理函数调用,则返回ADL_RET_ERR_SERVICE_LOCKED;如果函数执行成功,则返回OK。

6. 端口访问的宏定义

为了更加方便地处理各种响应，定义了端口访问的宏：

```
#define adl_atSendResponsePort(_t,_p,_r)
        adl_atSendResponse(ADL_AT_PORT_TYPE(_p,_t),_r)
#define adl_atSendStdResponsePort(_t,_p,_r)
        adl_atSendStdResponse(ADL_AT_PORT_TYPE(_p,_t),_r)
#define adl_atSendStdResponseExtPort(_t,_p,_r)
        adl_atSendStdResponseExt(ADL_AT_PORT_TYPE(_p,_t),_r)
```

要注意的是，ADL_AT_PORT_TYPE 宏调用时不得有代码。

7. adl_atCmdSubscribe 函数

该函数利用定义的与指令相关的响应函数来响应外部指令。当收到外部应用发送的指令时，定义的相应函数就会执行。

所谓“指令”是指函数 wm_apmAppliParser()作为参数接收的消息，消息的类型参数 MsgTyp 被设置成 WM_AT_CMD_PRE_PARSER。一旦定义了一条指令，那么就要终止与之对应的函数的执行，就必须注销已经定义的这条指令。

这里要注意的是，如果定义了两个用于响应指令的函数，那么当外部应用发出该指令时，这两个函数会按照定义的顺序执行。

函数原型：

```
s16   adl_atCmdSubscribe ( ascii * Cmdstr,
adl_atCmdHandler_t Cmdhdl,
u16 Options )
```

函数参数：

Cmdstr—指令字符串，以“AT”字符串作为前缀。

Cmdhdl—与指令相关的响应函数名。定义如下：

```
typedef void ( * adl_atCmdHandler_t) (adl_atCmdPreParser_t * )
```

其数据类型是 adl_atCmdPreParser_t，用于保存从外部应用接收的指令。该结构体的定义如下：

```
typedef struct
{
    u16        StrLength;  /* 指令的长度 */
    u16        Type;       /* 指令的类型,包括:
                              ADL_CMD_TYPE_PARA,
```

```
                        ADL_CMD_TYPE_TEST,
                        ADL_CMD_TYPE_READ,
                        ADL_CMD_TYPE_ACT,
                        ADL_CMD_TYPE_ROOT */
    wm_lst_t  ParaList;   /*参数列表*/
    u16         NbPara  ;   /*指令的有效参数数目*/
    ascii      StrData[1];/*指向指令字符串的指针*/
    adl_atPort_e  Port;   /*源端口*/
} adl_atCmdPreParser_t;
```

Options—用于设置与指令相关的参数,例如指令的类型以及指令允许的参数数目的最大值和最小值。其取值为 ADL_CMD_TYPE_PARA、ADL_CMD_TYPE_TEST、ADL_CMD_TYPE_READ、ADL_CMD_TYPE_ACT、ADL_CMD_TYPE_ROOT、或者其中几项经过"或"运算的值。上述 5 种指令的说明见表 4.2。

表 4.2 指令类型

指令类型	十六进制值	说 明
ADL_CMD_TYPE_PARA	0x0100	用于"AT+cmd=x,y"型指令,且根据收到的指令中的参数数目是否合法,决定是否执行响应函数
最少参数数目	0x000X	AT指令所允许的最少参数的数目。该类型仅在指令类型为"ADL_CMD_TYPE_PARA"下有效
最多参数数目	0x00X0	AT指令所允许的最多参数的数目。该类型仅在指令类型为"ADL_CMD_TYPE_PARA"下有效
ADL_CMD_TYPE_TEST	0x0200	用于"AT+cmd=?"型指令
ADL_CMD_TYPE_READ	0x0400	用于"AT+cmd?"型指令
ADL_CMD_TYPE_ACT	0x0800	用于"AT+cmd"型指令
ADL_CMD_TYPE_ROOT	0x1000	支持以声明的字段开始的所有指令。例如,若声明字段为"AT+",则所有的形如"AT+cmd1"、"AT+cmd2"的指令都会被接受

函数返回值:

如果成功,则返回 OK;如果失败,则返回 ERROR(-1)。

8. adl_atCmdUnSubscribe 函数

该函数用于注销对指令的声明。

函数原型:

```
s16 adl_atCmdUnSubscribe (ascii * Cmdstr,adl_atCmdHandler_t Cmdhdl)
```

函数类型：

Cmdstr—要注销的指令字符串。

Cmdhdl—与声明的指令相关的指令处理函数名。

函数返回值：

如果操作成功，则返回OK；否则返回ERROR。

9. adl_atCmdCreat 函数

该函数用于发送AT指令，并定义可以接收的响应。当ADL解析器收到响应后，其定义的处理函数就会执行。

函数原型：

```
s8   adl_atCmdCreate ( ascii * Cmdstr,
                       bool Rspflag,
                       adl_atRspHandler_t Rsphdl,
                       [...,]
                       NILL )
```

函数参数：

Cmdstr—要发送的指令字符串。如果该字符串不是以CR结尾(C语言中为\r)，则ADL会自动加上该结束符；如果为文本模式的命令(例如：AT+CMGW)，则文本以Ctrl－Z为结束符(C语言中为\x1A)。

Rspflag—该变量为Boolean型，用于指定未被接收的AT响应是否发送给外部应用，如果为TRUE，则表示未被接收的AT响应要发送给外部应用；否则，不发送。该变量可以使用宏指令ADL_AT_PORT_TYPE(_port,_type)选择某个UART发送主响应消息。例如：向UART1发送响应消息，可以使用ADL_AT_PORT_TYPE(ADL_ AT _UART1,TRUE)。

Rsphdl—响应处理函数的句柄。其定义如下：

```
typedef bool ( * adl_atRsphandler_t)(adl_atResponse_t * )
```

其数据类型为adl_atResponse_t，用于保存响应消息的相关信息。该结构体的定义如下：

```
typedef struct
{
    adl_strID_e  RspID;           // 标准响应ID
    u16    StrLength;             // 主动响应消息字符串的长度
    ascii  StrData[1];            // 主动响应消息内容
    adl_atPort_e  Dest;           // 指令执行的目的端口
} adl_atResponse_t;
```

如果收到的是标准响应消息，那么RspID代表的是解析后的标准响应消息ID。如果主动响应消息被发送到外部应用，那么定义的响应函数的返回值是TRUE，否则，为FALSE。

[…,]NILL—该结构中允许多个可变的参数，用于定义可以接收的响应，要注意的是，该组参数的最后一项必须为NULL。

函数返回值：

如果指令发送成功，则返回OK；如果参数错误，则返回ADL_RET_ERR_PARAM；如果端口不可用，则返回ADL_RET_ERR_UNKNOWN_HDL；如果该函数被低级中断处理函数调用，则返回ADL_RET_ERR_SERVICE_LOCKED。

10. adl_atCmdSendText函数

该函数用于发送文本模式的AT指令。当运行adl_atCmdCreate函数所定义的指令，出现了响应提示符“>”后，即调用该函数。

函数原型：

```
s8   adl_atCmdSendText ( adl_prot_e  Prot,  ascii   * Text)
```

函数参数：

Prot—当前运行文本模式命令的端口，等待文本的输入。

Text—文本模式命令的文本信息，以Ctrl－Z结尾。

函数返回值：

如果指令发送成功，则返回OK；如果参数错误，则返回ADL_RET_ERR_PARAM；如果端口不可用，则返回ADL_RET_ERR_UNKNOWN_HDL；如果当前没有文本模式的命令，则返回ADL_RET_ERR_BAD_STATE；如果该函数被低级中断处理函数调用，则返回ADL_RET_ERR_SERVICE_LOCKED。

4.2.2　adl_TimerHandler.h

该头文件定义的函数用于管理定时器。

1. adl_tmrSubscribe函数

该函数通过调用与其相关的函数，实现定时器的功能。当计时结束时，相关的函数就开始执行。在这里要注意的是，无线CPU的时钟间隔为18.5 ms，所以函数提供的100 ms的步幅是利用无线CPU的时钟模拟的。例如：一个20×100 ms定时器的实际时间是1 998 ms(108×18.5 ms)。

函数原型：

```
adl_tmr_t * adl_tmrSubscribe  (bool                bCyclic,
                               u32                 TimerValue,
                               u8                  TimerType,
```

```
                              adl_tmrHandler_t    Timerhdl )
```

函数参数：

bCyclic—标志定时器是否循环。如果定时器循环，则该变量为 TRUE，否则，为 FALSE。

TimerValue—定时器的计时时间。

TimerType—定时器类型，用于指定定时的计时步长，取值如表4.3所列。

表4.3 定时器类型

定时器类型	说 明
ADL TMR TYPE_100MS	计时步长为100 ms
ADL_TMR_TYPE_TICK	计时步长为18.5 ms

Timerhdl—定时器计时停止时调用的函数，定义如下：

```
typedef   void   ( * adl_tmrHandler_t) ( u8 )
```

参数的数据类型为u8，值为ADL解析器收到的定时器ID。

函数返回值：

指向定时器的指针，一次只能运行32个时钟，如果超过这个数值时，则该函数将会返回空指针。

2. adl_tmrUnSubscribe函数

该函数用于终止定时器计时，并且销毁定时器句柄。该函数只对循环时钟或没有被终止的时钟有意义。

函数原型：

```
s32 adl_tmrUnSubscribe ( adl_tmr_t * tim,
                         adl_tmrHandler_t Timerhdl,
                         u8 TimerType )
```

函数参数：

tim—要停止的定时器。

Timerhdl—与定时器相关的函数，仅用于验证tim参数的一致性。

TimerType—定时器类型。

函数返回值：

如果没有找到定时器，或不能停止，则返回ERROR；如果操作成功，则返回定时器在终止前剩余的时间；如果提供的定时器句柄错误，则返回ADL_RTE_ERR_BAD_HDL；如果定时器已停止运行，则返回ADL_RTE_ERR_BAD_STATE。

4.2.3　adl_flash.h

ADL应用程序可以通过该函数库中的函数定义一系列对象，并根据在定义对象时由应用程序生成的句柄，区分这些对象。如果要访问一个具体的对象，应用程序会给出该对象的句柄和ID。

在第一次定义时，句柄和与之相关的ID被保存在Flash中，只有擦除(可使用AT+WOPEN=3命令)Flash后，才可改变与所定义的Flash对象句柄相关的ID。对于一个具体的句柄，其Flash对象的ID可以是从0到其上限中的任何一个值。由于内存管理的限制，Flash一次最多只能保存2 000个对象。

1. adl_flhSubscribe函数

该函数根据给出的Handle定义Flash对象。

函数原型：

```
u16 adl_flhsubscribe (ascii * Handle, u16 NbobjectsRes)
```

函数参数：

Handle—定义的Flash对象的标识。

NbobjectsRes—与Handle相关的对象数目。可用的ID为0到NbobjectsRes−1。

函数返回值：

如果Flash空间分配成功，则返回OK(首次为Handle分配空间)；如果参数错误，则返回ADL_RET_ERR_PARAM；如果使用的Handle已经存在，则返回ADL_RET_ERR_ALREADY_SUBSCRIBED；如果没有足够多的对象ID分配给该函数，则返回ADL_FLH_RET_ERR_NO_ENOUGH_IDS。

注意：只需要定义一次函数，不需要在应用程序每次启动时都重新定义相同的函数句柄；如果要释放分配的Flash空间，则无需销毁分配的Flash空间，只须使用指令AT+WOPEN=4擦除Open AT嵌入式应用程序的Flash对象。

2. adl_flhExist函数

该函数用于检测分配给ADL应用程序的Flash对象是否已存在。

函数原型：

```
s32   adl_flhExit ( ascii * Handle,u16 ID)
```

函数参数：

Handle—Flash对象集的标识。

ID—要检测Flash对象的ID。

函数返回值:

如果Flash对象存在,则返回定义的Flash对象长度;如果Flash对象不存在,则返回O;如果使用的Handle不存在,则返回ADL_RET_ERR_UNKNOWN_HDL;如果ID的值超出Handle标识的Flash对象集规定的范围,则返回ADL_FLH_RET_ERR_ID_OUT_OF_RANGE。

3. adl_flhErase函数

该函数用于删除Handle中指定ID的Flash对象。

函数原型:

```
s8 adl_flhErase(ascii * Handle,u16 ID)
```

函数参数:

Handle—定义的Flash对象集的Handle。

ID—要删除的Flash对象的ID。如果ID的值为ADL_FLH_ALL_IDS,那么给定Handle的Flash对象集中的所有Flash对象都会被删除。

函数返回值:

如果删除成功,则返回OK;如果没有定义Handle,则返回ADL_RET_ERR_UNKNOWN_HDL;如果ID数值超过Handle规定的范围,则返回ADL_FLH_RET_ERR_ID_OUT_OF_RANGE;如果对象不存在,则返回ADL_FLH_RET_ERR_OBJ_NOT_EXIST;如果出现严重错误,则返回ADL_FLH_RET_ERR_FATAL(随后会生成ADL_ERR_FLH_DELETE错误信息事件)。

4. adl_flhWrite函数

该函数按照给定的字符长度,对给定Handle和ID的Flash对象执行写操作。单个Flash对象占用30字节大小的存储空间。

函数原型:

```
s8 adl_flhWrite(ascii * Handle,u16 ID, u16 Len, u8  * WriteDate )
```

函数参数:

Handle—定义Flash对象集的Handle。

ID—要写入的Flash对象的ID。

Len—要写入的Flash对象的长度。

WriteDate—要写入的字符串。

函数返回值:

如果写入成功,则返回OK;如果有一个参数是错误的,则返回ADL_RET_ERR_PARAM;如果没有定义Handle,则返回ADL_RET_ERR_UNKNOWN_HDL;如果ID数值超过Handle规定的范围,则返回ADL_FLH_RET_ERR_ID_OUT_OF_RANGE;如果对象不存在，则返回 ADL_FLH_RET_ERR_OBJ_NOT_EXIST；如果出现严重错误，则返回 ADL_FLH_RET_ERR_FATAL（随后会生成 ADL_ERR_FLH_WRITE 错误信息事件）；如果 Flash 已满，则返回 ADL_FLH_RET_ERR_MEM_FULL；如果因为全局 ID 数目的限制不能创建对象，则返回 ADL_FLH_RTE_ERR_NO_ENOUGH_IDS。

5. adl_flhRead 函数

该函数对给定 Handle 和 ID 的 Flash 对象执行读操作，并存储到字符串中。

函数原型：

```
s8  adl_flhRead (ascii * Handle,u16 ID,u16 Len, u8 *ReadData )
```

函数参数：

Handle—定义的 Flash 对象集的 Handle。

ID—要读取的 Flash 对象的 ID。

Len—要读取的 Flash 对象的长度。

ReadData—从 Flash 对象中读取的内容。

函数返回值：

如果读取成功，则返回 OK；如果有一个参数是错误的，则返回 ADL_RET_ERR_PARAM；如果没有定义 Handle，则返回 ADL_RET_ERR_UNKNOWN_HDL；如果 ID 数值超过 Handle 规定的范围，则返回 ADL_FLH_RET_ERR_ID_OUT_OF_RANGE；如果对象不存在，则返回 ADL_FLH_RET_ERR_OBJ_NOT_EXIST；如果出现严重错误，则返回 ADL_RET_ERR_FATAL（随后会生成 ADL_ERR_FLH_READ 错误信息事件）。

6. adl_flhGetFreeMem 函数

该函数用于获取当前 Flash 存储空间的大小。

函数原型：

```
u32 adl_flhGetFreeMem ( void )
```

函数返回值：

以字节为单位返回当前 Flash 空间的大小。

7. adl_flhGetIDCount 函数

该函数用于获得给定 Handle 的 Flash 对象集中 ID 的数目，或是剩余 ID 的数目。

函数原型：

```
s32  adl_flhGetIDCount  (ascii * Handle )
```

函数参数：

Handle—定义的 Flash 对象集的 Handle。如果为 NULL，则返回所有剩余 ID 的数目。

函数返回值：

如果操作成功，则返回ID的数目；如果使用的Handle不存在，则返回ADL_RET_ERR_UNKNOWN_HDL。

8. adl_flhGetUsedSize 函数

该函数返回给定Handle和ID的Flash对象占用的Flash空间。如果将Handle设置为NULL则获取所有Flash对象占用的Flash空间。

函数原型：

```
s32  adl_flhGetUsedSize ( ascii * Handle  ,u16 StartID,u16 EndID )
```

函数参数：

Handle—预定义的对象集的Handle。如果设置为NULL，则返回占用的Flash空间。

StartID—起始Flash对象的ID。

EndID—结束Flash对象的ID。使用ID范围为0～ADL_FLH_ALL_IDS，以获取所有ID占用的Flash空间。

函数返回值：

如果操作成功，则返回占用的Flash空间；如果参数出现错误，则返回ADL_RET_ERR_PARAM；如果使用的Handle不存在，则返回ADL_RET_ERR_UNKNOWN_HDL；如果ID数值超过Handle规定的范围，则返回ADL_FLH_RET_ERR_ID_OUT_OF_RANGE。

4.2.4 adl_fcm.h

该头文件定义的函数用于处理数据流控制管理(Flow Control Manager，FCM)。ADL应用程序可以通过控制某个特定的数据流(UART1、UART2、USB、GSM、GPRS或蓝牙)进行数据交换。一旦定义了数据流，应用程序就会获得相应的Handle，在以后进行的数据流控制管理操作中使用。图4.5所示为数据流控制管理的描述。

在默认情况下(例如，没有Open AT应用程序，或应用程序没有使用FCM服务)，无线CPU的所有端口均由Wavecom OS来操作。

- GSM CSD呼叫建立后，GSM CSD数据端口直接连接到发送ATD命令的UART端口。
- GPRS会话建立后，GPRS数据端口直接连接到发送ATD或者AT+CGDATA命令的UART端口。
- 检测到蓝牙设备并且通过SPP模式连接后，使用AT+WLDB命令建立蓝牙虚拟数据端口和UART端口之间的本地数据桥。

一旦在Open AT应用程序中定义了FCM服务，外部应用便不能在端口上使用AT指令。ADL AT/FCM服务所定义的有效的端口如下：

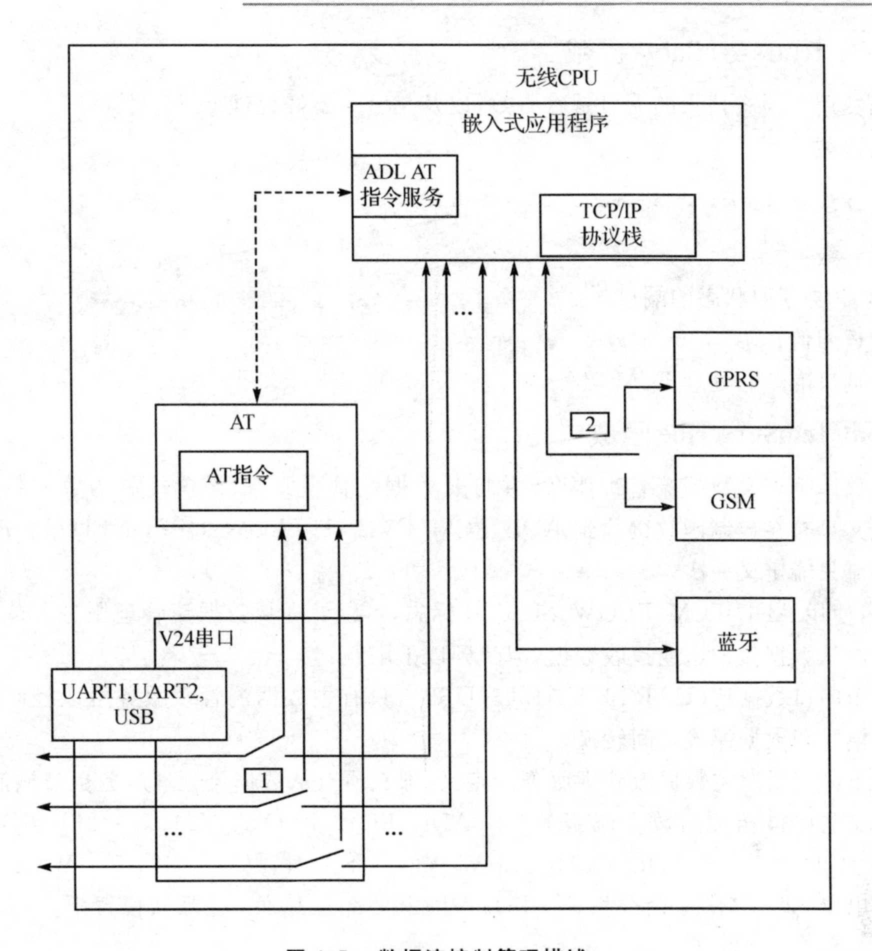

图 4.5　数据流控制管理描述

➢ ADL_PORT_UART_X/ADL_PORT_UART_X_VIRTUAL_BASE 标志符用于访问无线 CPU 的物理端口 UART，或逻辑 27.010 协议端口。

➢ ADL_PORT_GSM_BASE 标志符用于访问远程调制解调器(通过 GSM CSD 呼叫)。

➢ ADL_PORT_GPRS_BASE 标志符用于 Internet 网上的 IP 包交换。

➢ ADL_PORT_BLUETOOTH_VIRTUAL_BASE 标志符用于访问所连接的蓝牙设备数据流，使用 SPP(Serial Port Profile，串行端口)模式。

如图 4.5 中所示，开关 1 控制 UART 用作 AT 命令还是 FCM 流服务。函数 adl_fcmSwitchV24State 控制开关 1 的开合。开关 2 可以控制 GSM 或 GPRS 数据流，但是在某一时刻只能是其中一种。

注意： GPRS 服务只提供分组传输模式，即嵌入式应用程序只能通过 GPRS 数据网发送和接收 IP 数据包。

1. adl_fcmIsAvailable 函数

该函数用于检查请求的端口是否有效，以及是否准备好处理FCM服务。

函数原型：

```
bool  adl_fcmIsAvailable ( adl_fcmFlow_e  Flow )
```

函数参数：

Flow—要获取状态的端口。

函数返回值：

如果端口准备好处理FCM服务，则返回TRUE；否则，返回FALSE。

2. adl_fcmSubscribe 函数

该函数用于定义数据流管理服务，并打开数据流管理服务、设置控制函数和数据接收函数。该定义只有在控制函数接收到ADL_FCM_EVENT_FLOW_OPENNED事件时才有效。每种数据流只能定义一次。

另外，使用ADL_FCM_FLOW_SLAVE标志，可以处理从数据流管理服务。从数据流管理服务可以从数据流发送或接收数据，但受到以下限制：

➢ 对于串口数据流(UART1,UART2,USB)，只有主数据流管理服务可以控制串口在命令模式和数据模式之间转换。

➢ 如果撤消了对主数据流管理服务的定义，那么所有从数据流管理服务也被撤消。

在定义与串口相关的数据流服务(如，ADL_FCM_FLOW_V24_UART1、ADL_FCM_FLOW_V24_UART2或ADL_FCM_FLOW_V24_USB)时，必须先用AT＋WMFM命令打开相应的串口(请参考AT命令指导文档)，否则定义将会失败。在默认设置中，只有UART1是打开的。

函数原型：

```
s8 adl_fcmSubscribe  ( adl_fcmFlow_e       Flow,
                       adl_fcmCtrlHdlr_f  CtrlHandler,
                       adl_fcmDataHdlr_f  DataHandler )
```

函数参数：

Flow—指明数据流类型。

adl_fcmFlow_e类型与adl_port_e类型大致相似，只是前者还能处理特定的FCM服务。在以前的版本中，定义的FCM标志符具有向上兼容性。在最新的版本中，使用adl_port_e类型来代替adl_fcmFlow_e类型，如下所示：

➢ #define ADL_FCM_FLOW_V24_UART1   ADL_PORT_UART1;

➢ #define ADL_FCM_FLOW_V24_UART2   ADL_PORT_UART2;

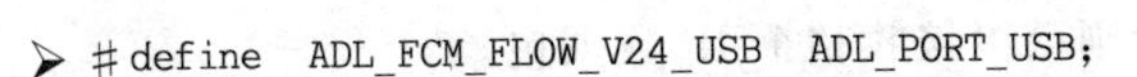

➤ #define ADL_FCM_FLOW_V24_USB ADL_PORT_USB;

➤ #define ADL_FCM_FLOW_GSM_DATA ADL_PORT_GSM_BASE;

➤ #define ADL_FCM_FLOW_GPRS ADL_PORT_GPRS_BASE。

对于利用数据流管理服务的定义可以参考如下：

```
adl_fcmSubscribe( ADL_PORT_UART1| ADL_FCM_FLOW_SLAVE,
                  MyCtrlHandler, MyDataHandler );
```

CtrlHandler—数据流控制管理函数。定义如下：

```
typedef bool ( * adl_fcmCtrlHdlr_f )(adl_fcmEvent_e  event );
```

数据流控制管理控制事件 event 定义如下：

➤ ADL_FCM_EVENT_FLOW_OPENNED（由函数 adl_fcmSubscribe 产生）；

➤ ADL_FCM_EVENT_FLOW_CLOSED（由函数 adl_fcmUnsubscribe 产生）；

➤ ADL_FCM_EVENT_FLOW_V24_DATA_MODE（由函数 adl_fcmSwitchV24State 产生）；

➤ ADL_FCM_EVENT_FLOW_ V24_DATA_MODE_EXT;

➤ ADL_FCM_EVENT_FLOW_V24_AT_MODE（由函数 adl_fcmSwitchV24State 产生）；

➤ ADL_FCM_EVENT_FLOW_ V24_AT_MODE_EXT;

➤ ADL_FCM_EVENT_RESUME(由函数 adl_fcmSendData 产生)；

➤ ADL_FCM_EVENT_MEM_RELEASE(由函数 adl_fcmSendData 产生)。

DataHandler—数据流控制管理数据接收函数。定义如下：

```
typedef bool ( * adl_fcmDataHdlr_f) ( u16 DataLen, u8 * Data );
```

该函数从相关数据流中获取数据 Data。为了释放数据流缓存区，在收到数据后，该函数应该返回 TRUE。如果不释放该数据流缓存区，那么该函数返回 FALSE。在这种情况下，所有的数据流会在下一次该函数返回 TRUE 时被释放，也可以使用 adl_fcmReleaseCredits()函数释放数据流缓存区。

对于所有的数据流，都会通过一个数据事件通知所有定义的数据接收函数，只有当所有的数据接收函数返回 TRUE 的时候，数据流缓存区才被释放。在缺省情况下，数据接收函数默认返回 TRUE。

通过数据接收函数接收的每一个数据包的最大长度取决于数据流的类型：

➤ 串口数据流(UART1/ UART2/USB)：120 字节；

➤ GSM 数据流：270 字节；

➤ GPRS 数据流：1 500 字节；

➤ 蓝牙数据流：120 字节。

对于串口数据流和 GSM 数据流，如果 Open AT 应用程序接收的数据长度超过最大限度，那么数据流控制管理将会把数据进行分组，经过分组后的数据会多次调用数据接收函数。

而对于 GPRS 数据流，Open AT 应用程序则可以接收整个 IP 数据包。

函数返回值：

如果操作成功，则返回一个非负的整数（在进行数据流控制管理操作的时候会被使用），当数据流处于准备状态时，控制函数也会收到 ADL_FCM_EVENT_FLOW_OPENNED；如果参数出现错误，则返回 ADL_RET_ERR_PARAM；如果无法获取数据流，则返回 ADL_RET_ERR_ALREADY_SUBSCRIBED；如果只定义了 V24 数据流，而没有定义 V24 MASTER 数据流，则返回 ADL_RET_ERR_NOT_SUBSCRIBED；如果已经定义了 GSM 或 GPRS 数据流，且又定义了其他类型的数据流，则返回 ADL_FCM_RET_ERROR_GSM_GPRS_ALREADY_OPENNED；如果没有预先用 AT+WMFM 命令打开需要的串口 UART 数据流，则返回 ADL_RET_ERR_BAD_STATE；如果函数出现错误，则返回一个错误 Handle。

说明：

① 当 V24 串口处于 7 位数据位的工作模式时，有效数据位于每个字节的后 7 位。

② 当串口处在数据模式时，如果外部应用发出"+++"序列，则串口将切换到 AT 模式，并且以 ADL_FCM_EVENT_V24_AT_MODE_EXT 事件通知控制函数。之后的操作由返回值决定：如果返回 TRUE，那么由上述事件产生的消息会被发送给该数据流的其他函数，且数据流控制服务不能被注销；如果返回 FALSE，那么由上述事件产生的消息不会被发送给该数据流的其他函数，而且数据流会立即切换到数据模式。

对于上述的第一种情况，数据流管理服务可以利用 adl_fcmSwitchV24State() 函数将数据流再次切换到数据模式，也可以由外部应用发送 ATO 指令，将数据流切换到数据模式。

③ 在传输 GSM 数据时，如果对方取消了 GSM 数据流，那么由 ADL 应用程序声明的数据流就会被自动取消，也就是说控制函数会收到 ADL_FCM_EVENT_FLOW_CLOSED 事件的消息。

④ 当 GPRS 会话或 GSM 数据流被 ADL 应用程序通过 adl_callHangUp() 函数挂起时，GPRS 或 GSM 流就会被取消。如果要使用这些数据流，那么就要重新定义。

3. adl_fcmUnsubscribe 函数

该函数用于取消先前定义的数据流控制管理服务，关闭已经打开的数据流。当控制函数接收到 ADL_FCM_EVENT_FLOW_CLOSED 消息时，操作才会生效。

如果预定义了从数据流控制管理服务，一旦从数据流中撤消了主数据流控制管理服务，所有的从数据流控制管理服务也将会被取消。

函数原型：

```
s8 adl_fcmUnsubscribe ( u8 Handle )
```

函数参数：

Handle—由 adl_fcmSubscribe 函数获得的返回值。

函数返回值:

如果操作成功,则返回OK,当数据流处于准备状态时,控制函数也会收到消息ADL_FCM_EVENT_FLOW_OPENNED;如果使用未定义的Handle,则返回ADL_RET_ERR_UNKNOWN_HDL;如果数据流已经关闭,则返回ADL_RET_ERR_NOT_SUBSCRIBED;如果串口不处于AT命令模式,则返回ADL_RET_ERR_BAD_STATE。

4. adl_fcmReleaseCredits 函数

该函数用于释放数据流缓存区。从数据流管理服务不能使用该函数。

函数原型:

```
s8 adl_fcmReleaseCredits (u8 Handle, u8 NbCredits )
```

函数参数:

Handle—由adl_fcmSubscribe函数产生的返回值。

NbCredits—该数据流要释放的数据流缓存区数目。如果这个数目大于先前收到的数据块的数量,那么所有的数据流缓存区都要释放。如果一个程序希望随时释放所有占用的缓存区,则需要调用adl_fcmReleaseCredits()函数,并将参数NbCredits设置为0xff。

函数返回值:

如果操作成功,则返回OK;如果参数出现错误,则返回ADL_RET_ERR_PARAM;如果使用未定义的Handle,则返回ADL_RET_ERR_UNKNOW_HDL;如果是从数据流管理服务,则返回ADL_RET_ERR_BAD_HDL。

5. adl_fcmSwitchV24State 函数

该函数用于V24串口模式的切换。只有当控制函数收到ADL_FCM_EVENT_V24_XXX_MODE 消息时,V24串口模式的切换才有效。只有主数据流管理服务才能使用该函数。

函数原型:

```
s8 adl_fcmSwitchV24State ( u8, Handle, u8 V24State)
```

函数参数:

Handle—由adl_fcmSubscribe函数返回的句柄。

V24State—串口切换模式。该参数的取值为ADL_FCM_V24_STATE_AT,表示串口切换到AT命令模式;该参数的取值为ADL_FCM_V24_STATE_DATA,表示串口切换到数据模式。

函数返回值:

如果操作成功,则返回OK,当数据流处于准备状态时,控制函数也会收到消息ADL_FCM_EVENT_V24_XXX_MODE;如果参数出现错误,则返回ADL_RET_ERR_PARAM;如果提供的句柄无效，则返回 ADL_RET_ERR_UNKNOWN_HDL；如果使用的 Handle 不是主数据流，则返回 ADL_RET_ERR_BAD_HDL。

6. adl_fcmSendData 函数

该函数用于向数据流发送数据。

函数原型：

```
s8 adl_fcmSendData ( u8 Handle, u8 * Data, u16 DataLen)
```

函数参数：

Handle—由 adl_fcmSubscribe()函数返回的句柄。

Data—发送的数据。

DataLen—发送数据的长度。数据包的最大长度取决于定义的数据流的类型：

- 串口数据流(UART1/ UART2/USB)：2000 字节；
- GSM 数据流：没有限制(分配内存的大小)；
- GPRS 数据流：1500 字节；
- 蓝牙数据流：2000 字节。

函数返回值：

如果操作成功，则返回 OK，当数据流处于准备状态时，控制函数也会收到消息 ADL_FCM_EVENT_MEM_RELEASE；如果操作成功，但数据流缓存区还在使用，则返回 ADL_FCM_RET_OK_WAIT_RESUME。当释放了缓存区后，控制函数也会收到消息 ADL_FCM_EVENT_MEM_RELEASE；如果参数出现错误，则返回 ADL_RET_ERR_PARAM；如果提供的句柄无效，则返回 ADL_RET_ERR_UNKNOWN_HDL；如果数据缓冲区未准备好发送数据，则返回 ADL_RET_ERR_BAD_STATE；如果数据流没有多余的缓存区使用，则返回 ADL_FCM_RET_ERR_WAIT_RESUME，当数据发送函数返回 ADL_FCM_RET_XXX_WAIT_RESUME 时，数据流管理器会等到控制函数收到 ADL_FCM_EVENT_RESUME 消息后，再继续发送数据。

7. adl_fcmSendDataExt 函数

该函数用于向数据流发送数据块。该函数不会对直接在数据流上发送的数据进行处理。

函数原型：

```
s8 adl_fcmSendDataExt ( u8  Handle,  adl_fcmDataBlock_t * DataBlock )
```

函数参数：

Handle—由相关的 adl_fcmSubscribe()函数返回的句柄。

DataBlock—写入数据流的数据块。其定义如下：

```
typedef struct
{
    u16 Reserved1[4] ;
    u16 DataLength ;
    u16 Reserved2[5];
    u8 Data[1];
} adl_fcmDataBlock_t;
```

在使用前，数据块必须由应用程序动态分配和填充。数据块的长度为 sizeof (adl_fcmDataBlock_t) + DataLength，其中 DataLength 为 Data 的长度。数据包的最大长度取决于定义的数据流的类型，详见 adl_fcmSendData 函数。

函数返回值：

如果操作成功，则返回 OK，若释放了数据块缓存，则控制函数会收到消息 ADL_FCM_EVENT_MEM_RELEASE；如果操作成功，但数据流缓存区还在使用，则返回 ADL_FCM_RET_OK_WAIT_RESUME，当释放了数据块缓存后，控制函数也将会收到 ADL_FCM_EVENT_MEM_RELEASE 消息；如果参数出现错误，则返回 ADL_RET_ERR_PARAM；如果提供的句柄无效，则返回 ADL_RET_ERR_UNKNOWN_HDL；如果数据流准备发送数据，则返回 ADL_RET_ERR_BAD_STATE；如果数据流没有多余的缓存区使用，则返回 ADL_FCM_RET_ERR_WAIT_RESUME。

8. adl_fcmGetStatus 函数

该函数用于获得相关数据管理服务的缓存区状态。

函数原型：

```
s8 adl_fcmGetStatus ( u8  Handle  ,adl_fcmWay_e  Way )
```

函数参数：

Handle—由相关 adl_fcmSubscribe 函数返回的句柄。

Way—指明数据流的方向。由于数据流有两个方向(发送和接收)，因此在获得缓存的状态时要指明方向。该枚举类型定义如下：

```
typedef enum
{
    ADL_FCM_WAY_FROM_EMBEDDED,     // 发送
    ADL_FCM_WAY_TO_EMBEDDED        // 接收
} adl_fcmWay_e;
```

函数返回值：

如果数据流缓存区为空，则返回 ADL_FCM_RET_BUFFER_EMPTY；如果数据流缓存

区不为空，且数据流管理器正在对此数据流缓存区进行处理，则返回 ADL_FCM_RET_BUFFER_NOT_EMPTY；如果提供的句柄无效，则返回 ADL_RET_ERR_UNKNOWN_HDL；如果方向参数的值超出取值范围，则返回 ADL_RET_ERR_PARAM。

4.2.5 adl_gpio.h

该头文件定义的函数用于管理GPIO。

1. GPIO类型

(1) adl_ioConfig_t 结构体类型

该变量类型为 adl_ioSubscribe 函数中的一个参数类型，用于设置保留的GPIO参数。定义如下：

```
typedef  sturct
{
    adl_ioLabel_u       eLabel;           /* GPIO标志符 */
    u32                 Pad;
    adl_ioDirection_e   eDirection;       /* 请求的GPIO方向 */
    adl_ioState_e       eState;           /* GPIO状态,仅用作输出 */
}adl_ioConfig_t;
```

(2) adl_ioLabel_u 联合体类型

该变量类型列举出了GPIO类型，不同的无线CPU具有不同的定义。Q26系列无线CPU对该变量的定义为：

```
typedef  union
{
    adl_ioLabel_Q2686_e  Q2686_Label;  /*用于Q2686系列无线CPU */
    adl_ioLabel_Q2687_e  Q2687_Label;  /*用于Q2687系列无线CPU */
}adl_ioLabel_u;
typedef  enum
{
    ADL_IO_Q2686_GPIO_1 = 3,
    ADL_IO_Q2686_GPIO_2,
    ADL_IO_Q2686_GPIO_3,
    ⋮
    ADL_IO_Q2686_GPIO_44,
    ADL_IO_Q2686_PAD = 0x7FFFFFFF,
}adl_ioLabel_Q2686_e;
```

表4.4列出了Q2686系列无线CPU的GPIO标志符,以及当其可用时的连接复用特征。

表4.4 Q2686系列无线CPU的GPIO标志符及连接特征

GPIO标志符	复用特性
ADL_IO_Q2686_GPIO_1	ADL_IO_FEATURE_INTO
ADL_IO_Q2686_GPIO_2	ADL_IO_FEATURE_KBD
ADL_IO_Q2686_GPIO_3	ADL_IO_FEATURE_KBD
ADL_IO_Q2686_GPIO_4	ADL_IO_FEATURE_KBD
ADL_IO_Q2686_GPIO_5	ADL_IO_FEATURE_KBD
ADL_IO_Q2686_GPIO_6	ADL_IO_FEATURE_KBD
ADL_IO_Q2686_GPIO_7	ADL_IO_FEATURE_KBD
ADL_IO_Q2686_GPIO_8	ADL_IO_FEATURE_KBD
ADL_IO_Q2686_GPIO_9	ADL_IO_FEATURE_KBD
ADL_IO_Q2686_GPIO_10	ADL_IO_FEATURE_KBD
ADL_IO_Q2686_GPIO_11	ADL_IO_FEATURE_KBD
ADL_IO_Q2686_GPIO_12	ADL_IO_FEATURE_KBD
ADL_IO_Q2686_GPIO_13	ADL_IO_FEATURE_KBD
ADL_IO_Q2686_GPIO_14	ADL_IO_FEATURE_UART2
ADL_IO_Q2686_GPIO_15	ADL_IO_FEATURE_UART2
ADL_IO_Q2686_GPIO_16	ADL_IO_FEATURE_UART2
ADL_IO_Q2686_GPIO_17	ADL_IO_FEATURE_UART2
ADL_IO_Q2686_GPIO_18	ADL_IO_FEATURE_SIMPRES
ADL_IO_Q2686_GPIO_19	
ADL_IO_Q2686_GPIO_20	
ADL_IO_Q2686_GPIO_21	
ADL_IO_Q2686_GPIO_22	ADL_IO_FEATURE_BT_RST
ADL_IO_Q2686_GPIO_23	
ADL_IO_Q2686_GPIO_24	
ADL_IO_Q2686_GPIO_25	ADL_IO_FEATURE_INT1
ADL_IO_Q2686_GPIO_26	ADL_IO_FEATURE_BUS_I2C
ADL_IO_Q2686_GPIO_27	ADL_IO_FEATURE_BUS_I2C
ADL_IO_Q2686_GPIO_28	ADL_IO_FEATURE_BUS_SPI1_CLK
ADL_IO_Q2686_GPIO_29	ADL_IO_FEATURE_BUS_SPI1_IO

续表 4.4

GPIO 标志符	复用特性
ADL_IO_Q2686_GPIO_30	ADL_IO_FEATURE_BUS_SPI1_I
ADL_IO_Q2686_GPIO_31	ADL_IO_FEATURE_BUS_SPI1_CS
ADL_IO_Q2686_GPIO_32	ADL_IO_FEATURE_BUS_SPI1_CLK
ADL_IO_Q2686_GPIO_33	ADL_IO_FEATURE_BUS_SPI1_IO
ADL_IO_Q2686_GPIO_34	ADL_IO_FEATURE_BUS_SPI1_I
ADL_IO_Q2686_GPIO_35	ADL_IO_FEATURE_BUS_SPI1_CS
ADL_IO_Q2686_GPIO_36	ADL_IO_FEATURE_UART1
ADL_IO_Q2686_GPIO_37	ADL_IO_FEATURE_UART1
ADL_IO_Q2686_GPIO_38	ADL_IO_FEATURE_UART1
ADL_IO_Q2686_GPIO_39	ADL_IO_FEATURE_UART1
ADL_IO_Q2686_GPIO_40	ADL_IO_FEATURE_UART1
ADL_IO_Q2686_GPIO_41	ADL_IO_FEATURE_UART1
ADL_IO_Q2686_GPIO_42	ADL_IO_FEATURE_UART1
ADL_IO_Q2686_GPIO_43	ADL_IO_FEATURE_UART1
ADL_IO_Q2686_GPIO_44	

当复用特征启用或禁用时，会产生 ADL_IO_EVENT_FEATURE_ENABLED 或 ADL_IO_EVENT_FEATURE_DISABLED 事件来通知 Open AT 应用程序。

(3) adl_ioDirection_e 类型

该类型定义了 GPIO 方向。定义如下：

```
typedef   enum
{
    ADL_IO_OUTPUT,        //输出
    ADL_IO_INPUT          //输入
}adl_ioDirection_e;
```

(4) adl_ioState_e 类型

该类型定义了 GPIO 状态，定义如下：

```
typedef   enum
{
    ADL_IO_LOW,     //低电平状态
    ADL_IO_HIGH     //高电平状态
}adl_ioState_e;
```

(5) adl_ioSetDirection_t 结构体类型

该变量类型为 adl_ioSetDirection 函数中的一个参数类型，用于设置 GPIO 方向。定义如下：

```
typedef  struct
{
    adl_ioLabel_u  eLabel;                    //GPIO 标志符
    adl_ioDirection_e  eDirection;            //新的 GPIO 方向(输入/输出)
}adl_ioSetDirection_t;
```

(6) adl_ioRead_t 类型

该变量类型为 adl_ioRead 函数中的一个参数类型，用于读取 GPIO 的值。定义如下：

```
typedef  struct
{
    adl_ioLabel_u  eLabel;  //GPIO 标志符
    adl_ioState_e  eState;  //GPIO 状态
}adl_ioRead_t;
```

(7) adl_ioWrite_t 类型

该变量类型为 adl_ioWrite 函数中的一个参数类型，用于写 GPIO 的值。定义如下：

```
typedef  struct
{
    adl_ioLabel_u  eLabel;  //GPIO 标志符
    adl_ioState_e  eState;  //发送到输出引脚的 GPIO 状态
}adl_ioWrite_t;
```

(8) adl_ioFeature_e 类型

该类型列举出了无线 CPU 可以与 GPIO 复用的特征。定义如下：

```
typedef  enum
{
    ADL_IO_FEATURE_NONE,
    ADL_IO_FEATURE_BUS_SPI1_CLK,              //SPI1 总线时钟引脚
    ADL_IO_FEATURE_BUS_SPI1_IO,               //SPI1 总线 I/O 引脚
    ADL_IO_FEATURE_BUS_SPI1_I,                //SPI1 总线单向输入引脚
    ADL_IO_FEATURE_BUS_SPI1_CS,               //SPI1 总线硬件芯片选择引脚
    ADL_IO_FEATURE_BUS_SPI2_CLK,              //SPI2 总线时钟引脚
    ADL_IO_FEATURE_BUS_SPI2_IO,               //SPI2 总线 I/O 引脚
    ADL_IO_FEATURE_BUS_SPI2_I,                //SPI2 总线单向输入引脚
    ADL_IO_FEATURE_BUS_SPI2_CS,               //SPI2 总线硬件芯片选择引脚
```

```
    ADL_IO_FEATURE_BUS_I2C,                    //I²C总线
    WM_IO_FEATURE_BUS_PARALLEL_ADDR1,          //并行总线地址引脚
    WM_IO_FEATURE_BUS_PARALLEL_ADDR2_CS2,      //并行总线芯片选择2/地址引脚
    ADL_IO_FEATURE_KBD,                        //键盘
    ADL_IO_FEATURE_SIMPRES,                    //SIM卡信号
    ADL_IO_FEATURE_UART1,                      //串口1
    ADL_IO_FEATURE_UART2,                      //串口2
    ADL_IO_FEATURE_INT0,                       //外部中断0
    ADL_IO_FEATURE_INT1,                       //外部中断1
    ADL_IO_FEATURE_BT_RST,                     //蓝牙复位信号
    ADL_IO_FEATURE_LAST
}adl_ioFeature_e;
```

2. adl_ioEventSubscribe函数

该函数允许应用程序提供GPIO相关事件的回调函数。

函数原型:

```
s32   adl_ioEventSubscribe ( adl_ioHdlr_f GpioEventHandler )
```

函数参数:

gpioEventHandler—应用程序提供的事件回调函数,为adl_ioHdlr_f类型。对该类型的定义如下:


```
typedef  void   ( *adl_ioHdlr_f) ( s32              GpioHandle,
                                   adl_ioEvent_e   Event,
                                   u32              Size,
                                   void *           Param );
```

其中,GpioHandle—ADL_IO_EVENT_INPUT_CHANGED事件的读GPIO句柄。对于其他事件,该参数无意义。

Size—Param表中的条目数目。

Event和Param—Event为接收到的事件标志符。事件定义如表4.5所列。

要注意的是,如果GPIO事件在adl_main函数中定义,则应用程序开始运行后就会产生ADL_IO_EVENT_FEATURE_ENABLED事件,以报告无线CPU所有可用的复用端口特征。

函数返回值:

如果函数执行成功,则返回一个非负值;如果参数值错误,则返回ADL_RET_ERR_PARAM;如果GPIO事件服务定义了128个以上的定时器,则返回ADL_RET_ERR_NO_MORE_HANDLES。

表4.5　adl_ioHdlr_f回调函数事件与参数列表

Event	说　明	Param
ADL_IO_EVENT_FEATURE_ENABLED	无线CPU正在使用某个(些)端口的复用特征,因此相关的GPIO定义无效	更新的特征标志符表(adl_ioFeature_e * type)
ADL_IO_EVENT_FEATURE_DISENABLED	无线CPU没有使用某个(些)端口的复用特征,相关的GPIO定义有效	更新的特征标志符表(adl_ioFeature_e * type)
ADL_IO_EVENT_INPUT_CHANGED	某个(些)定义的输入发生变化。只有当GPIO定义有轮流检测的操作时,才会接收到该事件	读出值表(adl_ioRead_t * type)

3. adl_ioEventUnsubscribe函数

该函数用于撤销GPIO事件处理函数。

函数原型:

```
s32   adl_ioEventUnsubscribe ( s32 GpioEventHandle )
```

函数参数:

GpioEventHandle—adl_ioEventSubscribe函数返回的句柄。

函数返回值:

如果撤销成功,则返回OK;如果提供的句柄无效,则返回ADL_RET_ERR_UNKNOWN_HDL;如果未定义GPIO事件处理函数,则返回ADL_RET_ERR_NOT_SUBSCRIBED;如果该事件句柄正在处理轮流检测,则返回ADL_RET_ERR_BAD_STATE。

4. adl_ioSubscribe函数

该函数定义要使用的GPIO(GPI、GPO)的参数。

函数原型:

```
s32    adl_ioSubscribe (  u32                 GpioNb,
                          adl_ioConfig_t *    GpioConfig,
                          u8                  PollingTimeType,
                          u32                 PollingTime,
                          s32                 GpioEventHandle )
```

函数参数:

GpioNb—GpioConfig队列长度。

GpioConfig—GPIO定义配置队列,包含GpioNb个元素。

PollingTimerType—轮循时间类型:ADL_TMR_TYPE_100MS为100 ms间隔定时器;

ADL_TMR_TYPE_TICK 为18.5 ms 间隔定时器。如果没有定义轮循,则该参数可忽略。

PollingTime—如果某些 GPIO 接口被作为输入端,该参数表示两次 GPIO 操作的时间间隔。每个轮循操作都使用一个 ADL 定时器,可同时定义32个定时器。如果没有轮循操作要求,该参数为0。

GpioEventHandle—GPIO 事件处理函数句柄,由 adl_ioEventSubscribe 函数返回。当定义的输入状态发生变化时,相关的事件处理函数就会收到 ADL_IO_EVENT_INPUT_CHANGED 事件。

函数返回值:

如果操作成功,则返回非负的整数;如果参数出错,则返回 ADL_RET_ERR_PARAM;如果涉及的 GPIO 接口已经被占用,则返回 ADL_RET_ERR_ALREADY_SUBSCRIBED;如果没有可用于轮循的定时器,则返回 ADL_RET_ERR_NO_MORE_TIMERS;如果没有可用的 GPIO 句柄,则返回 ADL_RET_ERR_NO_MORE_HANDLES。

5. adl_ioUnsubscribe 函数

该函数用于取消已分配的 GPIO。

函数原型:

```
s32 adl_ioUnsubscribe  ( s32  GpioHandle )
```

函数参数:

GpioHandle—由相关 adl_ioSubscribe()函数生成的句柄。

函数返回值:

如果操作成功,则返回 OK;如果提供的句柄无效,则返回 ADL_RET_UNKNOWN_HDL。

6. adl_ioSetDirection 函数

该函数用于设置已分配的 GPIO 方向(输入/输出)。

函数原型:

```
s32   adl_ioSetDirection ( s32                    GpioHandle,
                           u32                    GpioNb,
                           adl_ioSetDirection_t   * GpioDir )
```

函数参数:

GpioHandle—由相关 adl_ioSubscribe()函数生成的句柄。

GpioNb—GpioDir 队列长度。

GpioDir—GPIO 方向设置结构体队列。

函数返回值:

如果操作成功,则返回 OK;如果参数错误,则返回 ADL_RET_ERR_PARAM;如果提供的句柄无效,则返回 ADL_RET_ERR_UNKNOWN_HDL。

7. adl_ioRead 函数

该函数用于在已经定义的 GPIO 上,执行读操作。

函数原型:

```
s32   adl_ioRead ( s32     GpioHandle,
                  u32   GpioNb,
                  adl_ioRead_t    * GpioRead )
```

函数参数:

GpioHandle—由 adl_ioSubscribe()函数产生的句柄。

GpioNb—GpioRead 队列长度。

GpioRead—GPIO 读结构体队列。

函数返回值:

如果操作成功,则返回 OK,读出的值存放在 GpioArray 参数中;如果参数错误,则返回 ADL_RET_ERR_PARAM;如果提供的句柄无效,则返回 ADL_RET_ERR_UNKNOWN_HDL;如果所请求的 GPIO 并没有定义为输入类型,则返回 ADL_RET_ERR_BAD_STATE。

8. adl_ioReadSingle 函数

该函数用于在单个 GPIO 上,执行读操作。

函数原型:

```
s32   adl_ioRead ( s32     GpioHandle,
                  u32   Gpio )
```

函数参数:

GpioHandle—由 adl_ioSubscribe()函数产生的句柄。

Gpio—要进行读操作的 GPIO 标志符。

函数返回值:

如果成功,则返回 GPIO 读出值;如果参数错误,则返回 ADL_RET_ERR_PARAM;如果提供的句柄无效,则返回 ADL_RET_ERR_UNKNOWN_HDL;如果所请求的 GPIO 并没有定义为输入类型,则返回 ADL_RET_ERR_BAD_STATE。

9. adl_ioWrite 函数

该函数用于在已经定义的一个或多个 GPIO 上,执行写操作。

函数原型:

```
s32   adl_ioWrite ( s32       GpioHandle,
```

```
                        u32        GpioNb,
                        adl_ioWrite_t * GpioWrite )
```

函数参数:

GpioHandle—由adl_ioSubscribe()函数产生的句柄。

GpioNb—GpioWrite队列长度。

GpioWrite—GPIO写结构体队列。

函数返回值:

如果操作成功,则返回OK;如果提供的句柄无效,则返回ADL_RTE_UNKNOW_HDL;如果参数出现错误,则返回ADL_RTE_ERR_PARAM;如果所请求的GPIO并没有定义为输出类型,则返回ADL_RET_ERR_BAD_STATE。

10. adl_ioWriteSingle函数

该函数用于在单个GPIO上,执行写操作。

函数原型:

```
s32   adl_ioWrite ( s32        GpioHandle,
                    u32        Gpio,
                    u32        State )
```

函数参数:

GpioHandle—由adl_ioSubscribe()函数产生的句柄。

Gpio—要进行写操作的GPIO标志符。

State—要输出的状态值。

函数返回值:

如果操作成功,则返回OK;如果提供的句柄无效,则返回ADL_RTE_UNKNOW_HDL;如果参数出现错误,则返回ADL_RTE_ERR_PARAM;如果所请求的GPIO并没有定义为输出类型,则返回ADL_RET_ERR_BAD_STATE。

11. adl_ioGetProductType函数

该函数用于获得无线CPU的型号。

函数原型:

```
adl_ioGetProductType_e   adl_ioGetProductType(void)
```

函数返回值:

返回值为ADL_IO_PRODUCT_TYPE_XXXXX,其中XXXXX为无线CPU的型号,如Q2687等。

12. adl_ioGetFeatureGPIOList 函数

该函数用于获取 GPIO 复用特征列表。

函数原型:

```
s32  adl_ioGetFeatureGPIOList ( adl_ioFeature_e  Feature,
                                u8 *             GpioTab,
                                u8               GpioNb )
```

函数参数:

Feature—所要请求的复用特征,见表 4.2 和表 4.3。

GpioTab—GPIO 复用特征列表队列。

GpioNb—GpioTab 队列长度。

函数返回值:

如果执行成功,则返回相关 GPIO 复用特征数目;如果所提供的队列长度与所请求的不匹配,则返回 ADL_RET_ERR_PARAM;如果特征无效,则返回 ADL_RET_ERR_UNKOWN_HDL。

13. adl_ioIsFeatureEnabled 函数

该函数用于检测所请求的特征是否可用。

函数原型:

```
bool  adl_ioIsFeatureEnabled ( adl_ifFeature_e  Feature )
```

函数参数:

Feature—请求的特征。

函数返回值:

如果特征可用,即相关的 GPIO 未定义,则返回 TRUE;如果特征无效或不可用,即相关的 GPIO 已定义,则返回 FALSE。

4.2.6 adl_bus.h

该头文件定义的函数用于管理 SPI、I^2C 和并行总线。

1. BUS 类型

(1) adl_busType_e 类型

该变量类型列举了无线 CPU 所支持的总线。定义如下:

```
typedef  enum
{
```

```
    ADL_BUS_SPI1 = 1,           //无线 CPU SPI1 总线
    ADL_BUS_SPI2,               //无线 CPU SPI2 总线
    ADL_BUS_I2C,                //无线 CPU I2C 总线
    ADL_BUS_PARALLEL = 6        //无线 CPU  并行总线
}adl_busType_e;
```

(2) adl_budSPISettings_t 类型

该变量类型定义了 SPI 总线的设置参数。定义如下：

```
typedef  struct
{
    u32  Clk_Speed;
    u32  Clk_Mode;
    u32  ChipSelect;
    u32  ChipSelectPolarity;
    u32  LsbFirst;
    u32  GpioChipSelect;
    u32  DataLinesConf;
    u32     LoadSignal;
    u32     MasterMode;
    u32     BusySignal;
}adl_busSPISettings_t
```


其中,Clk_Speed—SPI 总线时钟速率,取值范围为:0～127。计算公式如下:

$$Pclk/[(2\times Clk\_Speed)+2]$$

Pclk 为无线 CPU 的外设时钟速率。Q2686 系列无线 CPU 的 Pclk 速率为 26 MHz。例如:如果 Clk_Speed 设为 0,那么 SPI 总线时钟速率为 13 MHz。

Clk_Mode—SPI 时钟模式。定义如下：

- ADL_BUS_SPI_CLK_MODE_0：休止状态 0,上升沿数据有效。
- ADL_BUS_SPI_CLK_MODE_1：休止状态 0,下降沿数据有效。
- ADL_BUS_SPI_CLK_MODE_2：休止状态 1,上升沿数据有效。
- ADL_BUS_SPI_CLK_MODE_3：休止状态 1,下降沿数据有效。

ChipSelect—设置芯片选择信号的引脚。定义如下：

- ADL_BUS_SPI_ADDR_CS_GPIO：使用一个 GPIO 作为芯片选择信号。此时 GpioChipSelect 参数有效。
- ADL_BUS_SPI_ADDR_CS_HERD：使用保留的硬件芯片选择引脚。
- ADL_BUS_SPI_ADDR_CS_NONE：ADL 总线服务不处理芯片选择信号,由应用程序分配一个 GPIO 来处理自身的芯片选择信号。

ChipSelectPolarity—设置芯片选择信号的极性。定义如下：

- ADL_BUS_SPI_CS_POL_LOW：芯片选择信号低电平有效；
- ADL_BUS_SPI_CS_POL_HIGH：芯片选择信号高电平有效。

LsbFirst—定义SPI总线数据传输的优先级，LSB(最低有效位)或者MSB(最高有效位)优先。该参数仅对数据有效，Opcode和Address域通常为MSB优先。定义如下：

- ADL_BUS_SPI_MSB_FIRST：数据缓冲区MSB优先；
- ADL_BUS_SPI_LSB_FIRST：数据缓冲区LSB优先。

GpioChipSelect—设置用作芯片选择信号的GPIO标志符。仅在ChipSelect参数设置为ADL_BUS_SPI_ADDR_CS_GPIO时有效，且要与adl_ioLabel_u中的成员变量相一致。例如：Q2686无线CPU中，使用GPIO1作为SPI总线的芯片选择信号，则将ChipSelect参数设置为ADL_BUS_SPI_ADDR_CS_GPIO，将GpioChipSelect参数设置为ADL_IO_Q2686_GPIO_1。

DataLinesConf—定义SPI总线是使用一个引脚来处理输入/输出数据，还是分别使用两个引脚来处理输入/输出数据：

- ADL_BUS_SPI_DATA_BIDIR：使用一个双向引脚来处理输入/输出数据；
- ADL_BUS_SPI_DATA_UNIDIR：用两个单向引脚分别处理输入/输出数据。

LoadSignal—定义SPI的负载信号配置信息：

- ADL_BUS_SPI_LOAD_UNUSED：负载信号没有使用；
- ADL_BUS_SPI_LOAD_USED：负载信号被使用，负载信号的状态在每次读写时会发生改变。

MasterMode—定义SPI的主从模式：

- ADL_BUS_SPI_MASTER_MODE：SPI总线工作在主模式；
- ADL_BUS_SPI_SLAVE_MODE：SPI总线工作在从模式。

BusySignal—定义SPI忙碌信号：

- ADL_BUS_SPI_BUSY_UNUSED：忙碌信号未被使用；
- ADL_BUS_SPI_BUSY_USED：使用忙碌信号。

(3) adl_busI2Csettings_t 类型

该变量类型定义了I^2C总线的设置参数。定义如下：

```
typedef  struct
{
    u32   ChipAddress;
    u32   Clk_Speed;
    u32 AddrLength;
    u32 MasterMode;
```

```
}adl_busI2Csettings_t;
```

其中,ChipAddress—设置远程芯片 I^2C 总线的 7 位地址。为 u32 类型,但只有 b1 到 b7 位有效,b0 和其他 3 个字节忽略。例如:如果远程芯片地址设置为 A0,则该参数应设为 0xA0。

Clk_Speed—设置 I^2C 总线速率。定义如下:

- ADL_BUS_I2C_CLK_STD:标准 I^2C 总线速率,100Kbps;
- ADL_BUS_I2C_CLK_FAST:快速 I^2C 总线速率,400Kbps。

AddrLength—设置 I^2C 芯片地址的长度:

- ADL_BUS_I2C_ADDR_7_BITS:芯片地址 7 位;
- ADL_BUS_I2C_ADDR_10_BITS:芯片地址 10 位。

MasterMode—设置 I^2C 芯片的工作模式:

- ADL_BUS_SPI_MASTER_MODE:I^2C 总线工作在主模式;
- ADL_BUS_SPI_SLAVE_MODE:I^2C 总线工作在从模式。

(4) adl_busParallelCs_t 类型

该数据类型定义了并行总线的芯片选择。定义如下:

```
typedef   struct
{
    u8   Type;    //芯片选择信号类型,目前仅 ADL_BUS_PARA_CS_TYPE_CS 有效
    u8   Id;      //所使用的芯片选择标志符:2(引脚 CS2);3(引脚 CS3)
    u8 pad[2];
}adl_busParallelCs_t;
```

(5) adl_busParallelTimingCfg_t 类型

该数据类型定义了并行总线时序。定义如下:

```
typedef   struct
{
    u8   AccessTime;
    u8   SetupTime;
    u8   HoldTime;
    u8   TurnaroundTime;
    u8   OpToOpTurnaroundTime;
    u8   pad[3];
}adl_busParallelTimingCfg_t
```

其中,OpToOpTurnaroundTime 参数保留作以后的用途。其他参数定义了并行总线时序,以 26 MHz 为循环频率(循环周期为 1/26 MHz=38.5 ns)。下面介绍两种时序模式:

（Ⅰ）MOTOROLA 模式时序图

该模式有两种情况：ADL_BUS_PARALLEL_MODE_ASYNC_MOTOROLA_LOW（使能信号低电平有效）和 ADL_BUS_PARALLEL_MODE_ASYNC_MOTOROLA_HIGH（使能信号高电平有效）。具体使用哪种情况在总线声明时给出定义。该模式时序图如图 4.6 所示。图中，接入（Access）、建立（Setup）和保持（Hold）时间设为 1，周转（Turnaround）时间设为 2。

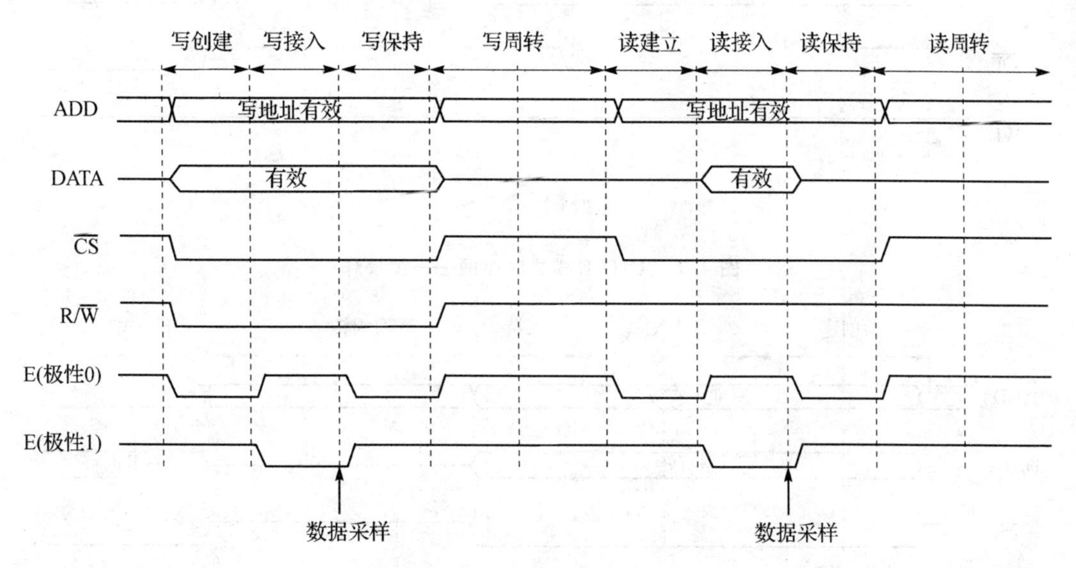

图 4.6　MOTOROLA 模式时序图

（Ⅱ）INTEL 模式时序图

当总线声明时选择 ADL_BUS_PARALLEL_MODE_ASYNC_INTEL 为 INTEL 模式。在该模式下，读、写的时序是不同的。图 4.7 所示为读操作的时序图，图中，建立（Setup）和保持（Hold）时间设置为 1，接入（Access）和周转（Turnaround）时间设置为 3。

图 4.8 所示为写操作的时序图，图中，建立（Setup）和接入（Access）时间设置为 2，保持（Hold）时间设为 1，周转（Turnaround）时间设为 3。

(6) adl_busParallelSettings_t 类型

该变量类型定义了并行总线的设置参数。定义如下：

```
typedef  struct
{
    union
    {
        struct
        {
```

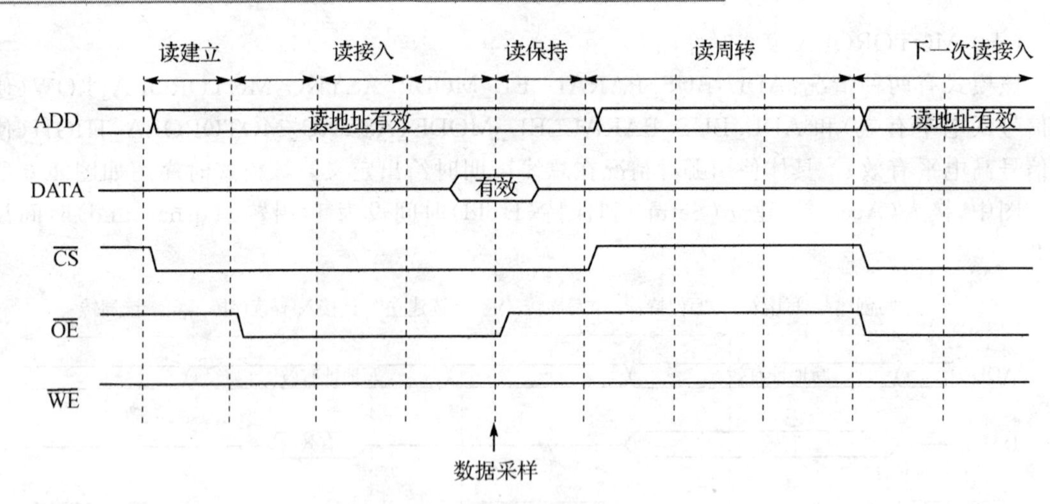

图 4.7　INTEL 模式时序图——读操作

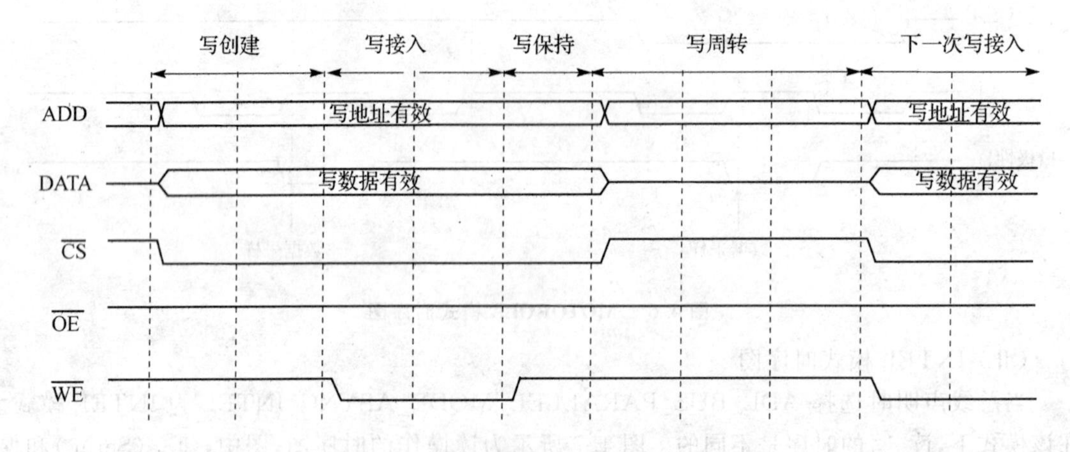

图 4.8　INTEL 模式时序图——写操作


```
u8   Width;   /*读/写数据缓冲区宽度(8位或16位)*/
u8   Mode;    /*并行总线标准模式:
                ADL_BUS_PARALLEL_MODE_ASYNC_INTEL
                ADL_BUS_PARALLEL_MODE_ASYNC_MOTOROLA_HIGH
                ADL_BUS_PARALLEL_MODE_ASYNC_MOTOROLA_LOW */
u8   pad[2];
adl_busParallelTimingCfg_t  ReadCfg;  /*读操作时序配置*/
adl_busParallelTimingCfg_t  WriteCfg; /*写操作时序配置*/
adl_busParallelCs_t   Cs;             /*芯片选择信号配置*/
u8   NbAddNeeded;                     /*地址引脚的数目。最大地址引脚的数目取
                                        决于所用的芯片选择引脚*/
```

```
        }In;  //设置并行总线参数
        struct
        {
            volatile  void   * PrivateAddress;  /* 保留参数 */
            u32   MaskValiAddress;              /* 为应用程序提供读/写操作时的地址位掩码。
            每一位都与一个地址引脚相关联,例如 b1 位与 A1 地址引脚相关联。 */
        }Out;  //获取读/写操作时的地址掩码
    }u;
}adl_busParallelSettings_t;
```

(7) adl_busSettings_u 类型

该数据类型用于在声明时,设置总线类型。定义如下:

```
typedef  union
{
    adl_busSPISettings_t  SPI;                  //SPI 总线
    adl_busI2CSettings_t  I2C;                  //I²C 总线
    adl_busParallelSettings_t  Parallel;        //并行总线
}adl_busSettings_u;
```

(8) adl_busAccess_t 类型

该数据类型用于设置总线接入配置参数,作标准读/写操作请求,仅适用于 SPI 和 I²C 总线。定义如下:

```
typedef  struct
{
    u32  Address;
    u32  Opcode;
}adl_busAccess_t;
```

其中,Address—在读/写操作之前,允许总线上发送多于 32 位的数据。所发送的比特位数由 AddressLength 参数来决定。如果发送的比特数小于 32 位,则只发送有效的比特位。AddressLength 参数的取值范围为:对于 SPI 总线是 0~32;对于 I²C 总线,取值为 0、8、16、24、32。

例如:要在读/写操作之前发送 AA,则 Address 参数应设置为 0xAA000000;AddressLength 参数应设置为 8。

Opcode—只适用于 SPI 总线。在 I²C 总线中将该两项参数忽略。在读/写操作之前,允许总线上发送多于 32 位的数据。所发送的比特位数由 OpcodeLength 参数来决定。如果发送的比特数小于 32 位,则只发送有效的比特位。OpcodeLength 参数的取值范围为:0~32。

例如:要在读/写操作之前发送 BBB,则 Opcode 参数应设置为 0xBBB00000;Opcode-

Length 参数应设置为 12。

(9) adl_busSize_e 类型

该数据类型用于设置读/写缓冲区条目大小。定义如下：

```
typedef  enum
{
    ADL_BUS_SIZE_1_BIT = 1,
    ADL_BUS_SIZE_2_BITS,
    ADL_BUS_SIZE_3_BITS,
    ADL_BUS_SIZE_4_BITS,
    ADL_BUS_SIZE_5_BITS,
    ADL_BUS_SIZE_6_BITS,
    ADL_BUS_SIZE_7_BITS,
    ADL_BUS_SIZE_BYTE,
    ADL_BUS_SIZE_9_BITS,
    ADL_BUS_SIZE_10_BITS,
    ADL_BUS_SIZE_11_BITS,
    ADL_BUS_SIZE_12_BITS,
    ADL_BUS_SIZE_13_BITS,
    ADL_BUS_SIZE_14_BITS,
    ADL_BUS_SIZE_15_BITS,
    ADL_BUS_SIZE_HALF,
    ADL_BUS_SIZE_WORD = ADL_BUS_SIZE_HALF
}adl_busSize_e;
```

其中，ADL_BUS_SIZE_BIT 至 ADL_BUS_SIZE_HALF 均适用于 SPI 总线；ADL_BUS_SIZE_BYTE 只适用于 I^2C 总线；ADL_BUS_SIZE_BYTE 或 ADL_BUS_SIZE_HALF 适用于并行总线；ADL_BUS_SIZE_WORD 参数保留用作无线 CPU 以后的版本，用于 32 位的数据条目。

读/写数据缓冲区格式取决于该参数的设置。ADL_BUS_SIZE__BIT 至 ADL_BUS_SIZE_BYTE：数据缓冲区认为是 u8 * 类型；ADL_BUS_SIZE_9_BITS 至 ADL_BUS_SIZE_HALF，数据缓冲区认为是 u16 * 类型。

例如：若在总线上发送一个字节，则将该参数设置为 ADL_BUS_SIZE_BYTE，若在总线上发送 10 位，则将参数设置为 ADL_BUS_SIZE_10_BITS。

2. adl_busSubscribe 函数

该函数用于声明总线类型，最多可同时定义 8 个总线。

函数原型：

```
s32 adl_busSubscribe ( adl_busType_e  BusType, u32  BlockId,
                       adl_busSettings_u   * BusSettings )
```

函数参数：

BusType—总线类型；

BlockId—所有块的ID(范围:1～N,与总线类型及无线CPU平台有关)；

BusSettings—总线配置参数。

函数返回值：

如果操作成功,则返回非负整数;如果参数出现错误,则返回ADL_RET_ERR_PARAM;如果要定义的总线已经被占用,则返回ADL_RET_ERR_ALREDY_SUBSCRIBED;如果已定义了8个总线,没有更多的空闲总线句柄可用,则返回ADL_RET_ERR_NO_MORE_HANDLES;如果总线所需要的GPIO已经被占用,则返回ADL_RET_ERR_BAD_HDL;如果无线CPU不支持要定义的总线类型,则返回ADL_RET_ERR_NOT_SUPPORTED。

说明：只有当应用程序中没有定义与总线相关的GPIO的复用特征时,对总线的定义才有效。所涉及的复用特征取决于总线类型与配置。如表4.6所列。

表4.6　总线复用特征

总线类型与配置	复用特征
ADL_BUS_I²C总线	ADL_IO_FEATURE_BUS_I2C
ADL_BUS_SPI1总线 不使用硬件芯片选择引脚 使用一个双向数据输入/输出引脚	ADL_IO_FEATURE_BUS_SPI1_CLK ADL_IO_FEATURE_BUS_SPI1_IO
ADL_BUS_SPI1总线 使用硬件芯片选择引脚 使用一个双向数据输入/输出引脚	ADL_IO_FEATURE_BUS_SPI1_CLK ADL_IO_FEATURE_BUS_SPI1_IO ADL_IO_FEATURE_BUS_SPI1_CS
ADL_BUS_SPI1总线 不使用硬件芯片选择引脚 使用两个数据引脚	ADL_IO_FEATURE_BUS_SPI1_CLK ADL_IO_FEATURE_BUS_SPI1_IO ADL_IO_FEATURE_BUS_SPI1_I
ADL_BUS_SPI1总线 使用硬件芯片选择引脚 使用两个数据引脚	ADL_IO_FEATURE_BUS_SPI1_CLK ADL_IO_FEATURE_BUS_SPI1_IO ADL_IO_FEATURE_BUS_SPI1_I ADL_IO_FEATURE_BUS_SPI1_CS

续表 4.6

总线类型与配置	复用特征
ADL_BUS_SPI2 总线 不使用硬件芯片选择引脚 使用一个双向数据输入/输出引脚	ADL_IO_FEATURE_BUS_SPI2_CLK ADL_IO_FEATURE_BUS_SPI2_IO
ADL_BUS_SPI2 总线 使用硬件芯片选择引脚 使用一个双向数据输入/输出引脚	ADL_IO_FEATURE_BUS_SPI2_CLK ADL_IO_FEATURE_BUS_SPI2_IO ADL_IO_FEATURE_BUS_SPI2_CS
ADL_BUS_SPI2 总线 不使用硬件芯片选择引脚 使用两个数据引脚	ADL_IO_FEATURE_BUS_SPI2_CLK ADL_IO_FEATURE_BUS_SPI2_IO ADL_IO_FEATURE_BUS_SPI2_I
ADL_BUS_SPI2 总线 使用硬件芯片选择引脚 使用两个数据引脚	ADL_IO_FEATURE_BUS_SPI2_CLK ADL_IO_FEATURE_BUS_SPI2_IO ADL_IO_FEATURE_BUS_SPI2_I ADL_IO_FEATURE_BUS_SPI2_CS
ADL_BUS_PARALLEL 并行总线 使用一个硬件芯片选择 CS3 使用一个地址引脚	无
ADL_BUS_PARALLEL 并行总线 使用一个硬件芯片选择 CS3 使用两个地址引脚	ADL_IO_FEATURE_BUS_PARALLEL_ADDR1
ADL_BUS_PARALLEL 并行总线 使用一个硬件芯片选择 CS3 使用 3 个地址引脚	ADL_IO_FEATURE_BUS_PARALLEL_ADDR1 ADL_IO_FEATURE_BUS_PARALLEL_ADDR2_CS2
ADL_BUS_PARALLEL 并行总线 使用一个硬件芯片选择 CS2 使用一个地址引脚	ADL_IO_FEATURE_BUS_PARALLEL_ADDR2_CS2
ADL_BUS_PARALLEL 并行总线 使用一个硬件芯片选择 CS2 使用两个地址引脚	ADL_IO_FEATURE_BUS_PARALLEL_ADDR1 ADL_IO_FEATURE_BUS_PARALLEL_ADDR2_CS2

3. adl_busUnsubscribe 函数

该函数用于取消先前定义的 SPI 或 I^2C 总线类型。该函数不适用于并行总线。

函数原型：

```
s32     adl_busUnsubscribe( s32      Handle )
```

函数参数：

Handle—由相关adl_busScriber()函数返回的句柄。

函数返回值：

如果操作成功，则返回OK；如果提供的句柄无效，则返回ADL_RET_ERR_UNKNOWN_HDL。

4. adl_busRead函数

该函数对相应的总线执行读操作。该函数仅适用于SPI总线和I^2C总线，并不适用于并行总线。

函数原型：

```
s32  adl_busRead(  s32                   Handle  ,
                   adl_busAccess_t       * pAccessMode,
                   u32                   DataLen,
                   void *                Data )
```

函数参数：

Handle—由相关adl_busScriber()函数返回的句柄。

pAccessMode—总线接入模式。具体定义见adl_busAccess_t数据类型。该参数根据总线的不同类型取不同的值。

DataLen—从总线读取条目的数目。

Data—从总线读取的条目。

函数返回值：

如果操作成功，则返回OK；如果提供的句柄无效，则返回ADL_RET_ERR_UNKNOWN_HDL；如果参数出现错误，则返回ADL_RET_ERR_PARAM；如果总线上没有远程芯片的确认信息，则返回ADL_RET_ERR_BAD_STATE(仅对I^2C总线有效)。

5. adl_busWrite函数

该函数对相应的总线执行写操作，仅适用于SPI和I^2C总线，对并行总线无效。

函数原型：

```
s32  adl_busWrite (s32                 Handle,
                   adl_busAccess_t     * pAccessMode,
                   u32                 DataLen,
                   void *              Data )
```

函数参数：

Handle—由相关 adl_busScriber()函数返回的句柄。

pAccessMode—总线接入模式。

DataLen—向总线写入条目的数目。

Data—向总线写入的条目。

函数返回值：

如果操作成功，则返回 OK；如果提供的句柄无效，则返回 ADL_RET_ERR_UNKNOWN_HDL；如果参数出现错误，则返回 ADL_RET_ERR_PARAM；如果总线上没有远程芯片的确认信息，则返回 ADL_RET_ERR_BAD_STATE（仅对 I^2C 总线有效）。

6. adl_busDirectRead 函数

该函数对已声明的并行总线执行读操作。该函数不适用于 SPI 和 I^2C 总线。

函数原型：

```
s32   adl_busDirectRead ( s32   Handle,
                          u32   ChipAddress,
                          u32   Datalen,
                          void *   Data )
```

函数参数：

Handle—由相关 adl_busScriber()函数返回的句柄。

ChipAddress—芯片地址配置。该地址为所需地址位的组合。可用的地址位会在总线声明时以掩码的形式返回。

DataLen—从并行总线读取条目的数目。

Data—从并行总线读取的数据。

函数返回值：

如果操作成功，则返回 OK；如果提供的句柄无效，则返回 ADL_RET_ERR_UNKNOWN_HDL；如果参数值出现错误，则返回 ADL_RET_ERR_PARAM。

7. adl_busDirectWrite 函数

该函数用于对已声明的并行总线执行写操作。该函数不适用于 SPI 和 I^2C 总线。

函数原型：

```
s32   adl_busDirectRead ( s32   Handle,
                          u32   ChipAddress,
                          u32   Datalen,
                          void *   Data )
```

函数参数：

Handle—由相关adl_busScriber()函数返回的句柄。

ChipAddress—芯片地址配置。该地址为所需地址位的组合。可用的地址位会在总线声明时以掩码的形式返回。

DataLen—向并行总线写入条目的数目。

Data—向并行总线写入的数据。

函数返回值：

如果操作成功，则返回OK；如果提供的句柄无效，则返回ADL_RET_ERR_UNKNOWN_HDL；如果参数值出现错误，则返回ADL_RET_ERR_PARAM。

4.2.7　adl_sim.h

该头文件定义的函数用于处理SIM和PIN码的相关事件。

1. adl_simSubscribe函数

该函数定义SIM服务，用来处理SIM卡的PIN码相关事件。如果需要，则该函数允许输入PIN码。

函数原型：

```
s32 adl_simSubscribe( adl_simHdlr_f  SimHandler, ascii *  PinCode )
```

函数参数：

SimHandler—该函数定义如下：

```
typedef void ( * adl_simHdlr_f)( u8 Event);
```

其中，参数Event收到的消息如下：

如果PIN码正确，则收到ADL_SIM_EVENT_PIN_OK；如果SIM卡被移出，则收到ADL_SIM_EVENT_REMOVED；如果SIM卡被插入，则收到ADL_SIM_EVENT_INSERTED；如果SIM卡初始化完成，则收到ADL_SIM_EVENT_FULL_INIT；如果PIN码错误，则收到ADL_SIM_EVENT_PIN_ERROR；如果只剩下一次输入PIN码的机会，则收到ADL_SIM_EVENT_PIN_NO_ATTEMPT；如果PIN码为空，则收到ADL_SIM_EVENT_PIN_WAIT。

PinCode—PIN码的字符串。如果为空或者是错误的PIN码，那么PIN码就由外部应用输入。该参数只在第一次服务声明时使用，以后将被忽略。

函数返回值：

如果执行成功则返回OK；如果该函数被低级中断处理函数调用，则返回ADL_RET_ERR_SERVICE_LOCKED。

2. adl_simUnsubscribe 函数

该函数用于取消 SIM 服务。

函数原型：

```
s32 adl_simUnsubscribe (adl_simHdlr_f Handler)
```

函数参数：

Handler—由相关 adl_SimSubscribe()函数返回的句柄。

函数返回值：

如果执行成功则返回 OK；如果该函数被低级中断处理函数调用，则返回 ADL_RET_ERR_SERVICE_LOCKED。

3. adl_simGetState 函数

该函数获得当前 SIM 服务的状态。

函数原型：

```
void adl_simGetState_e adl_simGetState( void )
```

函数返回值：

该函数返回一个枚举类型的值，其定义如下：

```
typedef enum
{
    ADL_SIM_STATE_INIT,             // 服务初始化
    ADL_SIM_STATE_REMOVED,          // SIM 被移出
    ADL_SIM_STATE_INSERTED,         // SIM 被插入
    ADL_SIM_STATE_FULL_INIT,        // SIM 初始化完成
    ADL_SIM_STATE_PIN_ERROR,        // SIM 错误
    ADL_SIM_STATE_PIN_OK,           // PIN 码正确，等待初始化
    ADL_SIM_STATE_PIN_WAIT          // SIM 被插入，等待输入 PIN 码
    ADL_SIM_STATE_LAST              // 其他状态
} adl_simGetState_e;
```


4.2.8 adl_sms.h

该头文件定义的函数用于处理短消息服务。

1. adl_smsSubscribe 函数

该函数用于声明短消息服务，从网络接收短消息。

函数原型:

```
s8 adl_smsSubscribe ( adl_smsHdlr_f SmsHandler,
                      adl_smsCtrlHdlr_f SmsCtrlHandler,
                      u8 Mode )
```

函数参数:

SmsHandler—短消息处理函数。当收到短消息时,该函数就会被调用。其定义如下:

```
typedef bool ( * adl_smsHdlr_f ) ( ascii * SmsTel,
                                   ascii * SmsTimeLength,
                                   ascii * SmsText );
```

其中,SmsTel—短消息的来源号码。

SmsTimeLength—包含短消息的相关信息,如时间和信息长度。

SmsText—短消息的内容(可以是文本格式,也可以是PDU格式)。

如果该函数返回TRUE,则短消息被保存到SIM卡中,外部应用收到主动响应+CMTI;如果返回FALSE,则外部应用不会收到相关的响应。如果有多个短消息服务,则只有每个短消息处理函数都返回TRUE时,外部应用才能收到相关的响应。

SmsCtrlHandler—短消息服务控制函数,其定义如下:

```
typedef void ( * adl_smsCtrlHdlr_f ) ( u8 Event,u16 Nb );
```

在短消息发送过程中,如果短消息发送成功,但没有相关Nb参数,则该函数会通过参数Event收到ADL_SMS_EVENT_SENDING_OK;如果短消息发送过程出错,并依据+CMS ERROR包含一个错误代码设置Nb参数,则该函数收到ADL_SMS_EVENT_SENDING_ERROR;如果短消息发送成功,且Nb参数包含短消息的相关信息,则该函数收到ADL_SMS_EVENT_SENDING_MR和ADL_SMS_EVENT_SENDING_OK。

Mode—用于设置短消息的格式。如果短消息为PDU格式,则该参数的值为ADL_SMS_MODE_PDU;如果短消息为文本格式,则该参数的值为ADL_SMS_MODE_TEXT。

函数返回值:

如果操作成功,则返回一个非负的整数,在发送短消息时使用;如果参数出错,则返回ADL_RET_ERR_PARAM。

2. adl_smsSend函数

该函数用于发送短消息。

函数原型:

```
s8 adl_smsSend ( u8 Handle, ascii * SmsTel, ascii *  SmsText, u8 Mode )
```

函数参数:

Handle—由相关 adl_smsSubscribe 函数返回的句柄。

SmsTel—短消息发送的目标号码。

SmsText—短消息的内容。

Mode—短消息格式。

函数返回值:

如果操作成功,则返回 OK;如果参数出现错误,则返回 ADL_RET_ERR_PARAM;如果提供的句柄无效,则返回 ADL_RET_ERR_UNKNOWN_HDL;如果发送未准备好(包括初始化未完成,或者正在发送短消息),则返回 ADL_RET_ERR_BAD_STATE。

3. adl_smsUnsubscribe 函数

该函数用于取消短消息服务。

函数原型:

```
s8 adl_smsUnsubscribe ( u8 Handle )
```

函数参数:

Handle—由相关 adl_smsSubscribe 函数返回的句柄。

函数返回值:

如果操作成功,则返回成功;如果参数出现错误,则返回 ADL_RET_ERR_PARAM;如果提供的句柄无效,则返回 ADL_RET_ERR_UNKNOWN_HDL;如果正在处理短消息(发送或接收),则返回 ADL_RET_ERR_BAD_STATE。

4.2.9 adl_call.h

该头文件定义的函数用于建立呼叫,并处理呼叫相关的事件。

1. adl_callSubscribe 函数

该函数声明呼叫服务,以便响应呼叫事件。

函数原型:

```
s8 adl_callSubscribe ( adl_callHdlr_f CallHandler  )
```

函数参数:

CallHandler—该函数为呼叫处理函数,其定义如下:

```
typedef s8 ( * adl_callHdlr_f )( u16 Event,u32 Call_ID  );
```

其中,Handle 和 ID 的取值如表 4.7 所列。

表 4.7 Event 和 Call_ID 的取值

Event	Call_ID	说 明
ADL_CALL_EVENT_RING_VOICE	0	语音业务
ADL_CALL_EVENT_RING_DATA	0	数据业务
ADL_CALL_EVENT_NEW_ID	X	AT 响应 Wind:5,X
ADL_CALL_EVENT_RELEASE_ID	X	AT 响应 Wind:6,X;如果取消数据业务,则 X 的值为 Call_ID 与 ADL_CALL_DATA_FLAG 取“或”
ADL_CALL_EVENT_ALERTING	0	AT 响应 Wind:2
ADL_CALL_EVENT_NO_CARRIER	0	呼叫失败,AT 响应 NO CARRIER
ADL_CALL_EVENT_NO_ANSWER	0	呼叫失败,没有应答
ADL_CALL_EVENT_BUSY	0	呼叫失败,对方占线
ADL_CALL_EVENT_SETUP_OK	Speed	函数 adl_callSetup 返回 OK;对于数据业务,还会提供传输速率(单位:bps)
ADL_CALL_EVENT_ANSWER_OK	Speed	呼叫处理函数发出请求 ADL_CALL_NO_FORWARD_ATA 后,系统返回 OK;对于数据业务,还会提供传输速率(单位:bps)
ADL_CALL_EVENT_HANGUP_OK	Data	发出 ADL_CALL_NO_FORWARD_ATH 请求,或者由 adl_callHangup 函数终止呼叫之后,系统返回 OK。如果取消的是数据业务,则 Data 的值为 ADL_CALL_DATA_FLAG;如果是语音业务,则 Data 的值为 0
ADL_CALL_EVENT_SETUP_OK_FROM_EXT	Speed	外部应用发送 ATD 指令后,系统返回 OK。在数据业务建立连接时,提供连接速率
ADL_CALL_EVENT_ANSWER_OK_FROM_EXT	Speed	外部应用发送 ATA 指令后,系统返回 OK。在响应数据业务时,提供连接速率
ADL_CALL_EVENT_HANGUP_OK_FROM_EXT	Data	外部应用发送 ATH 指令后,系统返回 OK。如果取消的是数据业务,则 Data 的值为 ADL_CALL_DATA_FLAG;如果是语音业务,则 Data 的值为 0
ADL_CALL_EVENT_AUDIO_OPENNED	0	AT 响应 Wind:9
ADL_CALL_EVENT_ANSWER_OK_AUTO	Speed	自动响应呼叫后,系统返回 OK。在响应数据业务时,提供连接速率
ADL_CALL_EVENT_RING_GPRS	0	GPRS 业务连接
ADL_CALL_EVENT_SETUP_FROM_EXT	Mode	如果外部应用使用 ATD 指令建立连接,则 Mode 的值取决于呼叫类型

续表 4.7

Event	Call_ID	说　明
ADL_CALL_EVENT_SETUP_ERROR_NO_SIM	0	没有插入 SIM 卡，呼叫连接失败
ADL_CALL_EVENT_SETUP_ERROR_PIN_NOT_READY	0	没有输入 PIN 码，呼叫连接失败
ADL_CALL_EVENT_SETUP_ERROR	Error	呼叫连接失败，AT 响应+CME Error

该函数返回的 Event 的值如表 4.8 所列。

表 4.8　返回的 Event 值

Event	说　明
ADL_CALL_FORWARD	向外部应用发送的呼叫事件
ADL_CALL_NO_FORWARD	不向外部应用发送的呼叫事件
ADL_CALL_NO_FORWARD_ATH	不向外部应用发送的呼叫事件，发送 ATH 指令终止呼叫
ADL_CALL_NO_FORWARD_ATA	不向外部应用发送的呼叫事件，发送 ATA 指令响应呼叫

函数返回值：

如果操作成功，则返回一个非负的整数。

2. adl_callSetup 函数

该函数根据提供的号码建立呼叫，实际为运行在 ADL_PORT_OPEN_AT_VIRTUAL_BASE 端口上的 adl_callSetupExt()函数的特例。对该函数的介绍详见 adl_callSetupExt()函数。由于 adl_callSetup 函数运行在 Open AT 端口上，所以该函数所产生的所有事件均不会发送到外部端口。

3. adl_callSetupExt 函数

该函数根据提供的号码建立呼叫。

函数原型：

```
s8 adl_callSetup(ascii *PhoneNb, u8  Mode,   adl_port_e  Port )
```

函数参数：

PhoneNb—要建立呼叫的号码。

Mode—呼叫模式。ADL_CALL_MODE_VOICE 为语音业务；ADL_CALL_MODE_DATA 为数据业务。

Port—运行建立呼叫命令的端口。创建过程中产生的呼叫事件会在呼叫事件处理函数中进行处理。如果应用程序要求发送事件,则这些事件会发送到该端口。

函数返回值:

如果操作成功,则返回OK;如果参数错误,则返回ADL_RET_ERR_PARAM。

4. adl_callHangup函数

该函数用于终止呼叫,实际是运行在ADL_PORT_OPEN_AT_VIRTUAL_BASE端口上的adl_callHangupExt()函数的特例。对该函数的介绍详见adl_callHangupExt()函数。由于adl_callHangup函数运行在Open AT端口上,所以该函数所产生的所有事件均不会发送到外部端口。

5. adl_callHangupExt函数

该函数用于终止呼叫。

函数原型:

```
s8 adl_callHangup ( adl_port_e  Port)
```

函数参数:

Port—运行终止呼叫命令的端口。终止过程中产生的呼叫事件会在呼叫事件处理函数中进行处理。如果应用程序要求发送事件,则这些事件会发送到该端口。

函数返回值:

如果操作成功,则返回OK;如果参数错误,则返回ADL_RET_ERR_PARAM。

6. adl_callAnswer函数

该函数用于响应来自别处的呼叫连接。实际是运行在ADL_PORT_OPEN_AT_VIRTUAL_BASE端口上的adl_callAnswerExt()函数的特例。对该函数的介绍详见adl_callAnswerExt()函数。由于adl_callAnswer函数运行在Open AT端口上,所以该函数所产生的所有事件均不会发送到外部端口。

7. adl_callAnswerExt函数

该函数用于响应来自别处的呼叫连接。

函数原型:

```
s8 adl_callAnswer ( adl_port_e  Port  )
```

函数参数:

Port—响应呼叫连接命令的端口。响应过程中产生的呼叫事件会在呼叫事件处理函数中进行处理。如果应用程序要求发送事件,则这些事件会发送到该端口。

函数返回值:

如果操作成功,则返回OK;如果参数错误,则返回ADL_RET_ERR_PARAM。

8. adl_callUnsubscribe函数

该函数用于取消呼叫服务。

函数原型：

```
s8 adl_callUnsubscribe ( adl_callHdlr_f Handler )
```

函数参数：

Handler—由adl_callSubscribe函数返回的句柄。

函数返回值：

如果操作成功，则返回OK；如果参数出现错误，则返回ADL_RET_ERR_PARAM；如果提供的句柄无效，则返回ADL_RET_ERR_UNKNOWN_HDL；如果要取消的服务不存在，则返回ADL_RET_ERR_NOT_SUBSCRIBED。

4.2.10 adl_gprs.h

该头文件定义的函数用于处理GPRS相关事件(比如建立、激活、使PDP上下文失效)。

1. adl_gprsSubscribe函数

该函数用于定义GPRS服务，以处理与GPRS相关的事件。

函数原型：

```
s8 adl_gprsSubscribe ( adl_gprsHdlr_f GprsHandler );
```

函数参数：

GprsHandler—该函数定义如下：

```
typedef s8 ( *adl_gprsHdlr_f)( u16 Event, u8 Cid )
```

其中，Event与Cid的取值如表4.9所列。

表4.9 Event和Cid的取值

Event	Cid	说　明
ADL_GPRS_EVENT_RING_GPRS		网络发送激活PDP上下文请求
ADL_GPRS_EVENT_NW_CONTEXT_DEACT	X	网络强制使Cid X失效
ADL_GPRS_EVENT_ME_CONTEXT_DEACT	X	无线CPU强制使Cid X失效
ADL_GPRS_EVENT_NW_DETACH		网络强制使无线CPU分离
ADL_GPRS_EVENT_ME_DETACH		无线CPU已经分离，或丢失网络
ADL_GPRS_EVENT_NW_CLASS_B		网络强制无线CPU以class B模式工作
ADL_GPRS_EVENT_NW_CLASS_C		网络强制无线CPU以class CG模式工作

续表4.9

Event	Cid	说　明
ADL_GPRS_EVENT_NW_CLASS_CC		网络强制无线CPU以class CC模式工作
ADL_GPRS_EVENT_ME_CLASS_B		无线CPU从其他工作模式切换到class B模式
ADL_GPRS_EVENT_ME_CLASS_CG		无线CPU从其他工作模式切换到class CG模式
ADL_GPRS_EVENT_ME_CLASS_CC		无线CPU从其他工作模式切换到class CC模式
ADL_GPRS_EVENT_NO_CARRIER		通过ATD*99指令激活的外部应用终止呼叫
ADL_GPRS_EVENT_DEACTIVATE_OK	X	利用Cid X通过函数adl_gprsDeact()使请求失效,操作成功
ADL_GPRS_EVENT_DEACTIVATE_OK_FROM_EXT	X	利用Cid X通过外部应用使请求失效,操作成功
ADL_GPRS_EVENT_ANSWER_OK		通过函数adl_gprsAct()激活响应,操作成功
ADL_GPRS_EVENT_ANSWER_OK_FROM_EXT		通过外部应用激活响应,操作成功
ADL_GPRS_EVENT_ACTIVATE_OK	X	利用Cid X通过adl_gprsAct()函数激活请求,操作成功
ADL_GPRS_EVENT_GPRS_DIAL_OK_FROM_EXT	X	利用Cid X通过外部应用发送ATD*99指令激活请求,操作成功
ADL_GPRS_EVENT_ACTIVATE_OK_FROM_EXT	X	利用Cid X通过外部应用激活请求,操作成功
ADL_GPRS_EVENT_HANGUP_OK_FROM_EXT		通过外部应用拒绝激活PDP上下文,操作成功
ADL_GPRS_EVENT_DEACTIVATE_KO	X	利用Cid X通过函数adl_gprsDeact()使请求失效,操作失败
ADL_GPRS_EVENT_DEACTIVATE_KO_FROM_EXT	X	利用Cid X通过外部应用使请求失效,操作失败
ADL_GPRS_EVENT_ACTIVATE_KO_FROM_EXT	X	利用Cid X通过外部应用激活请求,操作失败
ADL_GPRS_EVENT_ACTIVATE_KO	X	利用Cid X通过adl_gprsAct()函数激活请求,操作失败
ADL_GPRS_EVENT_ANSWER_OK_ AUTO		无线CPU自动接收激活的PDP上下文
ADL_GPRS_EVENT_SETUP_OK	X	利用Cid X通过函数adl_gprsSetup()建立连接,操作成功
ADL_GPRS_EVENT_SETUP_KO	X	利用Cid X通过函数adl_gprsSetup()建立连接,操作失败
ADL_GPRS_EVENT_ME_ATTACH		无线CPU要求附着网络
ADL_GPRS_EVENT_ME_UNREG		无线CPU未注册
ADL_GPRS_EVENT_ME_UNREG_SE ARCHING		无线CPU未注册,但正在寻找新的操作进行注册

如果Cid X没有定义，那么ADL_CID_NOT_EXIST为Cid X的缺省值。该处理函数返回的Event的值如表4.10所列。

表4.10 返回的Event的值

Event	说 明
ADL_GPRS_FORWARD	向外部应用发送呼叫事件
ADL_GPRS_NO_FORWARD	不向外部应用发送的呼叫事件
ADL_GPRS_NO_FORWARD_ATH	不向外部应用发送的呼叫事件，发送ATH指令终止呼叫
ADL_GPRS_NO_FORWARD_ATA	不向外部应用发送的呼叫事件，发送ATA指令响应呼叫

函数返回值：

如果操作成功，则返回OK；如果参数错误，则返回ADL_RET_ERR_PARAM。

2. adl_gprsSetup函数

该函数用于设置PDP上下文的Cid和一些具体的参数。实际是运行在ADL_PORT_OPEN_AT_VIRTUAL_BASE端口上的adl_gprsSetupExt()函数的特例。对该函数的介绍详见adl_gprsSetupExt()函数。由于adl_gprsSetup函数运行在Open AT端口上，所以该函数所产生的所有事件均不会发送到外部端口。

3. adl_gprsSetupExt函数

该函数用于设置PDP上下文的Cid和一些具体的参数。

函数原型：

```
s8 adl_gprsSetup( u8 Cid, adl_gprsSetupParams_t Params, adl_port_e  Port )
```

函数参数：

Cid—要建立PDP上下文的Cid。

Params—包含参数的结构体，其定义如下：

```
typedef struct
{
    ascii * APN;      // GGSN的地址，最大长度为100字节
    ascii * Login;   // GPRS用户账户，最大长度为50个字节
    ascii * Password;// GPRS账户密码，最大长度为50个字节
    ascii * FixedIP; // MS的固定IP地址
} adl_gprsSetupParams_t;
```

Port—运行PDP上下文建立命令的端口。创建过程中所产生的事件由GPRS事件处理函数来处理。如果应用程序要求发送事件，则这些事件会发送到该端口上。

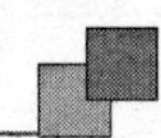

函数返回值:

如果操作成功,则返回OK;如果操作失败,则返回错误代码,如表4.11所列。

表4.11 adl_gprsSetup操作失败返回错误代码

错误代码	说 明
ADL_RET_ERR_PARAM	参数出现错误,Cid的值应为1～4
ADL_RET_ERR_PIN_KO	没有输入PIN码,或未出现+WIND:4响应
ADL_GPRS_CID_NOT_DEFINED	在建立Cid时出现错误,此时Cid已经激活
ADL_NO_GPRS_SERVICE	不提供GPRS服务
ADL_RET_ERR_BAD_STATE	服务正在处理其他的GPRS事件,应用程序等待

4. adl_gprsAct函数

该函数通过Cid来激活PDP上下文。实际是运行在ADL_PORT_OPEN_AT_VIRTUAL_BASE端口上的adl_gprsActExt()函数的特例。对该函数的介绍,详见adl_gprsActExt()函数。由于adl_gprsAct函数运行在Open AT端口上,所以该函数所产生的所有事件均不会发送到外部端口。

5. adl_gprsActExt函数

该函数通过Cid来激活PDP上下文。只有在打开GPRS数据流控制管理服务后,才可以调用该函数。

函数原型:

```
s8 adl_gprsAct( u8 Cid,  adl_port_e  Port );
```

函数参数:

Cid—要激活PDP上下文的Cid。

Port—运行PDP上下文激活命令的端口。激活过程中所产生的事件由GPRS事件处理函数来处理。如果应用程序要求发送事件,则这些事件会发送到该端口上。

函数返回值:

如果操作成功,则返回OK;如果操作失败,则返回错误代码如表4.11所列。

6. adl_gprsDeact函数

该函数利用Cid来使得PDP上下文失效。其实际是运行在ADL_PORT_OPEN_AT_VIRTUAL_BASE端口上的adl_gprsDeactExt()函数的特例。对该函数的介绍详见adl_gprsDeactExt()函数。由于adl_gprsDeact函数运行在Open AT端口上,所以该函数所产生的所有事件均不会发送到外部端口。

7. adl_gprsDeactExt 函数

该函数利用 Cid 来使得 PDP 上下文失效。如果系统正在处理 GPRS 数据流,则在调用 adl_gprsDeact()函数时要等待 ADL_FCM_EVENT_FLOW_CLOSED 事件的发生,以防止无线 CPU 进入死锁状态。

函数原型:

```
s8 adl_gprsDeact ( u8 Cid,adl_port_e Port )
```

函数参数:

Cid—使 PDP 上下文失效的 Cid。

Port—运行 PDP 上下文失效命令的端口。失效过程中所产生的事件由 GPRS 事件处理函数来处理。如果应用程序要求发送事件,则这些事件会发送到该端口上。

函数返回值:

如果操作成功,则返回 OK;如果操作失败,则返回错误代码如表 4.11 所列。

8. adl_gprsGetCidInformations 函数

该函数通过 Cid 来获得已被激活的 PDP 上下文信息。

函数原型:

```
s8 adl_gprsGetCidInformations( u8 Cid, adl_gprsInfosCid_t * Infos )
```


函数参数:

Cid—PDP 上下文的 Cid。

Infos—包含 PDP 上下文信息的结构体,定义如下:

```
typedef struct
    {
        u32 LocalIP;// MS 本地 IP 地址(GPRS 服务已被激活,否则该参数值为 0)
        u32 DNS1;   // 首选 DNS 地址(GPRS 服务已被激活,否则该参数值为 0)
        u32 DNS2;   // 备用 DNS 地址(GPRS 服务已被激活,否则该参数值为 0)
        u32 Gateway;// 网关地址(GPRS 服务已被激活,否则该参数值为 0)
    } adl_gprsInfosCid_t;
```

函数返回值:

如果操作成功,则返回 OK;如果操作失败,则返回错误代码,如表 4.11 所列。

9. adl_gprsUnsubscribe 函数

该函数用于终止 GPRS 服务。

函数原型：

```
s8 adl_gprsUnsubscribe ( adl_gprsHdlr_f Handler )
```

函数参数：

Handler—由相关 adl_gprsSubscribe 函数返回的句柄。

函数返回值：

如果操作成功，则返回 OK；如果操作失败，则返回错误代码，如表 4.11 所列。

10. adl_gprsIsAnIPAddress 函数

该函数用于检查所提供的字符串是否为有效的 IP 地址。有效的 IP 地址字符串模式为点十进制形式：a. b. c. d；其中，a、b、c、d 均为 0~255 的整形值。

函数原型：

```
bool  adl_gprsIsAnIPAddress ( ascii * AddressStr )
```

函数参数：

AddressStr—要检测的 IP 地址字符串。

函数返回值：

如果所提供的字符串为合法的 IP 地址形式，则返回 TURE；否则，返回 FALSE。NULL 和空字符串均认为是非法 IP 地址。

4.2.11　adl_ad.h

该头文件定义的函数用于管理数据和应用程序(.dwl 文件)。这些函数可以管理的最大存储空间为 1.2 MB。

1. adl_adSubscribe 函数

该函数用于分配存放应用程序或数据(Application and Data，A&D)存储单元的大小和标识。

函数原型：

```
s32  adl_adSubscribe( u32 CellID,u32 Size )
```

函数参数：

CellID—存储单元标识。该标识可以是已经分配的，也可以是尚未分配的。如果该存储单元尚未分配，则根据指定的大小分配存储单元。

Size—存储单元的大小，以字节为单位(如果存储单元已经分配，则该参数将被忽略)。如果该参数的值为 ADL_AD_SIZE_UNDEF，那么分配的存储单元的空间是可变的。在可变的存储单元的属性被修改为只读之前，不能再次分配新的存储单元。

函数返回值:

如果操作成功,则返回非负的整数;如果存储单元已分配,则返回 ADL_RTE_ERR_ALREADY_SUBSCRIBE;如果没有足够的存储单元分配,则返回 ADL_RTE_ERR_OVERFLOW;如果没有可以使用的 A&D 存储空间,则返回 ADL_RTE_ERR_NOT_AVAILABLE;如果参数 CellID 的值为 OxFFFFFFFF(该值不能作为 A&D 存储单元标识),则返回 ADL_RTE_ERR_PARAM;如果在已分配的可变存储单元的属性被修改为只读之前,再次分配一个可变存储单元,则返回 ADL_RTE_ERR_BAD_STATE。

2. adl_adUnsubscribe 函数

该函数用于释放分配给 A&D 存储单元的 Handle。

函数原型:

```
s32   adl_adUnsubscribe ( s32   CellHandle)
```

函数参数:

CellHandle—由相关 adl_adSubscribe 函数返回的句柄。

函数返回值:

如果操作成功,则返回 OK;如果提供的句柄无效,则返回 ADL_RTE_ERR_UNKNOWN_HDL。

3. adl_adEventSubscribe 函数

该函数允许应用程序提供可以处理 A&D 相关事件的 ADL 函数。

函数原型:

```
s32   adl_adEventSubscribe (adl_adEventHdlr_f Handler )
```

函数参数:

Handler—应用程序所提供的 A&D 事件回调函数,为 adl_adEventHdlr_f 类型。定义如下:

```
typedef void ( * adl_adEventHdlr_f) (adl_adEvent_e  Event,
                                     u32   Progress );
```

其中,Event—接收到的事件标识符。事件描述如表 4.12 所列。

表 4.12　A&D 回调函数事件列表

事　件	说　明
ADL_AD_EVENT_FORMAT_INIT	adl_adFormat 函数已被调用,将要进行格式化操作
ADL_AD_EVENT_FORMAT_PROGRESS	格式化操作正在进行

续表 4.12

事　件	说　明
ADL_AD_EVENT_FORMAT_DONE	格式化操作完毕，A&D 存储区可用
ADL_AD_EVENT_RECOMPACT_INIT	adl_adRecompact 函数已被调用，将要进行存储单元的整理操作
ADL_AD_EVENT_RECOMPACT_PROGRESS	存储单元的整理操作正在进行
ADL_AD_EVENT_RECOMPACT_DONE	存储单元的整理操作完毕，A&D 存储区可用
ADL_AD_EVENT_INSTALL	adl_adInstall 函数已被调用，将要进行安装操作，无线 CPU 重启

Progress— 接收到 ADL_ AD_EVENT_FORMAT_PROGRESS 或 ADL_AD_EVENT_RECOMPACT_ PROGRESS 事件后，格式化或存储空间整理操作的处理进度，以百分数表示。接收到 ADL_AD_EVENT_FORMAT_DONE 或 ADL_AD_EVENT_RECOMPACT_DONE 事件后，该参数为 100%，否则该参数为 0。

函数返回值：

如果执行成功，则返回 A&D 事件处理函数句柄；如果参数无效，则返回 ADL_RET_ERR_PARAM；如果 A&D 事件服务已经被定义了 128 次以上，则返回 ADL_RET_ERR_NO_MORE_HANDLES。

4. adl_adEventUnsubscribe 函数

该函数用于撤销 A&D 事件处理函数。

函数原型：

```
s32   adl_adEventUnsubscribe ( s32   EventHandle )
```

函数参数：

EventHandle— 由相关 adl_adEventSubscribe 函数返回的句柄。

函数返回值：

如果执行成功，则返回 OK；如果句柄无效，则返回 ADL_RET_ERR_UNKNOWN_HDL；如果没有定义 A&D 事件处理函数句柄，则返回 ADL_RET_ERR_NOT_SUBSCRIBED；如果该事件处理函数正在进行格式化或存储空间整理操作，则返回 ADL_RET_ERR_BAD_STATE。

5. adl_adWrite 函数

该函数对分配的存储单元执行写操作。

函数原型：

```
s32   adl_adWrite(u32  Handle,u32   Size, void * Data)
```

函数参数：

Handle—由相关adl_adSubscribe函数返回的句柄。

Size—写入的数据长度，以字节为单位。

Data—写入的数据。

函数返回值：

如果操作成功，则返回OK；如果提供的句柄无效，则返回ADL_RTE_ERR_UNKNOWN_HDL；如果参数出现错误，则返回ADL_RTE_ERR_PARAM；如果存储单元已被释放，则返回ADL_RTE_ERR_BAD_STATE；如果存储单元溢出，则返回ADL_RTE_ERR_OVERFLOW。

6. adl_adInfo函数

该函数用于获得存储单元的信息。

函数原型：

```
s32   adl_adInfo(u32  Handle,adl_adInfo_t * Info)
```

函数参数：

Handle—由相关adl_adSubscribe函数返回的句柄。

Info—存储单元的信息，定义如下：

```
typedef struct
{
        u32    identifier;              // 存储单元标识
        u32    size;                    // 存储单元的空间
        void   * data;                  // 指向存储数据的指针
        u32    remaining;               // 剩余的可用空间
        bool   fianlised;               // 存储单元是否为只读。如果值为 TRUE,则为只读
} adl_adInfo;
```


函数返回值：

如果操作成功，则返回OK；如果提供的句柄无效，则返回ADL_RTE_ERR_UNKNOWN_HDL；如果参数出现错误，则返回ADL_RTE_ERR_PARAM；如果存储单元已被释放，则返回ADL_RTE_ERR_BAD_STATE。

7. adl_adFinalised函数

该函数将A&D存储单元的属性设置为只读，从而存储单元中的内容不能被修改。

函数原型：

```
s32   adl_adFinalised( u32   Handle)
```

函数参数：

Handle—由相关 adl_adSubscribe 函数返回的句柄。

函数返回值：

如果操作成功，则返回 OK；如果提供的句柄无效，则返回 ADL_RTE_ERR_UNKNOWN_HDL；如果存储单元的属性为只读模式，则返回 ADL_RTE_ERR_BAD_STATE。

8. adl_adDelete 函数

该函数用于删除 A&D 存储单元。调用 adl_adDelete()函数时，会释放相关的 Handle。

函数原型：

```
s32   adl_adDelete( u32   Handle)
```

函数参数：

Handle—由相关 adl_adSubscribe 函数返回的句柄。

函数返回值：

如果操作成功，则返回 OK；如果提供的句柄无效，则返回 ADL_RTE_ERR_UNKNOWN_HDL。

9. adl_adInstall 函数

该函数用于安装.dwl 文件（包括 Open AT 应用程序、EEPROM 配置文件，以及通过 Xmoden 协议下载的二进制文件和 Wavecom 内核文件），并在安装完成后复位无线 CPU。

函数原型：

```
s32   adl_adInstall( u32   Handle)
```

函数参数：

Handle—由相关 adl_adSubscribe 函数返回的句柄。

函数返回值：

如果执行成功，则无线 CPU 重启，adl_main 函数的参数根据.dwl 文件更新成功与否设置为 ADL_INIT_DOWNLOAD_SUCCESS 或是 ADL_INIT_DOWNLOAD_ERROR。无线 CPU 重启之前，所有的定义的事件处理函数均会收到 ADL_AD_EVENT_INSTALL 事件。如果存储单元状态错误，则返回 ADL_RET_ERR_BAD_STATE。如果提供的句柄无效，则返回 ADL_RTE_ERR_UNKNOWN_HDL。

说明：

在 RTE 模式下调用该函数时，会弹出如图 4.1 所示的对话框，以提示用户是否确定要安装文件。如果用户选择 NO，则该应用程序执行失败，并返回 ADL_AD_RET_ERROR 代码；如果选择 Yes，则执行文件被安装，无线 CPU 重启，RTE 自动关闭。

10. adl_adRecompact 函数

该函数用于整理A&D存储空间,释放删除的存储单元及其ID。当删除的A&D存储单元超过整个A&D存储空间的50%时,该函数会被系统调用。

函数原型:

```
s32  adl_adRecompact( adl_adRecompactHdlr_f  Handler )
```

函数参数:

Handler—该函数在A&D存储空间整理结束时被调用,其定义如下:

```
typedef  void( * adl_adRecompactHdlr_f)(void)
```

函数返回值:

如果操作成功,则返回OK;如果正在执行初始化或存储空间整理操作,则返回ADL_RTE_ERR_BAD_STATE;如果所提供的句柄无效,则返回ADL_RET_ERR_UNKNOWN_HDL;如果没有定义A&D事件处理函数,则返回ADL_RET_ERR_NOT_SUBSCRIBED;如果没有可以使用的A&D存储空间,则返回ADL_AD_RTE_ERR_NOT_AVAILABLE。

11. adl_adGetState 函数

该函数用于获得当前A&D存储单元的状态。

函数原型:


```
s32  adl_adGetState( adl_adGetState_t * State )
```

函数参数:

State—A&D存储单元的状态。其定义如下:

```
typedef  struct
{
    u32 freemem;          // 可用空间大小
    u32 deletemem;        // 删除的 A&D 存储空间
    u32 totalmem;         // 全部 A&D 存储空间
    u16 numobjects;       // 分配的 A&D 存储单元的数目
    u16 numdeleted;       // 删除的 A&D 存储单元的数目
    u8  pad;              // 不使用
} adl_adGetState_t;
```

函数返回值:

如果操作成功,则返回OK;如果参数出现错误,则返回ADL_RTE_ERR_PARAM;如果电源已关闭,或正在整理存储单元空间时,无线CPU复位,则会返回ADL_AD_RET_ERR_NEED_RECOMPACT,应用程序在使用其他A&D服务的函数之前必须先调用adl_

adRecompact函数;如果没有可以使用的A&D存储单元,则返回ADL_AD_RTE_ERR_NOT_AVAILABLE。

12. adl_adGetcellList 函数

该函数用于列出当前已分配的存储单元。

函数原型:

```
s32   adl_adGetcellList( wm_lst_t * CellList )
```

函数参数:

CellList—存储单元列表。该列表的元素为u32型的存储单元标识。要注意的是:CellList是由adl_adGetcellList()函数分配的。

函数返回值:

如果操作成功,则返回OK;如果参数出现错误,则返回ADL_RTE_ERR_PARAM;如果没有可以使用的A&D存储单元,则返回ADL_AD_RTE_ERR_NOT_AVAILABLE。

13. adl_adFormat 函数

该函数用于初始化A&D存储区。只有当目前没有已定义的存储单元,或没有正在运行存储单元整理操作时,才可调用该函数。要注意的是,该操作会擦除所有A&D存储单元,且该操作会持续几秒钟的时间。

函数原型:

```
s32   adl_adFormat ( s32 EventHandle )
```

函数参数:

EventHandle—由adl_adEventSubscribe函数返回的句柄。相关的事件处理函数会接收到格式化处理事件队列。

函数返回值:

如果执行成功,则返回OK。事件处理函数会接收到以下事件队列:

- 初始化操作开始:ADL_AD_EVENT_FORMAT_INIT;
- 初始化操作正在进行:ADL_AD_EVENT_FORMAT_PROGRESS;
- 初始化操作完成:ADL_AD_EVENT_FORMAT_DONE。

如果所提供的句柄无效,则返回ADL_RET_ERR_UNKOWN_HDL;如果没有定义A&D事件处理函数,则返回ADL_RET_ERR_NOT_SUBSCRIBED;如果无线CPU没有可用的A&D空间,则返回ADL_AD_RET_ERR_NOT_AVAILABLE;如果当前有定义的存储空间,或者有初始化或存储空间整理操作正在进行,则返回ADL_RET_ERR_BAD_STATE。

第5章

基于Q26系列无线CPU硬件开发平台的应用实验

5.1 实验1 安装熟悉开发环境

1. 实验目的

① 熟悉Open AT开发环境；

② 掌握Open AT开发工具的使用方法；

③ 了解Open AT应用程序开发流程。

2. 实验内容

① 掌握Open AT开发环境Sierra Wireless Software Suite的安装；

② 以hello_world程序为例，学习如何利用Open AT开发环境开发Open AT嵌入式应用程序；

③ 掌握开发环境下的编程和编译过程以及Q26系列无线CPU嵌入式实验箱的使用；

④ 下载已经编译好的文件到目标开发板上运行，观察实验结果。

3. 预备知识

① 有C语言编程基础；

② 掌握OpenAT开发环境及工具的使用。

4. 实验设备及工具

硬件：Q26系列无线CPU嵌入式开发实验箱或最小系统板、PC机(Pentium 500以上)、硬盘(10GB以上)。

软件：PC机XP操作系统和Sierra Wireless Software Suite软件开发环境。

5. 实验步骤

① 安装开发环境Sierra Wireless Software Suite，具体方法见第4章。

② 连接实验箱。先将串口线连接好，最后再打开电源，切记电源正、负不要接反，以免烧坏实验箱。

③ 创建hello_world工程。从“开始”菜单中启动Open AT开发环境(开始→程序→Sierra Wireless→Developer Studio→Developer Studio)，进入开发平台。连接硬件设备，从菜单栏File→New→Open AT Project进入Open AT开发向导窗口，建立一个新的工程。

④ 编写应用程序，并编译运行。在Developer Studio窗口显示建立的工程管理列表中，单击hello_world.c打开代码编辑区编辑应用程序。编写完成后进行调试，进入Debug→Debug as，选择2 Open AT RTE application进行仿真，在Target management prospective窗口中，通过Traces和Shell观察仿真结果。

⑤ 将程序下载到实验箱，观察运行结果。仿真无误后，将目标程序下载到实验箱，进入Debug→Debug as，选择3 Open AT Traget application，然后运行程序，观察实验结果。

⑥ 实验结束后，将下载到实验箱的程序删除，以便下次使用。在Target management prospective窗口中，单击shell，然后在命令框中，用at指令进行删除。首先关闭程序(at＋wopen＝0)，然后进行删除(at＋wopen＝4)。所有实验完成后关闭电源。

附：该实验可应用于最小开发板和开发实验箱。

5.2　实验2　熟悉AT指令

1. 实验目的

① 掌握基本AT指令的使用方法；

② 掌握在嵌入式程序中模拟发送AT指令；

③ 学习自定义AT指令的方法。

2. 实验内容

① 通过超级终端执行常用AT指令集，例如短消息操作指令、串口操作指令、呼叫控制指令等；

② 模拟AT发送指令发短消息命令和中间文本，掌握模拟AT发送指令的使用方法；

③ 根据实际的应用需要，通过嵌入式应用程序自定义新的AT指令。在本节实验中通过定义新的AT指令“AT＋TEST”来演示整个过程。

3. 预备知识

① 有C语言编程基础；

② 掌握OpenAT开发环境及工具的使用。

4. 实验设备及工具

硬件：Q26 系列无线 CPU 嵌入式开发实验箱或最小系统板、PC 机(Pentium 500 以上)、硬盘(10GB 以上)。

软件：PC 机 XP 操作系统和 Sierra Wireless Software Suite 软件开发环境。

5. 实验原理

(1) AT 指令

AT 指令是指从终端设备(Terminal Equipment,TE)或数据终端设备(Data Terminal Equipment,DTE)向终端适配器(Terminal Adapter,TA)或数据电路终端设备(Data Circuit Terminal Equipment,DCE)发送,用于控制移动台(Mobile Station,MS)功能,实现与 GSM 网络业务进行交互操作的指令。

AT 指令集的指令格式均以“AT”或“at”为前缀(除了指令“A/”和“＋＋＋”),即前缀“AT”或“at”必须出现在每一个指令行的开始。

因为 AT 指令已经形成一套标准,所以它的指令格式都是固定的。常用的 AT 指令有：

① AT＋CCID。获得 SIM 卡的标识,读取 SIM 卡上的 EF－CCID 文件。

② AT＋CFUN＝1。重启无线 CPU。

③ ATD 15963254304。拨号指令,用于语音、数据或传真业务的拨号。

④ ATH。挂机指令。

⑤ AT＋CMGS。发送短消息,其文本格式：AT＋CMGS＝<da>[,<toda>]<CR>输入文本 <ctrl－Z / ESC>。

⑥ AT＋WMFM＝0,1,2 为打开串口 2;AT＋WMFM＝0,0,2 为关闭串口 2。

⑦ AT＋WDWL。向无线 CPU 中下载编译好的应用程序。

⑧ AT＋WOPEN＝<paras>。运行,终止,删除无线 CPU 中的应用程序,参数分别是 1、0、4。

(2) 模拟发送 AT 指令

函数集：

```
Void adl_atCmdCreate ()     //模拟发送 AT 指令,并捕获响应
Void adl_atCmdSendTxt()     //模拟发送中间文本
```

功能：模拟发送 AT 指令(UART1、BT 或嵌入式程序本身)并捕获 AT 响应。

本实验利用模拟发送 AT 指令发短消息命令、中间文本。发送成功,则向外部发出发送成功,具体实例见详细的代码。

(3) 自定义 AT 指令

自定义 AT 指令,可以像标准 AT 指令一样,当外部应用程序输入该指令后,则执行响应

的回调函数。

相关函数：

定义 AT 指令　adl_atCmdSubscribe()

撤销定义　　　adl_atCmdUnSubscribe()

注意：

① AT 指令名可自定义，当指令名与标准指令名重复时，执行自定义指令。

② 自定义 AT 指令只有在嵌入式应用程序执行时才有效。

③ 自定义 AT 指令的最后(回调函数)，必须输出一条最终响应"AT_STR_OK 或 AT_STR_ERROR"或"其他"，否则端口将拒绝其他任何内部或外部 AT 指令。

6. 实验步骤

① 熟悉 AT 指令的使用方法，并通过超级终端执行常用的 AT 指令集。

② 编写嵌入式程序。利用模拟 AT 发送指令发送短消息命令、中间文本。编译运行程序，观察实验结果。

③ 自定义一个 AT 指令，并验证 AT 指令是否定义成功，掌握自定义 AT 指令的使用方法。

7. 实验代码

(1) 模拟 AT 发送指令

实验代码如下：

```
#include "adl_global.h"
const u16 wm_apmCustomStackSize = 1024;
bool CMGS_Handler (adl_atResponse_t * paras)
{
    //PART1
    /* If "\r\n>" received, send text */
    if (! wm_strncmp (paras->StrData, "\r\n>", 3))
    {
    /* Send the intermediate text */
    adl_atCmdSendText(ADL_PORT_UART1, "This is a test message" );
    }

  //PART2
    if  ( paras->RspID == ADL_STR_OK)
    {
        /* Send a response to the user */
        adl_atSendResponsePort (ADL_AT_RSP, ADL_PORT_UART1, "\r\nSMS sent succesfully");
```

```
        }
        return TRUE;
    }
    bool wind_4_handler(adl_atUnsolicited_t * paras)
    {
        TRACE((1,"Inside wind 4 handler"));
        adl_atCmdCreate("AT + CMGS = 15254461095", ADL_AT_PORT_TYPE(ADL_PORT_UART1, TRUE),CMGS_
Handler , " * ", NULL);
        //模拟 UART1 发短消息,过程 UART1 可视,捕获所有响应
        return  (0);//允许“+WIND:4”主动响应信息对外转发
    }
    void adl_main ( adl_InitType_e InitType )
    {
        TRACE((1,"Inside adl_main"));
        adl_atUnSoSubscribe(" + WIND: 4",wind_4_handler);
    }
```

(2) 自定义 AT 指令

实验代码如下：


```
    # include "adl_global.h"
    const u16  wm_apmCustomStackSize = 1024;
    void command_handler(adl_atCmdPreParser_t  * paras);
    void adl_main  ( adl_InitType_e InitType )
    {
        TRACE((1,"Inside adl_main"));
        adl_atCmdSubscribe("AT + TEST", (adl_atCmdHandler_t)command_handler, ADL_CMD_TYPE_TEST|
ADL_CMD_TYPE_READ|
        ADL_CMD_TYPE_ACT|ADL_CMD_TYPE_PARA|0x0011);
    }
    void command_handler(adl_atCmdPreParser_t  * paras)
    {
        ascii buffer[35];
        switch  (paras->Type)
        {
        case ADL_CMD_TYPE_READ:
            adl_atSendResponse(ADL_AT_RSP,"\r\nIssued AT + TEST? \r\n");
            break;
        case ADL_CMD_TYPE_TEST:
            adl_atSendResponse(ADL_AT_RSP,"\r\nIssued AT + TEST = ? \r\n");
            break;
```

```
        case ADL_CMD_TYPE_ACT:
            adl_atSendResponse(ADL_AT_RSP,"\r\nIssued AT + TEST\r\n");
            break;
        case ADL_CMD_TYPE_PARA:
            wm_strcpy(buffer,"\r\nIssued AT + TEST = ");
            wm_strcat(buffer,ADL_GET_PARAM(paras,0));
            wm_strcat(buffer,"\r\n");
            adl_atSendResponse(ADL_AT_RSP,buffer);
        break;
        }
        adl_atSendResponse(ADL_AT_RSP,"\r\nOK\r\n");
}
```

附：该实验可应用于最小开发板和开发实验箱。

5.3　实验 3　异步串行通信接口——FCM 实验

1. 实验目的

① 学习异步串行通信程序设计的基本方法；

② 熟悉异步串行接口收发数据的基本原理；

③ 掌握 FCM 库函数的使用方法，利用串口实现 PC 与无线 CPU 间的通信。

2. 实验内容

学习使用通用异步收发器（Universal Asynchronous Receiver and Transmitter，UART）进行通信。掌握 FCM 库函数的使用方法，利用 FCM 库函数，编写嵌入式程序，实现无线 CPU 与 PC 通过 UART1 和 UART2 进行数据的收发。例如：无线 CPU 接收到来自 PC 的数据后，将所接收的数据再发送给 PC；无线 CPU 的 UART1 收到数据后将数据转发给 UART2，UART2 再将数据发送给另一台 PC，进而实现两台 PC 机的通信。在 PC 机一端可以利用超级终端或者串口调试助手进行数据收发显示。

3. 预备知识

① 有 C 语言编程基础；

② 掌握 OpenAT 开发环境及工具的使用。

4. 实验设备及工具

硬件：Q26 系列无线 CPU 嵌入式开发实验箱或最小系统板、两台 PC 机（Pentium 500 以上）、硬盘（10GB 以上）、TTL－232 接口。

软件：PC机XP操作系统和 Sierra Wireless Software Suite 软件开发环境。

5. 实验原理

(1) 异步串行通信接口

通用异步收发器(Universal Asynchronous Receiver and Transmitter，UART)是用硬件实现异步串行通信的接口电路。UART异步串行通信接口是嵌入式系统最常用的接口，可用来与上位机或其他外部设备进行数据通信。

UART是异步串行通信接口的总称，它允许在串行链路上进行全双工的通信，输入/输出电平为TTL电平。一般来说，全双工UART定义了一个串行发送引脚(TxD)和一个串行接收引脚(RxD)，可以在同一时刻发送和接收数据。

Q26系列无线CPU实验箱包含2个UART接口，分别为UART1和UART2。

(2) 与异步串行通信相关的FCM库函数

OPEN AT FCM作用：用于管理GSM、GPRS、UART1，2、逻辑CMUX、USB、BT与OPEN AT程序之间的数据传输。

FCM函数库的函数用于对数据流进行控制管理(Flow Control Manager，FCM)。ADL应用程序可以通过控制某个特定的数据流(UART1、UART2、USB、GSM、GPRS或者蓝牙)进行数据交换。一旦定义了数据流，应用程序就会获得相应的Handle，在以后进行的数据流控制管理操作中使用。

相关函数：

申请FCM服务	adl_fcmSubscribe()
撤销FCM服务	adl_fcmUnSubscribet()
发放信任证	adl_fcmReleaseCredits()
AT/DATA模式切换	adl_fcmSwitchV24State()
发送数据	adl_fcmSendData()
发送数据	adl_fcmSendDataExt()
获取流控状态	adl_fcmGetStatus()
测试是否活动	adl_fcmIsAvailable()

函数的具体使用方法参见4.2.4节。

6. 实验步骤

① 按照要求连接好无线CPU嵌入式开发实验箱，通过TTL－232接口将PC2与UART2相连。

② 学习异步串行通信接口的通信原理，熟悉FCM服务的原理及使用方法。

③ 编写嵌入式程序，实现将数据通过UART1从PC1发送给无线CPU并返回数据信息，再将数据发送给UART2，UART2再将数据发送给PC2，并在超级终端或串口调试助手中显

示数据。

④ 编译运行编写的嵌入式程序，下载到实验箱运行，从PC1发送数据，在PC2处进行接收，观察实验结果。

⑤ 实验结束后，将无线CPU中程序删除，关闭电源，整理实验器材。

7. 实验代码

实验代码如下：

```
#include "adl_global.h"
const u16 wm_apmCustomStackSize = 1024 * 3;
ascii total_string[1000];
u8 Handler2;
s32 MyGpioHandle;
u32 My_Gpio_Label [1 ] = {9 };
adl_ioDefs_t MyGpioConfig [ 1] =
        {
            ADL_IO_GPIO | 9 | ADL_IO_DIR_OUT | ADL_IO_LEV_LOW   };
adl_ioDefs_t Gpio_to_write1 ;
void set_Handler(u8 timer_id)
{
    adl_ioDefs_t Gpio_to_write2 = ADL_IO_GPIO | My_Gpio_Label [ 0 ] ;
    TRACE ((1, "GPIO9 set low"));
adl_ioWriteSingle ( MyGpioHandle, &Gpio_to_write2, 0);
}
void HelloWorld_TimerHandler ( u8 ID, void  * Context )
{
    adl_ioDefs_t Gpio_to_write1 = ADL_IO_GPIO | My_Gpio_Label [ 0 ] ;
     s8   sRet;
    adl_atSendResponse ( ADL_AT_UNS, "\r\nHello World from Open - AT\r\n" );
    adl_ioWriteSingle ( MyGpioHandle, &Gpio_to_write1, TRUE);
    sRet = adl_fcmSendData(Handler2,"HELLO",5);
    if(sRet = = 0)
    {
    adl_tmrSubscribe ( FALSE,50, ADL_TMR_TYPE_TICK,(adl_tmrHandler_t)set_Handler);
    }
    TRACE (( 1, "Embedded : Hello World" ));
}
bool fcm_ctrlHandler2 ( adl_fcmEvent_e Event )//串口1流控控制回调
{
```

```
        switch (Event)
        {
            case ADL_FCM_EVENT_FLOW_OPENNED:
            adl_fcmSwitchV24State(Handler2, ADL_FCM_V24_STATE_DATA);
              break;
            case ADL_FCM_EVENT_V24_DATA_MODE:
              break;
            case ADL_FCM_EVENT_V24_AT_MODE:
                adl_atSendResponse(ADL_AT_UNS,"Return AT mode");
              break;
            case ADL_FCM_EVENT_FLOW_CLOSED:
                TRACE ((1, "ADL_FCM_EVENT_FLOW_CLOSED"));
            break;
        }
        return TRUE;
    }
    bool fcm_dataHandler2( u16 DataSize, u8 * Data )//串口 1 流控数据回调
    {
        TRACE ((1, "uart data" ));
        TRACE ((1, Data ));
        u16 i;
        s8  sRet;
        int n;
        adl_ioDefs_t Gpio_to_write3 = ADL_IO_GPIO | My_Gpio_Label [ 0 ] ;
        adl_ioWriteSingle ( MyGpioHandle, &Gpio_to_write3, 0);
        for ( i = 0; i < DataSize; i + + )
            {
            if(Data[i] ! ='\r')
            {
            if (Data[i] = = 0x08 )    //Check if it is backspace character
            {
            if (total_string[0] ! = 0) //empty string
            total_string[wm_strlen(total_string) - 1] = 0x00;
            }
            else
            {
            wm_strncat(total_string, &Data[i], 1);
            }
            }
```

```
        else//回车后停止输入,开始判断所输入内容为协议还是发送的内容
        {
        n = adl_ioWriteSingle ( MyGpioHandle, &Gpio_to_write3, TRUE);
        TRACE ((1, "GPIO9 set high - n =  %d", n ));
        adl_fcmSendData(Handler2,"rx",2);
                    sRet = adl_fcmSendData(Handler2,total_string,wm_strlen(total_string));
        //测试 RS485 的接收数据功能
        if(sRet = = 0)
        {
            adl_tmrSubscribe ( FALSE,50, ADL_TMR_TYPE_TICK,(adl_tmrHandler_t)set_Handler);
        }
        total_string[0] = '\0';
    }
 }
return TRUE;
}
void adl_main ( adl_InitType_e  InitType )
{
    TRACE (( 1, "Embedded : Appli Init" ));
    adl_atCmdCreate("at + whcnf = 0,0",FALSE,NULL,NULL);//关闭键盘复用
    TRACE (( 1, "Keyboard is off" ));
    Handler2 = adl_fcmSubscribe(ADL_FCM_FLOW_V24_UART2,fcm_ctrlHandler2, fcm_dataHandler2);
    MyGpioHandle = adl_ioSubscribe( 1, MyGpioConfig, 0, 0, 0 );//申请 GPIO 服务
 }
```


附：该实验可应用于最小开发板和开发实验箱。

5.4　实验4　GPIO实验

1. 实验目的

② 了解GPIO输入/输出原理；

② 掌握GPIO相关库函数的使用方法。

2. 实验内容

熟悉GPIO输入/输出原理，学习使用GPIO相关库函数。利用GPIO库函数，实现对GPIO的读/写控制。对输入方向的GPIO进行监测，如果其发生电平转化等事件，则对输出的GPIO进行读/写操作。

3. 预备知识

① 有C语言编程基础；

② 掌握OpenAT开发环境及工具的使用。

4. 实验设备及工具

硬件：Q26系列无线CPU嵌入式开发实验箱或最小系统板、PC机(Pentium 500以上)、硬盘(10GB以上)。

软件：PC机XP操作系统和Sierra Wireless Software Suite软件开发环境。

5. 实验原理

(1) GPIO概述

WISMO Quik Q26系列无线CPU提供了44个通用I/O,可以用于控制外部设备,例如LCD、键盘背光灯等。

(2) GPIO相关库函数

adl_ioEventSubscribe()	事件处理服务定制
adl_ioEventUnsubscribe()	事件处理服务撤销
adl_ioSubscribe()	I/O服务定制
adl_ioUnsubscrible()	I/O服务撤销
adl_ioRead()	读输入引脚组
adl_ioWrite()	写输入引脚组
adl_ioSetDirection()	设置I/O方向
adl_ioReadSingle()	读单引脚
adl_ioWriteSingle()	写单引脚
adl_ioGetProductType()	获取产品类型
adl_ioGetFeatureGPIOList()	获取复用功能列表
adl_ioIsFeatureEnabled()	查询复用功能是否激活

函数的具体使用方法参见4.2.5节。

6. 实验步骤

① 按照要求连接好无线CPU嵌入式开发实验箱或使用无线CPU最小系统板。

② 学习GPIO原理,熟悉GPIO相关库函数的使用方法。

③ 编写嵌入式程序,实现对GPIO的读/写控制。对输入方向的GPIO进行监测,如其发生电平转化等事件,则对输出的GPIO进行读/写操作。

④ 编译运行编写好的嵌入式程序,并下载到实验箱或最小系统板运行,观察实验结果。

⑤ 实验结束后,将无线CPU中的程序删除,关闭电源,整理实验器材。

7. 实验代码

实验代码如下：

```
#include "adl_global.h"
const u16  wm_apmCustomStackSize = 1024;
#define GPIO_COUNT1 2
#define GPIO_COUNT2 1
u32  My_Gpio_Label1 [ GPIO_COUNT1 ] = { 1 , 2 };
u32  My_Gpio_Label2 [ GPIO_COUNT2 ] = { 19 };
adl_ioDefs_t MyGpioConfig1 [ GPIO_COUNT1 ] =
{ ADL_IO_GPIO  | 1 | ADL_IO_DIR_OUT  | ADL_IO_LEV_LOW  ,
ADL_IO_GPIO  | 2 | ADL_IO_DIR_IN};
adl_ioDefs_t MyGpioConfig2 [ GPIO_COUNT2 ] =
    { ADL_IO_GPIO  | 19 | ADL_IO_DIR_IN  };
//事件句柄
s32  MyGpioEventHandle;
//GPIO 句柄
s32  MyGpioHandle1,MyGpioHandle2;
//GPIO 事件处理函数
void MyGpioEventHandler  ( s32  GpioHandle, adl_ioEvent_e Event, u32  Size,void  * Param )
{
switch  ( Event )
{
    case ADL_IO_EVENT_INPUT_CHANGED  :
//定义的输入发生变化
            {
             u32  My_Loop;
             // The subscribed input has changed
            for  ( My_Loop = 0 ; My_Loop < Size ; My_Loop + + )
                {
 if  (( ADL_IO_TYPE_MSK & ((adl_ioDefs_t  * )Param)[ My_Loop ] ) && ADL_IO_GPO  )
                 {
                 TRACE (( 1, "GPO %d new value: %d", ( ((adl_ioDefs_t  * )Param)[ My_Loop ] ) & ADL
_IO_NUM_MSK  , ( ( ((adl_ioDefs_t  * )Param)[ My_Loop ] ) & ADL_IO_LEV_MSK  ) & ADL_IO_LEV_HIGH  ));
                 }
 else
            {
  TRACE (( 1, "GPIO %d new value: %d",  ( ((adl_ioDefs_t  * )Param)[ My_Loop ] ) & ADL_IO_NUM_
MSK  , ( ( ((adl_ioDefs_t  * )Param)[ My_Loop ] ) & ADL_IO_LEV_MSK  ) & ADL_IO_LEV_HIGH  ));
```

```
            }
        }
      break;
  }
  }
  }
//在应用程序的代码中,定义GPIO服务
void MyFunction (void)
{
//局部变量
s32 ReadValue;
adl_ioDefs_t Gpio_to_write1 = ADL_IO_GPIO | My_Gpio_Label1 [ 0 ] ;
adl_ioDefs_t Gpio_to_read1 = ADL_IO_GPIO | My_Gpio_Label1 [ 1 ] ;
adl_ioDefs_t Gpio_to_read2 = ADL_IO_GPIO | My_Gpio_Label2 [ 0 ] ;
//定义GPIO事件服务
MyGpioEventHandle = adl_ioEventSubscribe ( MyGpioEventHandler );
//定义两个GPIO服务:一个没有轮循,另一个有100ms的轮循处理
MyGpioHandle1 = adl_ioSubscribe ( GPIO_COUNT1, MyGpioConfig1, 0, 0, 0 );
MyGpioHandle2 = adl_ioSubscribe ( GPIO_COUNT2, MyGpioConfig2,
                ADL_TMR_TYPE_100MS, 1, MyGpioEventHandle );
//设置输出
adl_ioWriteSingle ( MyGpioHandle1, &Gpio_to_write1 , TRUE );
//读输入
ReadValue = adl_ioReadSingle (MyGpioHandle1, &Gpio_to_read1 );
ReadValue = adl_ioReadSingle (MyGpioHandle2, &Gpio_to_read2 );
//撤销GPIO服务
adl_ioUnsubscribe (MyGpioHandle1);
adl_ioUnsubscribe (MyGpioHandle2);
//撤销GPIO事件服务
adl_ioEventUnsubscribe ( MyGpioEventHandle );
 }
void adl_main ( adl_InitType_e InitType )
{
   TRACE (( 1, "Embedded Application : Main" ));
   MyFunction();
}
```

附: 该实验可应用于最小开发板和开发实验箱。

5.5　实验5　RS-485接口实验

1. 实验目的

① 熟悉RS-485串行通信的通信原理；

② 学会使用RS-485串行接口进行通信，实现数据的收发。

2. 实验内容

学习使用RS-485串行接口进行通信，掌握RS-485串行通信程序的编写方法。编写嵌入式程序，实现无线CPU与PC通过UART和RS-485进行数据的收发。无线CPU接收到来自PC的数据后，将所接收的数据再发送给PC。无线CPU的UART1收到数据后将数据转发给RS-485，通过RS—485转换器将数据发送给另一台PC，进而实现两台PC机的通信。在PC机一端可以利用超级终端或者串口调试助手进行数据收发显示。

3. 预备知识

① 有C语言编程基础；

② 掌握OpenAT开发环境及工具的使用。

4. 实验设备及工具

硬件：Q26系列无线CPU嵌入式开发实验箱或最小系统板、RS-485转换器、PC机(Pentium 500以上)、硬盘(10GB以上)。

软件：PC机XP操作系统和Sierra Wireless Software Suite软件开发环境。

5. 实验原理

(1) RS-485串行通信

RS-485信号传输如图5.1所示。

由于RS-485的信号在发送出去之前会先分解成正、负两条线路，当到达接收端后，再将信号相减还原成原来的信号(见图5.1)。如果将原始信号标注为(DT)，分解后的信号分别标注为(D+)和(D−)，则原始信号与分解后的信号在发送端发送出去时的运算关系如下：

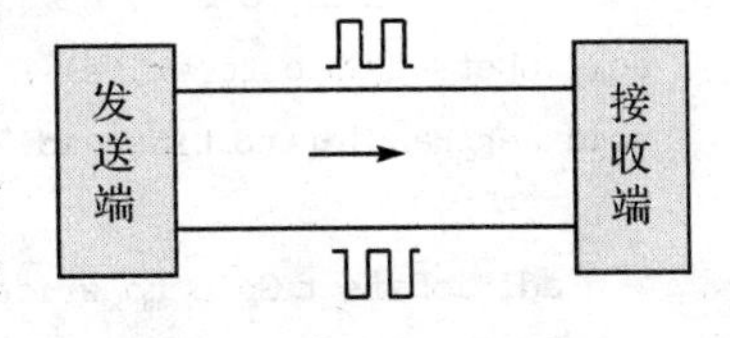

图5.1　RS-485信号传输

$$(DT) = (D+) - (D-)$$

同样，接收端在接收到信号后，也按上式的关系将信号还原成原来的样子。如果线路受到干扰，两条传输线上的信号会分别成为(D+)+noise和(D−)+noise。如果接收端收到此信号，则也必定按照上式的方式将其合成，将噪声抵消掉。所以，使用RS-485接口可以有效地防止噪声干扰。

(2) 使 能

使用RS-485串行通信接口进行通信时，需要使用GPIO9对485芯片进行使能，数据发送时将GPIO9电平置高，发送完毕时将GPIO9电平拉低。

6. 实验步骤

① 按照要求连接好无线CPU嵌入式开发实验箱或使用无线CPU最小系统板。

② 学习RS-485原理，掌握用RS-485实现串行通信的方法。

③ 使用RS-485进行通信，串口设置时，波特率需设置为9 600 bps以下，校验选择奇校验或偶校验。

④ 编写嵌入式程序，实现两台PC之间通过UART1和RS-485串行通信接口进行数据的传送。

⑤ 编译运行编写好的嵌入式程序，下载到实验箱或最小系统板并运行，从PC1向PC2发送数据，PC2端用超级终端或串口调试助手观察实验结果。

⑥ 实验结束后，将无线CPU中的程序删除，关闭电源，整理实验器材。

7. 实验代码

实验代码如下：

```
#include "adl_global.h"
const u16 wm_apmCustomStackSize = 1024 * 3;
ascii total_string[1000];
u8 Handler2;
s32 MyGpioHandle;
u32 My_Gpio_Label [1 ] = {9 };
adl_ioDefs_t MyGpioConfig [ 1] =
        {
            ADL_IO_GPIO | 9 | ADL_IO_DIR_OUT | ADL_IO_LEV_LOW   };
adl_ioDefs_t Gpio_to_write1 ;
void set_Handler(u8 timer_id)
{
    adl_ioDefs_t Gpio_to_write2 = ADL_IO_GPIO | My_Gpio_Label [ 0 ] ;
    TRACE ((1, "GPIO9 set low"));
adl_ioWriteSingle ( MyGpioHandle, &Gpio_to_write2, 0);
}
void HelloWorld_TimerHandler ( u8 ID, void  * Context )
{
    adl_ioDefs_t Gpio_to_write1 = ADL_IO_GPIO | My_Gpio_Label [ 0 ] ;
```

```
    s8   sRet;
   adl_atSendResponse ( ADL_AT_UNS, "\r\nHello World from Open - AT\r\n" );
   adl_ioWriteSingle ( MyGpioHandle, &Gpio_to_write1, TRUE);
   sRet = adl_fcmSendData(Handler2,"HELLO",5);
   if(sRet = = 0)
   {
   adl_tmrSubscribe ( FALSE,50, ADL_TMR_TYPE_TICK,(adl_tmrHandler_t)set_Handler);
   }
   TRACE (( 1, "Embedded : Hello World" ));
}
bool fcm_ctrlHandler2 ( adl_fcmEvent_e Event )//串口 1 流控控制回调
{
   switch  (Event)
   {
       case ADL_FCM_EVENT_FLOW_OPENNED:
       adl_fcmSwitchV24State(Handler2, ADL_FCM_V24_STATE_DATA);
         break;
       case ADL_FCM_EVENT_V24_DATA_MODE:
         break;
       case ADL_FCM_EVENT_V24_AT_MODE:
           adl_atSendResponse(ADL_AT_UNS,"Return AT mode");
         break;
       case ADL_FCM_EVENT_FLOW_CLOSED:
           TRACE ((1, "ADL_FCM_EVENT_FLOW_CLOSED"));
       break;
   }
   return TRUE;
}
bool fcm_dataHandler2( u16 DataSize, u8 * Data )//串口 1 流控数据回调
{
   TRACE ((1, "uart data" ));
   TRACE ((1, Data ));
   u16 i;
   s8   sRet;
   int n;
   adl_ioDefs_t Gpio_to_write3 = ADL_IO_GPIO | My_Gpio_Label [ 0 ] ;
   adl_ioWriteSingle ( MyGpioHandle, &Gpio_to_write3, 0);
   for  ( i = 0; i < DataSize; i + + )
     {
```

```
            if(Data[i] ! ='\r')
            {
            if (Data[i] = = 0x08 )    //Check if it is backspace character
            {
            if (total_string[0] ! = 0) //empty string
            total_string[wm_strlen(total_string) - 1] = 0x00;
            }
            else
            {
            wm_strncat(total_string, &Data[i], 1);
            }
            }
            else//回车后停止输入,开始判断所输入内容为协议还是发送的内容
            {
            n = adl_ioWriteSingle ( MyGpioHandle, &Gpio_to_write3, TRUE);
            TRACE ((1, "GPIO9 set high - n = %d", n ));
            adl_fcmSendData(Handler2,"rx",2);
                    sRet = adl_fcmSendData(Handler2,total_string,wm_strlen(total_string));
            //测试 RS-485 的接收数据功能
            if(sRet = = 0)
            {
                adl_tmrSubscribe ( FALSE,50,
ADL_TMR_TYPE_TICK,(adl_tmrHandler_t)set_Handler);
            }
            total_string[0] ='\0';
        }
    }
return TRUE;
}
void adl_main ( adl_InitType_e  InitType )
{
    TRACE (( 1, "Embedded : Appli Init" ));
    adl_atCmdCreate("at + whcnf = 0,0",FALSE,NULL,NULL);//关闭键盘复用
    TRACE (( 1, "Keyboard is off" ));
    Handler2 = adl_fcmSubscribe(ADL_FCM_FLOW_V24_UART2,fcm_ctrlHandler2, fcm_dataHandler2);
    MyGpioHandle = adl_ioSubscribe( 1, MyGpioConfig, 0, 0, 0 );//申请 GPIO 服务
}
```

附：该实验可应用于最小开发板和开发实验箱。

5.6 实验6 I²C实验

1. 实验目的

① 学习了解 I²C 总线通信原理;

② 掌握 I²C 总线程序设计的基本方法。

2. 实验内容

学习 I²C 总线通信原理,了解 I²C 总线的结构;阅读 I²C 控制器 24LC01B 芯片的说明文档,掌握 24LC01B 相关寄存器的功能和使用方法。通过 I²C 总线编程实现无线 CPU 与 I²C 控制器 24LC01B 之间的数据传输。首先无线 CPU 通过 I²C 总线向 24LC01B 写入数据,然后读取所写入的数据并且在终端显示所读取的数据。

3. 预备知识

① 有C语言编程基础;

② 掌握 OpenAT 开发环境及工具的使用;

③ 了解 I²C 总线通信的原理。

4. 实验设备

硬件:Q26 系列无线 CPU 嵌入式开发实验箱、PC 机(Pentium 500 以上)、硬盘(10GB 以上)。

软件:PC 机 XP 操作系统和 Sierra Wireless Software Suite 软件开发环境。

5. 实验原理

I²C 总线是由数据线 SDA 和时钟 SCL 构成的串行总线,可发送和接收数据。该示例用到的芯片是 24LC01B,它的引脚如图 5.2 所示。

(1) 硬件连接

当无线 CPU 设置的 I²C 总线速率是 400 kbps 时,Vcc 为 5 V;当设置为 100 kbps 时,Vcc 为 2.5 V。WP 为写保护引脚:WP 接 Vcc,则写操作不能进行,但读操作不受影响;接到 Vss 上,则读写都能正常进行。Vss 接地。SCL,SDA 分别接到无线 CPU 的对应的 SCL,SDA 引脚上。另外,SCL,SDA 需接一个上拉电阻接到 Vcc 上。当速率为 400kbps,上拉电阻值为 2k,当速率为 100kbps,上拉电阻值为 10kΩ。

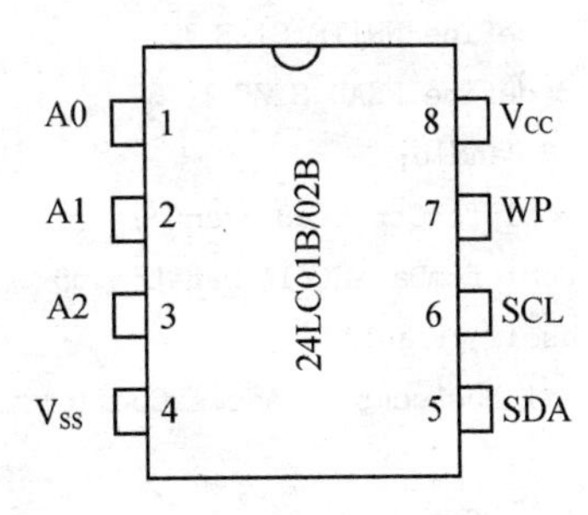

图 5.2 24LC01B/02B 的引脚

(2) 用到的库函数

用到的库函数主要有：adl_busI2Csettings_t，该变量类型定义了 I^2C 总线的设置参数；adl_busSubscribe，该函数用于声明总线类型；adl_busUnsubscribe，该函数用于取消先前定义的SPI或 I^2C 总线类型；adl_busRead，该函数对相应的总线执行读操作；adl_busWrite，该函数对相应的总线执行写操作。函数的具体使用方法参见4.2.6节。

6. 实验步骤

① 按照要求连接好无线CPU嵌入式开发实验箱。

② 学习 I^2C 的原理，正确选择传输速率及对应的上拉电阻。

③ 编写嵌入式程序，实现无线CPU与 I^2C 控制器24LC01B之间的数据传输。

④ 编译编写好的嵌入式程序，下载到实验箱运行，观察实验结果。

⑤ 实验结束后，将无线CPU中程序删除，关闭电源，整理实验器材。

7. 实验代码

实验代码如下：

```
#include "adl_global.h"
const u16 wm_apmCustomStackSize = 1024;
const adl_busI2CSettings_t  MyI2CConfig =
{
0xAA,                          //芯片地址位
ADL_BUS_I2C_CLK_FAST           //使用I²C标准时钟速率
};
const adl_busI2CSettings_t  MyI2CConfig1 =
{
0xA1,                          //芯片地址位
ADL_BUS_I2C_CLK_FAST           //使用I²C标准时钟速率
};
#define WRITE_SIZE 3
#define READ_SIZE 2
u8 Handle;                     //fcm句柄
bool fcmCtrlH(u8 event);
bool fcmDataH(u16 DataLen,u8 * Data);
ascii ying[110];
adl_busAccess_t AccessConfig1 =
{
     0,0
};
s32 MyI2CHandle,MyI2CHandle2;
```

```
u8 WriteBuffer[WRITE_SIZE],ReadBuffer[READ_SIZE];
u8 WriteBuffer1[1];
void MUX2()
{
ascii ying1[50];
int a,b;
 WriteBuffer1[0] = 0x2B;
adl_fcmSendData(Handle,"写…",wm_strlen("写…"));
a = adl_busWrite(MyI2CHandle, &AccessConfig1, 1, WriteBuffer1);
adl_fcmSendData(Handle,"读…",wm_strlen("读…"));
b = adl_busRead(MyI2CHandle2, &AccessConfig1, READ_SIZE, ReadBuffer);
 wm_itohexa(ying1,ReadBuffer[0],50);
 TRACE((1,ying1));
adl_fcmSendData(Handle,ying1,wm_strlen(ying1));
 wm_itohexa(ying1,ReadBuffer[1],50);
 TRACE((1,ying1));
 adl_fcmSendData(Handle,ying1,wm_strlen(ying1));
}
void MUX()
{
int a;
WriteBuffer[0] = 0x2B;
WriteBuffer[1] = 0x81;
WriteBuffer[2] = 0x71;
adl_fcmSendData(Handle,"写…",wm_strlen("写…"));
a = adl_busWrite(MyI2CHandle, &AccessConfig1, WRITE_SIZE, WriteBuffer);
adl_tmrSubscribe (FALSE, 40, ADL_TMR_TYPE_TICK, (adl_tmrHandler_t)MUX2);
}
void commandHandler(adl_atCmdPreParser_t * paras)
{
adl_fcmSwitchV24State(Handle,ADL_FCM_V24_STATE_DATA);//转换为DATA模式
adl_atSendResponse(ADL_AT_RSP,"Transform to data mode OK");
}
bool fcmCtrlH(u8 event)  //流控
{
s8 resp;
TRACE ((1, "Control event received -- > %d", event));
switch(event)
{
```

```
case ADL_FCM_EVENT_FLOW_OPENNED:
    TRACE((1,"FLOW OPENED"));
    adl_fcmSwitchV24State(Handle,ADL_FCM_V24_STATE_DATA);
break;
case ADL_FCM_EVENT_V24_DATA_MODE:
    TRACE ((1, "Control event received --> %d", event));
    resp = adl_fcmSendData(Handle,"data mode:\r\n",20);
break;
case ADL_FCM_EVENT_V24_AT_MODE:
    TRACE ((1, "Control event received  AT_MODE --> %d", event));
    adl_atSendResponse(ADL_AT_UNS,"This is at mode");
    adl_atCmdSubscribe("at + data",(adl_atCmdHandler_t)commandHandler,ADL_CMD_TYPE_ACT);
break;
default:
break;
    }
return TRUE;
}
bool fcmDataH(u16 DataLen,u8 * Data)
{
int i;
for  ( i = 0; i < DataLen; i + + )
{
if(Data[i] ! = '\r')
{
if  (Data[i] = = 0x08 )           //Check if it is backspace character
{
if  (ying[0] ! = 0)               //empty string
ying[wm_strlen(ying) - 1] = 0x00;
}
else
{
wm_strncat(ying, &Data[i], 1);
}
}
}
adl_tmrSubscribe (FALSE, 20, ADL_TMR_TYPE_TICK, (adl_tmrHandler_t)MUX);
return TRUE;
}
```

```
void adl_main ( adl_InitType_e InitType )
{

MyI2CHandle = adl_busSubscribe(ADL_BUS_ID_I2C, 1, &MyI2CConfig);
MyI2CHandle2 = adl_busSubscribe(ADL_BUS_ID_I2C, 1, &MyI2CConfig1);
Handle = adl_fcmSubscribe(ADL_PORT_UART1,fcmCtrlH,fcmDataH);  //申请流控
}
```

附：该实验只能应用于开发实验箱。

5.7　实验7　SPI实验

1. 实验目的

① 掌握SPI总线通信原理；

② 掌握SPI总线程序设计的基本方法。

2. 实验内容

学习SPI总线通信原理，了解SPI总线结构，阅读SPI控制器ATT7022芯片的文档，掌握ATT7022相关寄存器的功能和使用方法。通过串行总线编程实现无线CPU与SPI控制器ATT7022之间的数据传输。首先无线CPU通过串行SPI总线向ATT7022写入数据，然后读取所写入的数据并且在终端显示所读取的数据。

3. 预备知识

① C语言编程基础；

② OpenAT开发环境及工具的使用；

③ SPI总线。

4. 实验设备

硬件：Q26系列无线CPU嵌入式开发实验箱、PC机(Pentium 500以上)、硬盘(10GB以上)。

软件：PC机XP操作系统和Sierra Wireless Software Suite软件开发环境。

5. 实验原理

SPI是一种高速的，全双工，同步的通信总线，它需要4根线：

① SPI-IO：主设备数据输出，从设备数据输入。

② SPI-I：主设备数据输入，从设备数据输出。

③ SCLK：时钟信号，由主设备产生。

④ CS：从设备使能信号，由主设备控制。

对于无线CPU SPI总线可以使用一个引脚来处理输入/输出数据信号，也可以使用两个引脚处理。

使用时，首先应进行SPI参数的声明，具体参数见示例中的注释；之后接入配置，在接入配置中发送命令地址(对某寄存器的读写命令)；然后声明SPI总线，进行相应的读写操作。

用到的库函数主要有：adl_budSPISettings_t，该变量类型定义了SPI总线的设置参数；adl_busSubscribe，该函数用于声明总线类型；adl_busUnsubscribe，该函数用于取消先前定义的SPI或I^2C总线类型；adl_busRead，该函数对相应的总线执行读操作；adl_busWrite，该函数对相应的总线执行写操作。函数的具体使用方法参见4.2.6节。

6. 实验步骤

① 按照要求连接好无线CPU嵌入式开发实验箱。

② 学习SPI的原理，仔细阅读ATT7022芯片的说明文档，掌握芯片的使用方法。

③ 编写嵌入式程序，实现无线CPU与ATT7022芯片之间的数据传输，通过SPI总线向芯片ATT7022写入数据，然后再将数据读出。

④ 编译编写好的嵌入式程序，下载到实验箱运行，观察实验结果。

⑤ 实验结束后，将无线CPU中程序删除，关闭电源，整理实验器材。

7. 实验代码

实验代码如下：


```
#include "adl_global.h"
const u16 wm_apmCustomStackSize = 1024;
const adl_busSPISettings_t MySPIConfig =
{
100,
ADL_BUS_SPI_CLK_MODE_1,
ADL_BUS_SPI_ADDR_CS_GPIO,
ADL_BUS_SPI_CS_POL_LOW,
ADL_BUS_SPI_MSB_FIRST,
ADL_IO_GPIO | 31,
ADL_BUS_SPI_FRAME_HANDLING,
ADL_BUS_SPI_DATA_UNIDIR
};
#define WRITE_SIZE 4
#define READ_SIZE 3
u8 Handle;//fcm 句柄
bool fcmCtrlH(u8 event);
```

```
bool fcmDataH(u16 DataLen,u8 * Data);
ascii ying[110];
adl_busAccess_t AccessConfig =
{
0x26000000,0
};
adl_busAccess_t AccessConfig1 =
{
0,0
};
s32 MySPIHandle;
u8 ReadBuffer[READ_SIZE];
u8 WriteBuffer[WRITE_SIZE];
u8 WriteBuffer1[1];
void DU()
{
s32 ReadValue;
ascii ying1[50];
ying1[0] = '\0';
AccessConfig.Address = 0x2E000000;//上一次 spi 写入的值
adl_fcmSendData(Handle,"读…",wm_strlen("读…"));
ReadValue = adl_busRead(MySPIHandle,&AccessConfig,3,ReadBuffer);
wm_itohexa(ying1,ReadBuffer[0],20);
adl_fcmSendData(Handle,ying1,wm_strlen(ying1));
wm_itohexa(ying1,ReadBuffer[1],20);
adl_fcmSendData(Handle,ying1,wm_strlen(ying1));
wm_itohexa(ying1,ReadBuffer[2],20);
adl_fcmSendData(Handle,ying1,wm_strlen(ying1));
}
void MUX()
{
s32 WriteValue;
WriteBuffer[0] = 0xA6;//这里很关键,是读写地址
WriteBuffer[1] = 0x31;//写数据
WriteBuffer[2] = 0x22;//写数据
WriteBuffer[3] = 0xF0;//写数据
WriteValue = adl_busWrite(MySPIHandle,&AccessConfig1,4,WriteBuffer);
adl_tmrSubscribe (FALSE, 80, ADL_TMR_TYPE_TICK, (adl_tmrHandler_t)DU);
}
```

```
void commandHandler(adl_atCmdPreParser_t * paras)
{
adl_fcmSwitchV24State(Handle,ADL_FCM_V24_STATE_DATA);//转换为 DATA 模式
adl_atSendResponse(ADL_AT_RSP,"Transform to data mode OK");
}
bool fcmCtrlH(u8 event)//流控
{
s8 resp;
TRACE ((1, "Control event received -- > %d", event));
switch(event)
{
case ADL_FCM_EVENT_FLOW_OPENNED:
TRACE((1,"FLOW OPENED"));
adl_fcmSwitchV24State(Handle,ADL_FCM_V24_STATE_DATA);
break;
case ADL_FCM_EVENT_V24_DATA_MODE:
TRACE ((1, "Control event received -- > %d", event));
resp = adl_fcmSendData(Handle,"data mode:\r\n",20);
break;
case ADL_FCM_EVENT_V24_AT_MODE:
TRACE ((1, "Control event received  AT_MODE -- > %d", event));adl_atSendResponse(ADL_AT_
UNS,"This is at mode");
adl_atCmdSubscribe("at + data",(adl_atCmdHandler_t)commandHandler,ADL_CMD_TYPE_ACT);
break;
default:
break;
}
return TRUE;
}
bool fcmDataH(u16 DataLen,u8 * Data)
{
int i;
for ( i =0; i < DataLen; i+ + )
{
if(Data[i] ! ='\r')
{
if  (Data[i] = = 0x08 );    //Check if it is backspace character
{
if  (ying[0] ! = 0); //empty string
```

```
ying[wm_strlen(ying) - 1] = 0x00;
}
else
{
wm_strncat(ying, &Data[i], 1);
}
}
}
return TRUE;
}
void adl_main ( adl_InitType_e InitType )
{
MySPIHandle = adl_busSubscribe(ADL_BUS_SPI1,1,&MySPIConfig);
Handle = adl_fcmSubscribe(ADL_PORT_UART1,fcmCtrlH,fcmDataH);  //申请流控
adl_tmrSubscribe (TRUE, 50, ADL_TMR_TYPE_TICK, (adl_tmrHandler_t)MUX);
}
```

附：该实验只能应用于开发实验箱。

5.8 实验8 SMS实验

1. 实验目的

① 掌握SMS服务的原理及工作流程；

② 学习SMS服务相关库函数的使用方法。

2. 实验内容

熟悉SMS服务的工作原理及流程，利用SMS相关库函数编写嵌入式应用程序，实现无线CPU与无线CPU，或者无线CPU与手机等移动设备之间的短消息收发。

3. 预备知识

① C语言编程基础；

② OpenAT开发环境及工具的使用；

③ SMS服务知识。

4. 实验设备

硬件：Q26系列无线CPU嵌入式开发实验箱、PC机（Pentium 500以上）、硬盘（10 GB以上）。

软件：PC机XP操作系统和Sierra Wireless Software Suite软件开发环境。

5. 实验原理

短消息服务 SMS 的相关库函数：

(1) adl_smsSubscribe

该函数用于声明短消息服务，从网络接收短消息。

(2) adl_smsSend

该函数用于发送短消息。

(3) adl_smsUnsubscribe

该函数用于取消短消息服务。

函数的具体使用方法参见 4.2.8 节。

6. 实验步骤

① 按照要求连接好无线 CPU 嵌入式开发实验箱或最小系统板，将 SIM 卡插入到 SIM 卡座中（移动设备的 SIM 卡）。

② 学习 SMS 服务的原理，掌握 SMS 服务相关库函数的使用。

③ 编写嵌入式程序，实现无线 CPU 与无线 CPU 或手机等移动设备的短消息发送与接收。

④ 编译编写好的嵌入式程序，下载到实验箱运行，观察实验结果。

⑤ 实验结束后，将无线 CPU 中程序删除，关闭电源，整理实验器材。

7. 实验代码

实验代码如下：

```
#include "adl_global.h"
const u16 wm_apmCustomStackSize = 1024;
s8 smshandle;
ascii telno[] = "15254461095";
ascii * smstimelnth;
ascii * smstext = "SMS for test";
s8 sendhandle;
s8 unshandle;
ascii smsbuffer[200];
//数据回调函数,接收短消息
bool SmsHandler(ascii * telno, ascii * smstimelnth,ascii * smstext)
{
    TRACE((1,"Inside SMS received Smshandler"));
    adl_atSendResponse(ADL_AT_UNS,"inside sms hsndler\r\n");
    wm_memset(smsbuffer,0x00,200);
```

```
    wm_strcpy(smsbuffer,telno);
    wm_strcat(smsbuffer,",");
    wm_strcat(smsbuffer,smstimelnth);
    wm_strcat(smsbuffer,",");
    wm_strcat(smsbuffer,smstext);
    wm_strcat(smsbuffer,"\r\n");
    adl_atSendResponse(ADL_AT_UNS, smsbuffer);
    return  (0);
}

/* 控制回调函数,处理发送后工作 */
void SmsCtrlHandler(u8 Event,u16 Nb)
{
    switch(Event)
    {
    case ADL_SMS_EVENT_SENDING_OK:
        adl_atSendResponse(ADL_AT_RSP,"SMS Sent Successfully");
        TRACE((1,"Inside ADL_SMS_EVENT_SENDING_OK EVENT"));
      /* 短消息发送成功,撤销 SMS 服务 */
        TRACE (( 1, "SMS sent successfully" ));
        break;
    case ADL_SMS_EVENT_SENDING_ERROR :
        TRACE((1,"ERROR NO. %d",Nb));
      /* 发送失败,给出提示|重发 */
        adl_atSendResponse(ADL_AT_RSP,"error sending sms");
        TRACE (( 1, "error sending sms, try again" ));
        break;
    case ADL_SMS_EVENT_SENDING_MR :
        TRACE (( 1, "sms send successful" ));
        TRACE((1,"Inside ADL_SMS_EVENT_SENDING_MR EVENT"));
        break;
    default:
        adl_atSendResponse(ADL_AT_UNS,"Inside default");
        break;
    }
}
bool wind_7_handler(adl_atUnsolicited_t * paras)
{
    s8 sRet = 0;
```

```
        TRACE((1,"Inside wind 4 handler"));
        /* 利用 adl_smsSend()发短消息 */
        /* 目标电话号码、内容等前面已经定义 */
        sRet = adl_smsSend(smshandle,telno,smstext,ADL_SMS_MODE_TEXT);
        /* 产生发送控制事件 */
        return (0);
    }
    // Main function
    void adl_main ( adl_InitType_e InitType )
    {
        TRACE (( 1, "Embedded Application : Main" ));
        /* 申请 SMS 服务 */
        smshandle = adl_smsSubscribe((adl_smsHdlr_f)SmsHandler,(adl_smsCtrlHdlr_f)SmsCtrlHandler,
ADL_SMS_MODE_TEXT);
        /* 申请"+WIND:4"主动响应捕获服务,以便 WCPU 准备好 */
        adl_atUnSoSubscribe("+WIND:7",wind_7_handler);
    }
```

附：该实验可应用于最小开发板和开发实验箱。

5.9　实验9　GPRS实验

1. 实验目的

① 了解GPRS无线通信原理；

② 了解GPRS无线通信的工作流程；

③ 掌握运用WIP插件进行网络开发的方法。

2. 实验内容

了解GPRS无线通信原理，学习使用WIP插件进行网络开发。利用WIP库函数，编写嵌入式应用程序，结合SIM卡服务、流控服务等实验，实现两个或多个无线CPU之间的GPRS通信。

3. 预备知识

① C语言编程基础；

② OpenAT开发环境及工具的使用；

③ GPRS服务知识。

4. 实验设备

硬件：Q26系列无线CPU嵌入式开发实验箱、PC机（Pentium 500以上）、硬盘（10GB

以上)。

软件：PC机XP操作系统和Sierra Wireless Software Suite软件开发环境。

5. 实验原理

GPRS初始化的顺序是：初始化SIM卡→初始化IP→打开GPRS承载→激活承载→创建UDP通道，通道建立后，进行读写，获取参数等相关操作。

相关的WIP库函数：wip_netInit函数，用于使用默认设置来初始化IP库；wip_netExit函数，用于退出TCP/IP栈，并释放所有通过wip_netInit或wip_netInitOpts所分配的内存资源，需要注意的是，在调用此函数之前，必须要关闭所有的承载；wip_netSetOpts函数，用于设置TCP/IP协议选项；wip_netGetOpts函数，用于获取当前TCP/IP协议的选项值；wip_bearerOpen函数，用于将承载依附到网络接口上，网络接口根据承载的类型来决定使用PPP协议还是包模式；wip_bearerStart函数，用于建立承载连接；wip_read函数，用于从通道读取数据；wip_write函数，用于向通道写数据。函数的具体使用方法参见4.2.10节。

6. 实验步骤

① 按照要求连接好无线CPU嵌入式开发实验箱或最小系统板，将SIM卡插入到SIM卡座中(移动设备的SIM卡)。

② 学习GPRS服务的原理，掌握WIP相关库函数的使用。

③ 编写嵌入式程序，实现无线CPU与无线CPU或手机等移动设备间的GPRS数据的发送与接收。注意建立工程时需要添加WIP插件。

④ 编译编写好的嵌入式程序，下载到实验箱运行，观察实验结果。

⑤ 实验结束后，将无线CPU中程序删除，关闭电源，整理实验器材。

7. 实验代码

实验代码如下：

```
#include "adl_global.h"
#include "wip.h"
#include "wm_stdio.h"
#include "adl_flash.h"
#include "string.h"
#define GPRS_LOGIN "*"
#define GPRS_PASSWORD "*"
#define GPRS_PINCODE "0000"
static wip_channel_t udp_channel = NULL;
wip_in_addr_t my_address;      //本机IP地址
s8 fcmHandler;                 //fcm的Handler
ascii rdata[200];              //v24接收的数据
```

```
ascii outdata[200];             //v24发送的数据
ascii StrMyAddr[16];
s32 local_port;                 //本机端口号
ascii peer_ip[20];              //接收方IP地址
s32 peer_port;                  //接收方端口号
ascii ip[20],port[10],odata[200];
ascii gprs_apn[10];             //GPRS APN
int dataSort;
bool isSend;
wip_bearer_t b;
#if __OAT_API_VERSION__> = 400
const u16 wm_apmCustomStackSize = 4096;
#else
u32 wm_apmCustomStack[1024];
const u16 wm_apmCustomStackSize = sizeof(wm_apmCustomStack);
#endif
static void evh_bearer(wip_bearer_t b,s8 event,void *ctx);
static void evh_sim(u8 event);
static void evh_udp(wip_event_t *ev,void *ctx);
static void startConnect();
static bool fcmDataHandler(u16 DataLen,u8 *Data);
static bool fcmCtrlHandler(adl_fcmEvent_e event);
static bool fcmCtrlHandler(adl_fcmEvent_e event)
{
    s8 tmp;
    switch(event)
    {
    case ADL_FCM_EVENT_FLOW_OPENNED:
        tmp = adl_fcmSwitchV24State(fcmHandler,ADL_FCM_V24_STATE_DATA);
        break;
    case ADL_FCM_EVENT_V24_DATA_MODE:
        break;
    case ADL_FCM_EVENT_V24_AT_MODE:
        adl_atSendResponse(ADL_AT_UNS,"若需转换到数据模式下,请输入命令:ATO\n\r");
        break;
    case ADL_FCM_EVENT_FLOW_CLOSED:
        adl_atSendResponse(ADL_AT_UNS,"关闭fcm。\n\r");
        break;
    default:
```

```
        break;
    }
    return TRUE;
}
static bool fcmDataHandler(u16 DataLen,u8 * Data)
{
    int n;
    ascii RspStr[100];
    if(DataLen = = 1&&Data[0] = = 13)
    {
        if(dataSort = = 0)
        {
            wm_strcpy(peer_ip,ip);
            wm_sprintf ( RspStr,"\n\r 请输入对方端口号,例如:1234\n\r");
            adl_fcmSendData(fcmHandler,RspStr,(u16)(strlen(RspStr)));
        }
        if(dataSort = = 1)
        {
            peer_port = wm_atoi(port);
            //adl_atSendResponse( ADL_AT_UNS, "\n\rPort OK\r\n" );
            wm_sprintf ( RspStr,"\n\r 请输入要发送的数据\n\r");
            adl_fcmSendData(fcmHandler,RspStr,(u16)(strlen(RspStr)));
        }
        if(dataSort = = 2)
        {
            strcpy(outdata,odata);
            dataSort = 0;
            ip[0] = '\0';
            port[0] = '\0';
            odata[0] = '\0';
            isSend = TRUE;
            adl_atSendResponse( ADL_AT_UNS, "\n\rData OK\r\n" );
        }
        dataSort + + ;
    }
    else if(dataSort = = 0)
    {
        adl_fcmSendData(fcmHandler,Data,(u16)(strlen(Data)));
        wm_strncat(ip,Data,1);
```

```
        }
        else if(dataSort = = 1)
        {
            adl_fcmSendData(fcmHandler,Data,(u16)(strlen(Data)));
            wm_strncat(port,Data,1);
        }
        else if(dataSort = = 2)
        {
            adl_fcmSendData(fcmHandler,Data,(u16)(strlen(Data)));
            wm_strncat(odata,Data,1);
        }
        if(isSend = = TRUE)
        {
            isSend = FALSE;
            n = wip_writeOpts(udp_channel,outdata,wm_strlen(outdata),
                                WIP_COPT_PEER_STRADDR,peer_ip,
                                WIP_COPT_PEER_PORT,peer_port,
                                WIP_COPT_END);
            if(n = = wm_strlen(outdata))
            {
                wm_sprintf ( RspStr,"\n\r 发送成功!!! \n\r");
                adl_fcmSendData(fcmHandler,RspStr,(u16)(strlen(RspStr)));
                wm_sprintf ( RspStr,"可以通信,请输入对方 IP\n\r");
                adl_fcmSendData(fcmHandler,RspStr,(u16)(strlen(RspStr)));
            }
            else
            {
                wm_sprintf ( RspStr,"\n\r 发送失败!!! \n\r");
                adl_fcmSendData(fcmHandler,RspStr,(u16)(strlen(RspStr)));
            }
        }
        return TRUE;
    }
    static void startConnect()
    {
            s8 Ret_Open;
            s8 Ret_Option;
            s8 Ret_Start;
        Ret_Open = wip_bearerOpen(&b,"GPRS",evh_bearer,NULL);    //函数执行成功则返回 0
```

```
if(Ret_Open = = 0)
        {
            TRACE (( 1, " Bearer open sucessful "));

            Ret_Option = wip_bearerSetOpts(b,WIP_BOPT_GPRS_APN,gprs_apn,
                                          WIP_BOPT_LOGIN,GPRS_LOGIN,
                                          WIP_BOPT_PASSWORD,GPRS_PASSWORD,
                                          WIP_BOPT_END);
  if(Ret_Option = = 0)
  {
      TRACE (( 1, " Setting of the GPRS parameter sucessful "));
      Ret_Start = wip_bearerStart(b);
if(Ret_Start = = 0)
                {
                    TRACE (( 1, " Bearer connect function sucessful "));
                }
                else if(Ret_Start = =  - 27)
                {
                    TRACE (( 1, " Connecting to the GPRS network "));
                }
                else
                {
                    /* In case of error in the bearer open */
                    ascii Trace_Buf[100];
                    wm_sprintf(Trace_Buf,"Bearer connect function failure Value:
                    %d\r\n",Ret_Start);
                    TRACE (( 1,Trace_Buf));
                }
  }
      else
      {
          /* In case of error in the bearer open */
          ascii Trace_Buf[100];
          wm_sprintf(Trace_Buf,"Bearer open failure Value: %d\r\n",Ret_Open);
          TRACE (( 1,Trace_Buf));
      }
  }
  else
  {
```

```
                    TRACE (( 1, " GPRS Network Attach failure "));
                }
            }
static void evh_udp(wip_event_t * ev,void  * ctx)
{
    ascii buffer[1000] = {'\0'};  //存放读入数据
    ascii RspStr[250];
    int n;                        //读出或写入数据字节数
    switch(ev->kind)
    {
    case WIP_CEV_OPEN:
        break;
    case WIP_CEV_READ:
        n = wip_readOpts( ev->channel, buffer, sizeof( buffer) - 1,
                          WIP_COPT_PEER_STRADDR, peer_ip, sizeof( peer_ip),
                     WIP_COPT_PEER_PORT,&peer_port, WIP_COPT_END);  //类似于接收短信息
        if(n = = WIP_CERR_CSTATE)
        {
            wm_sprintf ( RspStr,"channel 为准备好读数据(正在初始化或已关闭)!!! \n\r");
            adl_fcmSendData(fcmHandler,RspStr,(u16)(strlen(RspStr)));
        }
        else if(n = = WIP_CERR_NOT_SUPPORTED)
        {
            wm_sprintf ( RspStr,"channel 不支持读数据操作!!! \n\r");
            adl_fcmSendData(fcmHandler,RspStr,(u16)(strlen(RspStr)));
        }
        else if(n = = WIP_CERR_INVALID)
        {
            wm_sprintf ( RspStr,"channel 设置选项值无效!!! \n\r");
            adl_fcmSendData(fcmHandler,RspStr,(u16)(strlen(RspStr)));
        }
        else if(n> = 0)  //读数据成功
        {
            wm_sprintf ( RspStr,"\n\r 收到数据\n\r % s",buffer);
            adl_fcmSendData(fcmHandler,RspStr,(u16)(strlen(RspStr)));
        }
        break;
        case WIP_CEV_WRITE:
            break;
```

```
        case WIP_CEV_DONE:
            break;
        case WIP_CEV_PING:
            break;
        case WIP_CEV_ERROR:
        case WIP_CEV_PEER_CLOSE:
            break;
    }
}
static void evh_bearer(wip_bearer_t b,s8 event,void  *ctx)
{
    ascii RspStr [100];
    ascii StrServAddr[16];
    ascii apn_tmp[10];           //显示 apn,测试用
    wip_in_addr_t serv_addr;     //显示目标地址,测试用
    switch(event)
    {
    case WIP_BEV_CONN_FAILED:
        wm_sprintf ( RspStr,"连接失败!!! \n\r");
        adl_fcmSendData(fcmHandler,RspStr,(u16)(strlen(RspStr)));
        break;
    case WIP_BEV_IP_DISCONNECTED:
        wm_sprintf ( RspStr,"IP 通信终止!!! \n\r");
        adl_fcmSendData(fcmHandler,RspStr,(u16)(strlen(RspStr)));
        wip_netExit();
        break;
    case WIP_BEV_STOPPED:
        wm_sprintf ( RspStr,"断开通信完成!!! \n\r");
        adl_fcmSendData(fcmHandler,RspStr,(u16)(strlen(RspStr)));
        break;
    case WIP_BEV_IP_CONNECTED:
        wm_sprintf ( RspStr,"IP 通信准备好!!! \n\r");
        adl_fcmSendData(fcmHandler,RspStr,(u16)(strlen(RspStr)));
        wip_bearerGetOpts(b,WIP_BOPT_IP_ADDR,&my_address,
                          WIP_BOPT_IP_DST_ADDR,&serv_addr,
                          WIP_BOPT_GPRS_APN,apn_tmp,
                          WIP_BOPT_END);              //获取 bearer 参数
        wip_inet_ntoa(my_address,StrMyAddr,sizeof(StrMyAddr));
        wip_inet_ntoa(serv_addr,StrServAddr,sizeof(StrServAddr));
```

```
            wm_sprintf ( RspStr,"本地 IP 地址：%s\n\r 服务器 IP 地址：%s\n\r 创建 UDP socket...\n\
r",StrMyAddr,StrServAddr);
            adl_fcmSendData(fcmHandler,RspStr,(u16)(strlen(RspStr)));
            udp_channel = wip_UDPCreateOpts(evh_udp,NULL,
                                    WIP_COPT_PORT,local_port,
                                     WIP_COPT_SND_BUFSIZE,200,
                                     WIP_COPT_RCV_BUFSIZE,200,
                                     WIP_COPT_END);          //若成功则返回通道类型
            if(! udp_channel&&WIP_CSTATE_READY! = wip_getState(udp_channel))
            {
                wm_sprintf ( RspStr,"UDP channel 创建失败,重新进行连接!!!  \n\r");
                adl_fcmSendData(fcmHandler,RspStr,(u16)(strlen(RspStr)));
            }
            else
            {
                wm_sprintf ( RspStr,"UDP channel 创建成功!!!  \n\r");
                 adl_fcmSendData(fcmHandler,RspStr,(u16)(strlen(RspStr)));
                wm_sprintf ( RspStr,"可以通信,请输入对方 IP\n\r");
                adl_fcmSendData(fcmHandler,RspStr,(u16)(strlen(RspStr)));
            }
            break;
        default:
            wm_sprintf ( RspStr,"IP 通信失败,错误代码为：%i \n\r",event);
            adl_fcmSendData(fcmHandler,RspStr,(u16)(strlen(RspStr)));
            break;
        }
    }
    static void evh_sim(u8 event)
    {
        adl_atSendResponse( ADL_AT_UNS, "sim init...\n\r");
        switch(event)
        {
            case ADL_SIM_EVENT_FULL_INIT:
            adl_atSendResponse( ADL_AT_UNS, "\n\rSIM full init! \r\nsystem init!");
            startConnect();
            fcmHandler = adl _ fcmSubscribe ( ADL _ FCM _ FLOW _ V24 _ UART1, fcmCtrlHandler, fcmDataHan-
dler);   //打开流控
                break;
            case ADL_SIM_EVENT_PIN_ERROR:
```

```
            adl_atSendResponse( ADL_AT_UNS, "\n\rSIM 卡 PIN 码错误! \r\n" );
            break;
        case ADL_SIM_EVENT_REMOVED:
            adl_atSendResponse( ADL_AT_UNS, "\n\rSIM 卡移出! \r\n" );
            break;
        case ADL_SIM_EVENT_PIN_OK:
            break;
        case ADL_SIM_EVENT_INSERTED:
            break;
        case ADL_SIM_EVENT_PIN_WAIT:
            adl_atSendResponse( ADL_AT_UNS, "\n\rPIN 码为空! \r\n" );
            break;
        default:
            adl_atSendResponse( ADL_AT_UNS, "\n\rOthers! \r\n" );
            break;
    }
}
void adl_main ( adl_InitType_e  InitType )
{
    s8 Ret_Value;
    ip[0] = '\0';
    port[0] = '\0';
    odata[0] = '\0';
    dataSort = 0;
    isSend = FALSE;
     wm_strcpy(peer_ip,"10.14.164.179");
    wm_strcpy(gprs_apn,"CMNET");
    peer_port = 1234;
    local_port = 1234;
    Ret_Value = wip_netInit();
        if(Ret_Value = = 0)
        {
            TRACE (( 1, "Initialization of the library sucessful" ));
            adl_simSubscribe(evh_sim,GPRS_PINCODE); //开始进入连接状态
        }
}
```

附：该实验可应用于最小开发板和开发实验箱。

5.10 实验10 FLASH实验

1. 实验目的

① 熟悉Flash程序设计的原理；

② 掌握Flash库函数的使用方法。

2. 实验内容

熟悉关于Flash操作的几个重要的库函数的使用。编写嵌入式应用程序，实现对无线CPU的Flash的读写操作。利用AT指令将所读取的Flash内容在超级终端显示出来。

3. 预备知识

① 有C语言编程基础；

② 掌握OpenAT开发环境及工具的使用。

4. 实验设备

硬件：Q26系列无线CPU嵌入式开发实验箱或无线CPU最小系统板、PC机(Pentium 500以上)、硬盘(10GB以上)。

软件：PC机XP操作系统和Sierra Wireless Software Suite软件开发环境。

5. 实验原理

ADL应用程序可以通过Flash函数库中的函数，定义一系列对象，并根据在定义对象时由应用程序生成的句柄区分这些对象。如果要访问一个具体的对象，应用程序会给出该对象的句柄和ID。

在第一次定义时，句柄和与之相关的ID被保存在Flash中，只有擦除(可用AT+WOPEN=3命令)Flash后，才可以改变与所定义的Flash对象句柄相关的ID。对于一个具体的句柄，其Flash对象的ID可以是从0至其上限中的任何一个值。由于内存管理的限制，Flash一次最多只能保存2000个对象。

有关Flash操作的几个重要的库函数：adl_flhSubscribe函数，该函数根据给出的Handle定义Flash对象；adl_flhErase函数，该函数根据给出的Handle定义Flash对象；adl_flhWrite函数，该函数按照给定的字符长度，对给定Handle和ID的Flash对象执行写操作；adl_flhRead函数，该函数对给定Handle和ID的Flash对象执行读操作，并存储到字符串中。函数的具体使用方法参见4.2.3节。

6. 实验步骤

① 按照要求连接好无线CPU嵌入式开发实验箱或最小系统板。

② 学习 flash 的原理，掌握 flash 操作的相关库函数的使用。

③ 编写嵌入式程序，实现对无线 CPU 的 Flash 进行读/写操作。

④ 编译编写好的嵌入式程序，下载到实验箱运行，用超级终端或串口调试助手观察从 flash 读出的数据。

⑤ 实验结束后，将无线 CPU 中程序删除，关闭电源，整理实验器材。

7. 实验代码

实验代码如下：

```
#include  "adl_global.h"
const u16 wm_apmCustomStackSize = 1024;
#define MAX_IDS         5
ascii           RspBuffer[100];
ascii           myFlashHandle[] = "Handle";
void PrintCurrentAvailableMem()
{
    /* Get free flash memory available and send it as response */
    wm_sprintf(RspBuffer,"\r\nFlash size: %u\r\n", adl_flhGetFreeMem());
    /* Send the response */
    adl_atSendResponsePort(ADL_AT_UNS, ADL_PORT_UART1, RspBuffer);
}
void adl_main ( adl_InitType_e InitType )
{
    u8 uCount = 0;
    ascii Buffer[20];
    TRACE (( 1, "Embedded Application : Main" ));
    /* Step 1: Print the current memory status */
    PrintCurrentAvailableMem();
    /* Step 2: Subscribe for flash IDs */
    adl_flhSubscribe(myFlashHandle, MAX_IDS);
    /* Step 3: Get the count of IDs and print the same */
    wm_sprintf(RspBuffer,"\r\nCurrent Count: %d\r\n", adl_flhGetIDCount(myFlashHandle));
    /* Send the response */
    adl_atSendResponsePort(ADL_AT_UNS, ADL_PORT_UART1, RspBuffer);
    /* Step 4: Print the current memory status */
    PrintCurrentAvailableMem();
    /* Step 5: Write sample data */
    for  (uCount = 0; uCount < MAX_IDS; uCount ++ )
    {
```

```
            wm_sprintf(Buffer, "\r\nID: %d\r\n", uCount);
            adl_flhWrite(myFlashHandle, uCount, wm_strlen(Buffer) + 1, Buffer);
            /* Print the current memory status */
            PrintCurrentAvailableMem();
        }
        /* Step 6: Read sample data */
        for (uCount = 0; uCount < MAX_IDS; uCount++)
        {
            if ( adl_flhExist(myFlashHandle, uCount))
            {
                adl_flhRead(myFlashHandle, uCount, wm_strlen(Buffer) + 1, Buffer);
                /* Send the response */
                adl_atSendResponsePort(ADL_AT_UNS, ADL_PORT_UART1, Buffer);
            }
        }
        /* Step 7: Delete all flash IDs */
        for (uCount = 0; uCount < MAX_IDS; uCount++)
        {
            if ( adl_flhExist(myFlashHandle, uCount))
            {
                adl_flhErase( myFlashHandle, uCount );
            }
        }
        /* Step 8: Print the available memory */
        PrintCurrentAvailableMem();
}
```


附：该实验可应用于最小开发板和开发实验箱。

5.11　实验11　A&D服务实验

1. 实验目的

① 了解A&D的定义及其用途；

② 掌握定制和撤销A&D服务空间的方法；

③ 学习如何将数据写入A&D单元；

④ 学习如何安装存储在A&D空间中的应用程序；

⑤ 了解如何删除A&D存储空间；

⑥ 学会有效地管理A&D存储空间。

2. 实验内容

基于最小实验板或实验箱编程申请A&D服务,分配存储空间,向所分配的存储空间内写入数据并进行只读化,再读取存储空间内数据。同时通过编程获取A&D盘的使用状态以及当前存储空间列表,最后删除所分配的存储空间,并对A&D盘进行整理。

3. 预备知识

① 有C语言编程基础;

② 掌握OpenAT开发环境及工具的使用。

4. 实验设备

硬件:Q26系列无线CPU嵌入式开发实验箱或最小实验板、PC机(Pentium 500以上)、硬盘(10GB以上)。

软件:PC机XP操作系统和OpenAT软件开发环境。

5. 实验原理

A&D存储空间是指在Q26系列无线CPU中用于应用程序(.dwl文件等)以及数据存储的flash空间。在A&D存储空间中可以分配用于存储数据的基本存储单元,其大小可在分配时指定。

A&D可以用于存储应用程序(.dwl等)以及任何种类的信息,另外还可以结合GPRS/GSM实现无线CPU远程下载的功能:即可将.dwl文件存储于A&D存储空间,进行安装及运行程序,从而实现应用程序的远程更新操作;也可以利用A&D的存储功能远程更新无线CPU的固件(firmware),并安装执行。

无线CPU的开发环境提供了相应的A&D服务API函数,以实现A&D服务的申请和撤销操作、A&D存储单元的写入和删除操作、A&D存储空间中.dwl文件的安装操作以及对A&D存储空间的管理操作。其相关的API函数如下:①A&D空间分配函数adl_adSubscribe();②释放A&D空间函数adl_adUnSubscribet();③存储单元数据写入函数adl_adWrite();④读存储单元信息函数adl_adInfo();⑤存储单元数据只读化函数adl_adFinalised();⑥删除存储单元函数adl_adDelete();⑦.dwl文件安装函数adl_adInsatall();⑧A&D空间整理函数adl_adRecompact();⑨获取A&D空间信息函数adl_adGetState();⑩列出已分配存储单元函数adl_adGetcellList()。函数的具体使用方法参见4.2.11节。

6. 实验代码(PPT)

实验代码如下:

```
/*****************************************************************/
/*   File: A&D.c                                                 */
```

```
/*************************************************************************/
#include "adl_global.h"

const u16 wm_apmCustomStackSize = 1024 * 3;

s32 cell_handle;    //Global Cell Handle
s32 cell_handle0;    //Global Cell Handle


/*************************************************************************/
/*   Function: adl_main                                                  */
/*************************************************************************/
void adl_main ( adl_InitType_e InitType )
{
    s32 return_writte;
    adl_adInfo_t cell_info_struct;          //Cell 的信息
    adl_adState_t state_info;               // A&D  的状态信息
    wm_lst_t CellList;                      //Cell  列表信息
    ascii Data_to_be_written[20];           //要写入 cell_handl Cell 的信息
    wm_memcpy(Data_to_be_written,"Wwwwwwwwwwwwwwww",16);
    TRACE (( 1, "Embedded Application : Main" ));

/*************************************************************************/
/*  Function: 申请 A&D 服务 adl_adSubscribe()                            */
/*************************************************************************/

    cell_handle0 = adl_adSubscribe (1, 50);  //对句柄 cell_handle0 分配 ID=1 的可变空间
    cell_handle = adl_adSubscribe (5, 60);   //对句柄 cell_handle 分配 ID=5 的可变空间
    if (cell_handle>=0)
    {
        TRACE((1,"Subscription to A&D successful"));
    }
    else
    {
        TRACE((1,"Cannot subscribe to A&D "));
    }
/*************************************************************************/
/*  Function:写 cell 入"Wwwwwwwwwwwwwwww",adl_adWrite()                    */
/*************************************************************************/
```

```
    return_writte = adl_adWrite(cell_handle,16,Data_to_be_written);//执行写 cell 操作
    if(return_writte! = OK)
    {
        TRACE((1,"Cannot write to cell"));
         return;
    }
    else
     TRACE((1,"write the cell success "));

/*********************************************************************/
/*  Function：对 cell_handle 句柄 Cell 只读化,adl_adFinalise()              */
/*********************************************************************/

    if (adl_adFinalise(cell_handle)! = OK)//对 cell 进行只读化操作
    {
        TRACE((1,"Cannot finalize the cell"));
        return;
    }
    else
        TRACE((1,"Cell finalized successfully"));


/*********************************************************************/
/*  Function：获取 cell_handle cell 的内容信息,adl_adInfo()                 */
/*********************************************************************/
    if (adl_adInfo(cell_handle,&cell_info_struct)! = OK)//获取 cell 信息
    {
        TRACE((1,"Cannot get the cell info"));
        return;
    }
    else
    {
        ascii *data;
        //wm_strncpy(data,,16)
        data = (ascii*)adl_memGet(cell_info_struct.size);
        wm_memcpy(data,cell_info_struct.data,cell_info_struct.size);
        TRACE((1,"Cell information retrieved successfully"));
        TRACE((1,"Cell identifier is %d",cell_info_struct.identifier));
        TRACE((1,"Cell size is %d",cell_info_struct.size));
```

```
        TRACE((1,"Cell remaining space is %d",cell_info_struct.remaining));
        TRACE((1,"Cell finalised is %d",cell_info_struct.finalised));
        TRACE((1,"Cell Data is "));
        TRACE((1,data));
        adl_memRelease(data);
    }


/*************************************************************************/
/*  Function：获取 A&D 盘的使用状态,adl_adGetState()                          */
/*************************************************************************/
    if (adl_adGetState(&state_info)! = OK)//获取 A&D 盘的使用状态
    {
        TRACE((1,"Cannot get the state information"));
    }
    else
    {
        TRACE((1,"State information retrieved successfully"));
        TRACE((1,"Free A&D memory is %d",state_info.freemem));
        TRACE((1,"Deleted A&D memory is %d",state_info.deletedmem));
        TRACE((1,"Total memory is %d",state_info.totalmem));
        TRACE((1,"Number of objects are %d",state_info.numobjects));
        TRACE((1,"Number of deleted objects are %d",state_info.numdeleted));

    }

/*************************************************************************/
/*  Function：获取 A&D 盘的 cell 列表,adl_adGetCellList()                     */
/*************************************************************************/
    if (adl_adGetCellList (&CellList)! = OK)//获取 A&D 盘的 cell 列表
    {
        TRACE((1,"Cannot get the cell info"));
    }
    else
    {
        u16 count = 5;
        u16 index = 0;
        TRACE((1,"Cell info retrieved successfully"));
        while (count>0)
```

```
        {
        TRACE((1,"Item no %d is %d",index,wm_lstGetItem(CellList,index)));
        index++;
        count--;
    }
    }

/*************************************************************************/
/*  Function：删除 cell_handle cell,adl_adDelete()                        */
/*************************************************************************/
    if (adl_adDelete (cell_handle)! = OK)//删除 cell_handle cell
    {
      TRACE((1,"Cannot delete the cell"));
    }
    else
    {
        TRACE((1,"Cell deleted successfully"));

    }
}
```

7. 思考题

① 什么是A&D？它的作用是什么？

② 如何实现无线CPU程序的远程下载与运行？

5.12 实验12 定时器实验

1. 实验目的

① 掌握定时器的使用方法；

② 学会定时器相关库函数的使用方法。

2. 实验内容

掌握定时器的使用方法，利用Timer的相关库函数，编写一个定时器应用程序。申请一个5×100 ms的定时器，记录定时器溢出的次数并输出，当循环50次时撤销定时器服务。

3. 预备知识

① 有C语言编程基础；

② 掌握OpenAT开发环境及工具的使用。

4. 实验设备

硬件：Q26系列无线CPU嵌入式开发实验箱或最小实验板、PC机(Pentium 500以上)、硬盘(10GB以上)。

软件：PC机XP操作系统和OpenAT软件开发环境。

5. 实验原理

定时器可以周期性地产生定时器溢出事件，并调用回调函数，因此可以运用定时器，周期性地执行指定任务。另外，当循环次数设置为1时，定时器只溢出1次，可以作为延时器，用于特定场合的延时。

无线CPU开发环境提供了定时器开发库函数，头文件为adl_timerhandler.h。本实验定时器(Timer)相关操作的库函数为：①用于申请Timer服务的函数adl_tmrSubscribe()；②用于撤销Timer服务的函数adl_tmrUnSubscribe()。通过adl_tmrSubscribe()函数可以定义定时器的工作模式(定时器或者延时器)、定时器溢出时间的步长和步数。函数的具体使用方法参见4.2.2节。

6. 实验代码(PPT)

实验代码如下：

```
/*******************************************************************/
/*  File: Timer.c                                                  */
/*******************************************************************/

#include "adl_global.h"

const u16 wm_apmCustomStackSize = 1024 * 3;

adl_tmr_t *timer_ptr;//定义定时器句柄
u16 timeout_period = 5;
static counter = 0;//定义计数变量
/*******************************************************************/
/*  Function: 回调函数  Timer_Handler()                              */
/*******************************************************************/
void Timer_Handler (u8 Id)
{
    TRACE((1,"Inside timer handler. Timer id is %d",Id));
    counter++;//计数变量
    adl_atSendResponse(ADL_AT_RSP,"\r\nCyclic Timer expired \r\n");
```

```
        if (counter= =50)//定时器循环50次后取消服务
        {
            //取消定时器服务
            adl_tmrUnSubscribe(timer_ptr,(adl_tmrHandler_t)Timer_Handler,ADL_TMR_TYPE_1  00M  S);
            TRACE((1,"counter is %d",counter));
            TRACE((1,"Timer is unsubscribed!"));
        }
    }
    /*****************************************************************/
    /*  Function: adl_main                                           */
    /*****************************************************************/
    void adl_main (adl_InitType_e adlInitType)
    {
    //定义步长为timeout_period,步数为ADL_TMR_TYPE_100MS的定时器
    timer_ptr =(adl_tmr_t *)adl_tmrSubscribe(TRUE,timeout_period,ADL_TMR_TYPE_100MS, (adl_tm-
rHandler_t) Timer_Handler);
    }
```

7. 思考题

定时器服务的功能有哪些？

附：该实验可应用于最小开发板和开发实验箱。

5.13　实验13　键盘接口实验

1. 实验目的

① 了解键盘的工作原理；

② 掌握键盘的使用方法。

2. 实验内容

经AT指令激活键盘接口后，通过超级终端观察当键盘的按键按下和弹起时分别有什么样的返回信息，从而更加深刻地理解键盘的工作原理。

3. 预备知识

① 有C语言编程基础；

② 掌握OpenAT开发环境及工具的使用。

4. 实验设备

硬件：Q26系列无线CPU嵌入式开发实验箱、PC机(Pentium 500以上)、硬盘(10GB

以上)。

软件：PC机XP操作系统,OpenAT软件开发环境。

5. 实验原理

Q26系列无线CPU为5×5行列式键盘提供了一个接口：5行(ROW0～ROW4)和5列(COL0～COL4)。该键盘接口为扫描式数字式的,并且具有去抖功能,不需要再添加其他的模拟器件(如电阻,电容)。在本实验箱中,使用了其中的4行4列组成了一个4×4的键盘。其中,ROW0～ROW3设置为输入引脚,COL0～COL3设置为输入引脚(或ROW0～ROW3设置为输入引脚,COL0～COL3设置为输出引脚)。要注意的是,ROW0～ROW3和COL0～COL3不能同时设置为输入或输出。COL0～COL3引脚以一定的顺序及频率在同一时间仅使其中一个引脚输出低电平;同时,控制器快速查询ROW0～ROW3引脚的电平状态。如果有一个键被按下,则在一定时间内ROW0～ROW3中将有一个引脚为低电平;再查询COL0～COL3的输出状态,找出此时输出低电平的引脚,就可以很容易地判断出哪个键被按下。

6. 实验说明

在使用键盘以前首先需要通过超级终端运行AT指令at＋whcnf＝0,1和at＋cmer＝,1激活键盘功能,如图5.3所示。

然后,当分别按下和弹起按键时,会返回主动响应信息。图5.4所示为按下按键1的主动响应信息。

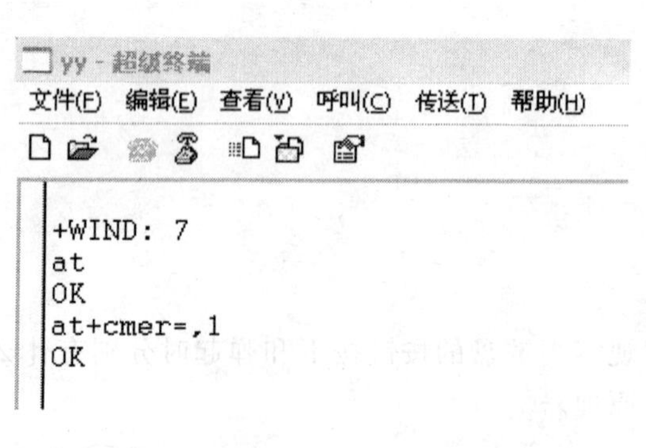

图5.3　执行at＋cmer指令响应图

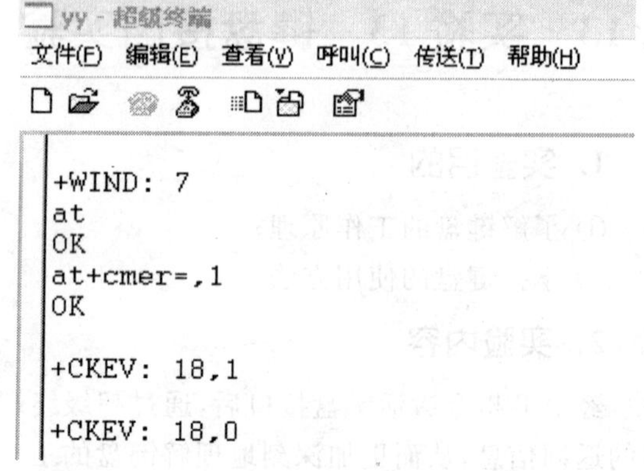

图5.4　按下按键1的主动响应信息

其中,“＋CKEV：18,1”表示按键1按下：18表示按键1,1表示按键所处状态为“按下”。“＋CKEV：18,0”表示按键1弹起：同样18表示按键1,0表示按键所处状态为“弹起”。当其他按键按下和弹起时也返回相应的主动响应信息。

7. 思考题

① 键盘的工作原理是什么？

② 如何判断按键的按下与弹起？

附：该实验只能应用于开发实验箱。

5.14　实验 14　显示屏实验

1. 实验目的

① 了解显示屏的工作原理；

② 熟悉迪文 HMI 显示屏开发指令；

③ 掌握显示屏的使用方法。

2. 实验内容

熟悉迪文显示屏的指令集，通过串口 2 实现对显示屏的操作。结合流控函数编程实现显示屏的清屏、背光设置、背景颜色设置、写入文本等操作。

3. 预备知识

① 有 C 语言编程基础；

② 掌握 OpenAT 开发环境及工具的使用。

4. 实验设备

硬件：Q26 系列无线 CPU 嵌入式开发实验箱、PC 机（Pentium 500 以上）、硬盘（10GB 以上）。

软件：PC 机 XP 操作系统，OpenAT 软件开发环境。

5. 实验原理

迪文 HMI 为串口智能显示终端。在本实验箱上，通过串口 2 的收发引脚 CT104_RXD2 和 CTS103_TXD2，实现对迪文显示终端的操作。所以要实现对显示屏的操作，就要通过串口 2 的流控进行编程，向显示屏发送相应的操作指令。具体的流控使用可参见实验 3。

6. 实验代码

实验代码如下：

```
/*****************************************************************/
/*  File: LED_Test.c                                             */
/*****************************************************************/
```

```
#include "adl_global.h"

const u16 wm_apmCustomStackSize = 1024 * 3;

u8 Handle2;
u8 commStr1[25];

/*************************************************************************/
/*   functions：串口2流控控制回调   fcm_ctrlHandler2()                     */
/*************************************************************************/
bool fcm_ctrlHandler2 ( adl_fcmEvent_e Event )//串口2流控控制回调
{    s8 resp;
    switch(Event)
    {
    case ADL_FCM_EVENT_FLOW_OPENNED:
            TRACE (( 1, "Flow Opened" ));
        adl_fcmSwitchV24State(Handle2, ADL_FCM_V24_STATE_DATA);
          break;
    case ADL_FCM_EVENT_V24_DATA_MODE:
          TRACE (( 1, "Flow in Data Mode" ));
        resp = adl_fcmSendData(Handle2, "This is a test case", 20);
          break;
    }
return TRUE;
}
/*************************************************************************/
/*   functions：串口2流控数据回调   fcm_ctrlHandler2()                     */
/*************************************************************************/
bool fcm_dataHandler2( u16 DataSize, u8 * Data )//串口2流控数据回调
{
    //串口2数据回调函数
    return TRUE;
}
/*************************************************************************/
/*   functions：定时器回调函数   HelloWorld_TimerHandler()                 */
/*************************************************************************/
void HelloWorld_TimerHandler ( u8 ID, void * Context )
{
        s32 i;
```

```
//向显示屏发送清屏指令
commStr1[0] = 0xAA;
commStr1[1] = 0x52;
commStr1[2] = 0xCC;
commStr1[3] = 0x33;
commStr1[4] = 0xC3;
commStr1[5] = 0x3C;

adl_fcmSendData(Handle2,commStr1,6);

for(i = 0;i<10000;i + + )
{
    //延时
}
//向显示屏发送显示文本指令(How are you?)
  commStr1[0] = 0xAA;
  commStr1[1] = 0x55;
  commStr1[2] = 0x00;
  commStr1[3] = 0x80;
  commStr1[4] = 0x00;
  commStr1[5] = 0x30;

  commStr1[6] = 0x48;
  commStr1[7] = 0x6E;
  commStr1[8] = 0x77;
  commStr1[9] = 0x20;
  commStr1[10] = 0x61;
  commStr1[11] = 0x72;
  commStr1[12] = 0x65;
  commStr1[13] = 0x20;
  commStr1[14] = 0x79;
  commStr1[15] = 0x6F;
  commStr1[16] = 0x75;
  commStr1[17] = 0x20;
  commStr1[18] = 0x3F;

  commStr1[19] = 0xCC;
  commStr1[20] = 0x33;
  commStr1[21] = 0xC3;
```

```
        commStr1[22] = 0x3C;
    adl_fcmSendData(Handle2,commStr1,23);

    adl_atSendResponse ( ADL_AT_UNS, "\r\nLED test program! \r\n");
}
/**********************************************************************/
/*   Function: adl_main                                               */
/**********************************************************************/
void adl_main ( adl_InitType_e InitType )
{
    TRACE (( 1, "Embedded Application : Main" ));
    adl_atCmdCreate("AT+WMFM=0,1,2",FALSE,NULL,NULL);//打开串口 2
    TRACE (( 1, "UART2 is openned" ));
    Handle2 = adl_fcmSubscribe(ADL_FCM_FLOW_V24_UART2, fcm_ctrlHandler2, fcm_dataHandler2);
//申请串口 2 流控服务
    adl_tmrSubscribe ( TRUE, 80, ADL_TMR_TYPE_100MS, HelloWorld_TimerHandler );//定义定时器
}
```

说明：

程序中首先通过串口 2 向显示屏发送清屏指令，清屏之后经延时器延时，发送文本显示指令，显示“How are you?”。

7. 思考题

① 显示屏的工作原理是什么？

② 如何通过串口 1 实现对显示屏的操作？

附： 该实验只能应用于开发实验箱。

5.15　实验 15　语音呼叫实验

1. 实验目的

① 了解语音口的工作原理；

② 掌握呼叫控制 AT 指令；

③ 掌握语音呼叫相关库函数的使用方法。

2. 实验内容

利用无线 CPU 实验箱的模拟音频接口，分别通过 AT 指令和 API 函数编程，实现语音呼叫功能。

3. 预备知识

① 有C语言编程基础；

② 掌握OpenAT开发环境及工具的使用。

4. 实验设备

硬件：Q26系列无线CPU嵌入式开发实验箱、电话听筒、SIM卡、PC机(Pentium 500以上)、硬盘(10GB以上)。

软件：PC机XP操作系统，OpenAT软件开发环境。

5. 实验原理

Q26系列无线CPU具有免提回音消除功能，提供了两组话筒输入接口(MIC1、MIC2)和两组扬声器输出接口(SPK1、SPK2)。本实验箱采用MIC2和SPK2，设计了模拟音频接口。

MIC2接口内部具有电压偏置电路，可以方便地与手持话筒直接连接。它的输入增益可以从内部调整，也可以使用AT指令进行调整。扬声器SPK2采用差分连接方式。

可以通过呼叫控制指令实现拨号、接听和挂机等操作。例如：ATD<电话号码>;指令，可以用于语音、数据或者传真的拨号；ATA为呼叫应答指令；ATH为挂机指令。

另外，Q26无线CPU开发环境中也提供了呼叫服务库函数，头文件为adl_call.h，用于建立呼叫，并处理呼叫相关的事件。其中，①声明呼叫服务的函数为adl_callSubscribe()；②根据提供的号码建立呼叫的函数为adl_callSetup()；③用于终止呼叫的函数adl_callHangup()；④用于响应来自别处的呼叫连接的函数adl_callAnswer()；⑤用于取消呼叫服务的函数adl_callUnsubscribe()。函数的具体使用方法参见4.2.9节。

6. 实验代码

(1) AT指令模式

在超级终端中，执行指令AT+SPEAKER=1，使能语音接口；执行指令ATD<电话号码>，进行语音呼叫；执行ATA指令，进行电话接听；执行ATH指令，实现挂机操作。

(2) 编程实现

实验代码如下：

```
/*****************************************************************/
/*   File: Audio_Test.c                                          */
/*****************************************************************/

#include "adl_global.h"

const u16 wm_apmCustomStackSize = 1024 * 3;
```

```
s8 sCallHandle ;//定制呼叫服务句柄
ascii telno[11];
/**********************************************************************/
/*   Function：语音呼叫回调函数 callHandler()                            */
/**********************************************************************/
s8 callHandler ( u16 Event, u32 Call_ID )//呼叫回调函数
{
    s8 sRet;
    ascii RspStr[100];
    RspStr[0] ='\0';

    TRACE ((1, "Inside Call Handler - Event = %d , Call_ID = %d", Event, Call_ID));

    /* Handle events */
    switch(Event)
    {
        case ADL_CALL_EVENT_RING_VOICE:
            TRACE ((1, "RING...."));
            adl_atSendResponse ( ADL_AT_UNS, "\r\n VOICE RING...\r\n" );
            adl_callAnswerExt(ADL_PORT_OPEN_AT_VIRTUAL_BASE);
        break;
        case ADL_CALL_EVENT_RING_DATA:
            adl_atSendResponse ( ADL_AT_UNS, "\r\n DATA RING...\r\n" );

            TRACE ((1, "Accepted the call - sRet = %d", sRet ));
        break;

        case ADL_CALL_EVENT_ANSWER_OK:
            adl_atSendResponse ( ADL_AT_UNS, "\r\n ANSWER SUCCESS...\r\n" );

        break;
        case ADL_CALL_EVENT_SETUP_OK:
            adl_atSendResponse ( ADL_AT_UNS, "\r\n CALL SUCCESS...\r\n" );
            TRACE((1,"呼叫建立成功!!!"));

            break;

        case ADL_CALL_EVENT_NO_CARRIER:
            adl_atSendResponse ( ADL_AT_UNS, "\r\n CONNECT FAIL...\r\n" );
```

```
            break;
        case ADL_CALL_EVENT_NEW_ID:
            adl_atSendResponse ( ADL_AT_UNS, "\r\n START CALL...\r\n" );

            break;
        case ADL_CALL_EVENT_ALERTING:
            adl_atSendResponse ( ADL_AT_UNS, "\r\n CALLING...\r\n" );

            break;
        case ADL_CALL_EVENT_NO_ANSWER:
            //adl_callHangupExt(ADL_PORT_UART1);
            adl_atSendResponse ( ADL_AT_UNS, "\r\n NO ANSWER...\r\n" );

            break;
        case ADL_CALL_EVENT_BUSY:
            //adl_callHangupExt(ADL_PORT_UART1);
            adl_atSendResponse ( ADL_AT_UNS, "\r\n BUSY...\r\n" );

            break;
        case ADL_CALL_EVENT_RELEASE_ID:
            adl_atSendResponse ( ADL_AT_UNS, "\r\n CALL RELEASE...\r\n" );

            break;
        case ADL_CALL_EVENT_HANGUP_OK:
            adl_atSendResponse ( ADL_AT_UNS, "\r\n RELEASE SUCCESS...\r\n" );

            break;

        default:
            break;
    }
    return ADL_CALL_NO_FORWARD;
}
/****************************************************************/
/*  Function: 定时器回调函数 timerhandler()                          */
/****************************************************************/
void timerhandler(u8 TimerId)
{
    adl_callSetupExt("13562259983",ADL_CALL_MODE_VOICE,ADL_PORT_UART1);//开始呼叫……
```

```
}
/*******************************************************************/
/*  Function: adl_main                                             */
/*******************************************************************/
void adl_main ( adl_InitType_e InitType )
{

    telno[0] = '\0';
    TRACE (( 1, "Embedded Application : Main" ));
    sCallHandle = adl_callSubscribe( callHandler);//申请语音呼叫服务
    if(sCallHandle = = 0)
    {
        TRACE (( 1, "Call subscribe success" ));
        adl_atSendResponse( ADL_AT_UNS, "Waiting  one minite for SIM  card success! \r\n");
        //延时等待SIM卡初始化成功
        adl_tmrSubscribe( FALSE, 1000, ADL_TMR_TYPE_100MS, timerhandler );
    }
    else
    {
        TRACE (( 1, "Call subscribe fail" ));
    }
}
```


7. 实验步骤

① 将电话听筒插入实验箱的语音接口上，串口线连接实验箱和PC机，SIM卡插入SIM卡槽中，实验箱上电。

② 待SIM卡初始化完成后(小板上的红灯呈现闪烁状态)，打开超级终端，用AT指令实现语音呼叫。

③ 通过OpenAT环境编程实现语音呼叫。

8. 思考题

模拟语音接口的工作原理。

附：该实验只能应用于开发实验箱。

5.16 实验16 点阵实验

1. 实验目的

① 掌握GPIO的读写操作方法；

② 了解点阵的工作原理。

2. 实验内容

掌握 GPIO 的使用方法，了解芯片 74HC595 和 74HC154 的功能，设计应用程序在点阵上显示汉字。

3. 预备知识

① C 语言编程基础；

② OpenAT 开发环境及工具的使用；

③ GPIO 知识。

4. 实验设备

硬件：Q26 系列无线 CPU 嵌入式开发实验箱、PC 机（Pentium 500 以上）、硬盘（10GB 以上）。

软件：PC 机 XP 操作系统，OpenAT 软件开发环境

5. 实验原理

开发实验箱采用无线 CPU 的 GPIO 接口设计点阵。采用 4－16 线译码器 74HC154，用低电平选择要扫描的某一列；采用 2 片 8 位串行输入转并行输出移位寄存器 74HC595 级联，实现 16 位串行输入转并行输出到点阵的 16 行。通过 GPIO 控制移位寄存器和译码器，实现对点阵的操作。

芯片 74HC595 和 74HC154 的工作时序如下：

① 将要准备输入的位数据移入 74HC595 数据输入端上。方法：送位数据到 GPIO_33。

② 将位数据逐位移入 74HC595，即数据串入。方法：GPIO_28 产生一上升沿，将 GPIO_33 上的数据移入 74HC595 中，从低到高。

③ 并行输出数据，即数据并出。方法：GPIO_29 产生一上升沿，将由 GPIO_33 上已移入数据寄存器中的数据，送入到输出锁存器。

点阵显示原理：当译码器选中点阵 16 列中的某一列时，只要在 16 行数据线上加上高电平，该列就会有对应的点被点亮。依次扫描各列，在行数据线上加上对应各列的行数据，不断循环扫描，利用人眼的视觉暂留就可以看到一个图形字母或者汉字。行数据的输入需要按照 74HC595 的使用步骤来操作。

6. 实验代码

以点阵显示“国”字为例，编写程序如下：

```
#include "adl_global.h"
```

```
const u16 wm_apmCustomStackSize = 1024;
/* - -
  说明：译码器 DCBA 的引脚分别对应端口:30、31、35、32,A 为最低位
  GPIO_33 对应 74HC595 的 SI(引脚 14),作为数据输入,
  GPIO_29 对应 74HC595 的 RCK(引脚 12),上升沿将数据从移位寄存器打入数据寄存器输出
  GPIO_28 对应 74HC595 的 SCK(引脚 11),上升沿得数据寄存器移位 - - */
adl_ioDefs_t OutputGpioConfig[8] =
{
    ADL_IO_GPIO | 28 | ADL_IO_DIR_OUT | ADL_IO_LEV_LOW ,
    ADL_IO_GPIO | 29 | ADL_IO_DIR_OUT | ADL_IO_LEV_LOW ,
    ADL_IO_GPIO | 30 | ADL_IO_DIR_OUT | ADL_IO_LEV_LOW ,
    ADL_IO_GPIO | 31 | ADL_IO_DIR_OUT | ADL_IO_LEV_LOW ,
    ADL_IO_GPIO | 32 | ADL_IO_DIR_OUT | ADL_IO_LEV_LOW ,
    ADL_IO_GPIO | 33 | ADL_IO_DIR_OUT | ADL_IO_LEV_LOW ,
    ADL_IO_GPIO | 35 | ADL_IO_DIR_OUT | ADL_IO_LEV_LOW

};

const u8 code[32] =
{
/* - -  文字：国  - - */
/* - -  宋体 12;  此字体下对应的点阵为：宽×高 = 16×16    - - */
0x00,0x7F,0x40,0x50,0x51,0x51,0x51,0x5F,
0x51,0x51,0x51,0x50,0x40,0x7F,0x00,0x00,
0x00,0xFF,0x02,0x12,0x12,0x12,0x12,0xF2,
0x12,0x92,0x72,0x12,0x02,0xFF,0x00,0x00
};

u8 code_now;//当前显示的某 1 列的前 8 行或后 8 行
u8 tmp1,tmp2,k,i;

s32 Gpio_Handle, Gpio_ReadHandle;
s32 EventHandle;

void EventHandlerCallback ( s32 Gpio_Handle, adl_ioEvent_e Event, u32 Size, void * Param )
{
}
```

```
/*****************************************************************/
/*   74HC154 输出控制函数                                         */
/*****************************************************************/
void liexuan(u8 j)
{
    adl_ioDefs_t Gpio_to_write1 = ADL_IO_GPIO | 30 ;
    adl_ioDefs_t Gpio_to_write2 = ADL_IO_GPIO | 31 ;
    adl_ioDefs_t Gpio_to_write3 = ADL_IO_GPIO | 35 ;
    adl_ioDefs_t Gpio_to_write4 = ADL_IO_GPIO | 32 ;
  switch(j)
  {
    case 0:
adl_ioWriteSingle (Gpio_Handle,&Gpio_to_write1, FALSE);
adl_ioWriteSingle (Gpio_Handle,&Gpio_to_write2, FALSE);
adl_ioWriteSingle (Gpio_Handle,&Gpio_to_write3, FALSE);
adl_ioWriteSingle (Gpio_Handle,&Gpio_to_write4, FALSE);
        break;
    case 1:
adl_ioWriteSingle (Gpio_Handle,&Gpio_to_write1, FALSE);
adl_ioWriteSingle (Gpio_Handle,&Gpio_to_write2, FALSE);
adl_ioWriteSingle (Gpio_Handle,&Gpio_to_write3, FALSE);
adl_ioWriteSingle (Gpio_Handle,&Gpio_to_write4, TRUE);
        break;
    case 2:
adl_ioWriteSingle (Gpio_Handle,&Gpio_to_write1, FALSE);
adl_ioWriteSingle (Gpio_Handle,&Gpio_to_write2, FALSE);
adl_ioWriteSingle (Gpio_Handle,&Gpio_to_write3, TRUE);
adl_ioWriteSingle (Gpio_Handle,&Gpio_to_write4, FALSE);
        break;
    case 3:
adl_ioWriteSingle(Gpio_Handle,&Gpio_to_write1, FALSE);
adl_ioWriteSingle (Gpio_Handle,&Gpio_to_write2, FALSE);
adl_ioWriteSingle (Gpio_Handle,&Gpio_to_write3, TRUE);
adl_ioWriteSingle (Gpio_Handle,&Gpio_to_write4, TRUE);
        break;
    case 4:
adl_ioWriteSingle (Gpio_Handle,&Gpio_to_write1, FALSE);
adl_ioWriteSingle (Gpio_Handle,&Gpio_to_write2, TRUE);
adl_ioWriteSingle (Gpio_Handle,&Gpio_to_write3, FALSE);
```

```
adl_ioWriteSingle (Gpio_Handle,&Gpio_to_write4, FALSE);
      break;
    case 5:
adl_ioWriteSingle (Gpio_Handle,&Gpio_to_write1, FALSE);
adl_ioWriteSingle (Gpio_Handle,&Gpio_to_write2, TRUE);
adl_ioWriteSingle (Gpio_Handle,&Gpio_to_write3, FALSE);
adl_ioWriteSingle (Gpio_Handle,&Gpio_to_write4, TRUE);
      break;
    case 6:
adl_ioWriteSingle (Gpio_Handle,&Gpio_to_write1, FALSE);
adl_ioWriteSingle (Gpio_Handle,&Gpio_to_write2, TRUE);
adl_ioWriteSingle (Gpio_Handle,&Gpio_to_write3, TRUE);
adl_ioWriteSingle (Gpio_Handle,&Gpio_to_write4, FALSE);
      break;
    case 7:
adl_ioWriteSingle (Gpio_Handle,&Gpio_to_write1, FALSE);
adl_ioWriteSingle (Gpio_Handle,&Gpio_to_write2, TRUE);
adl_ioWriteSingle (Gpio_Handle,&Gpio_to_write3, TRUE);
adl_ioWriteSingle (Gpio_Handle,&Gpio_to_write4, TRUE);
      break;
    case 8:
adl_ioWriteSingle (Gpio_Handle,&Gpio_to_write1, TRUE);
adl_ioWriteSingle (Gpio_Handle,&Gpio_to_write2, FALSE);
adl_ioWriteSingle (Gpio_Handle,&Gpio_to_write3, FALSE);
adl_ioWriteSingle (Gpio_Handle,&Gpio_to_write4, FALSE);
      break;
    case 9:
adl_ioWriteSingle (Gpio_Handle,&Gpio_to_write1, TRUE);
adl_ioWriteSingle (Gpio_Handle,&Gpio_to_write2, FALSE);
adl_ioWriteSingle (Gpio_Handle,&Gpio_to_write3, FALSE);
adl_ioWriteSingle (Gpio_Handle,&Gpio_to_write4, TRUE);
      break;
    case 10:
adl_ioWriteSingle (Gpio_Handle,&Gpio_to_write1, TRUE);
adl_ioWriteSingle (Gpio_Handle,&Gpio_to_write2, FALSE);
adl_ioWriteSingle (Gpio_Handle,&Gpio_to_write3, TRUE);
adl_ioWriteSingle (Gpio_Handle,&Gpio_to_write4, FALSE);
      break;
    case 11:
```

```
adl_ioWriteSingle (Gpio_Handle,&Gpio_to_write1, TRUE);
adl_ioWriteSingle (Gpio_Handle,&Gpio_to_write2, FALSE);
adl_ioWriteSingle (Gpio_Handle,&Gpio_to_write3, TRUE);
adl_ioWriteSingle (Gpio_Handle,&Gpio_to_write4, TRUE);
        break;
    case 12:
adl_ioWriteSingle (Gpio_Handle,&Gpio_to_write1, TRUE);
adl_ioWriteSingle (Gpio_Handle,&Gpio_to_write2, TRUE);
adl_ioWriteSingle (Gpio_Handle,&Gpio_to_write3, FALSE);
adl_ioWriteSingle (Gpio_Handle,&Gpio_to_write4, FALSE);
        break;
    case 13:
adl_ioWriteSingle (Gpio_Handle,&Gpio_to_write1, TRUE);
adl_ioWriteSingle (Gpio_Handle,&Gpio_to_write2, TRUE);
adl_ioWriteSingle (Gpio_Handle,&Gpio_to_write3, FALSE);
adl_ioWriteSingle (Gpio_Handle,&Gpio_to_write4, TRUE);
        break;
    case 14:
adl_ioWriteSingle (Gpio_Handle,&Gpio_to_write1, TRUE);
adl_ioWriteSingle (Gpio_Handle,&Gpio_to_write2, TRUE);
adl_ioWriteSingle (Gpio_Handle,&Gpio_to_write3, TRUE);
adl_ioWriteSingle (Gpio_Handle,&Gpio_to_write4, FALSE);
        break;
    case 15:
adl_ioWriteSingle (Gpio_Handle,&Gpio_to_write1, TRUE);
adl_ioWriteSingle (Gpio_Handle,&Gpio_to_write2, TRUE);
adl_ioWriteSingle (Gpio_Handle,&Gpio_to_write3, TRUE);
adl_ioWriteSingle (Gpio_Handle,&Gpio_to_write4, TRUE);
        break;
  }
}

/*****************************************************************/
/*  端口初始化函数                                                  */
/*****************************************************************/
void GPIO_Initial(void)
{

   adl_ioWriteSingle (Gpio_Handle,&OutputGpioConfig[0], FALSE);//28
```

```
    adl_ioWriteSingle (Gpio_Handle,&OutputGpioConfig[1], FALSE);//29
    adl_ioWriteSingle (Gpio_Handle,&OutputGpioConfig[2], FALSE);//30
    adl_ioWriteSingle (Gpio_Handle,&OutputGpioConfig[3], FALSE);//31
    adl_ioWriteSingle (Gpio_Handle,&OutputGpioConfig[4], FALSE);//32
    adl_ioWriteSingle (Gpio_Handle,&OutputGpioConfig[5], FALSE);//33
    adl_ioWriteSingle (Gpio_Handle,&OutputGpioConfig[6], FALSE);//35


}


/*****************************************************************/
/*  点阵显示子函数                                                 */
/*****************************************************************/
void LED_Display(void)
{
    s32 a;
int time1;
  //while(1)死循环,扫描完一遍,继续扫描

for(time1 = 0;time1<100;time1 ++ )
{
    //GPIO_Initial(); 初始化端口输出
        for(i = 0;i< = 15;i ++ )     //列扫描,扫描16列
        {
            liexuan(i);              //控制74HC154输出,选中对应列
                                     //以下取每个汉字的列代码,先取每个列的16行的后8行
            code_now = code[i + 16]; //由于两片595级联,要先移入后8行的数据
                                     //以下按位输出到第1片74HC595(对应每个列的16行的前8行)
                                     //的数据输入端,存入数据寄存器,但并不送入输出锁存器
            tmp1 = 0x01;
            for(k = 0;k< = 7;k ++ )
            {
                tmp2 = code_now&tmp1;//第一次与0x01相与得到最低位电平高或低
                if(tmp2> = 0x01)
        {
        adl_ioWriteSingle (Gpio_Handle,&OutputGpioConfig[5], TRUE);
                                    //高电平发送到74HC595数据输入端上
        }
        else
```

```
        {
        adl_ioWriteSingle (Gpio_Handle,&OutputGpioConfig[5], FALSE);
                                                    //低电平发送到74HC595数据输入端上
        }
        //GPIO_28产生一上升沿,将GPIO_33上的数据移入74HC595中(从低到高)
        adl_ioWriteSingle (Gpio_Handle,&OutputGpioConfig[0], FALSE);
        adl_ioWriteSingle (Gpio_Handle,&OutputGpioConfig[0], TRUE);
        tmp1<<=1;//tmp1左移(乘2也可)
            }

//以下按位输出到第2片74HC595(对应每个列的16行的后8行),先前移入的后8行的数据开始从第
//1片595移入第2片595
            code_now = code[i];
            tmp1 = 0x01;
        for(k = 0;k<= 7;k++)
            {
                tmp2 = code_now&tmp1;//第一次与0x01相与得到最低位电平高或低
                if(tmp2>= 0x01)
        {
        adl_ioWriteSingle (Gpio_Handle,&OutputGpioConfig[5], TRUE);
                                                    //高电平发送到74HC595数据输入端上
        }
        else
        {
        adl_ioWriteSingle (Gpio_Handle,&OutputGpioConfig[5], FALSE);
                                                    //低电平发送到74HC595数据输入端上
        }
        //GPIO_28产生一上升沿,将GPIO_33上的数据移入74HC595中(从低到高)
        adl_ioWriteSingle (Gpio_Handle,&OutputGpioConfig[0], FALSE);
        adl_ioWriteSingle (Gpio_Handle,&OutputGpioConfig[0], TRUE);
        tmp1<<=1;//tmp1左移
            }
      //GPIO_29产生上升沿,将GPIO_33上已移入数据寄存器中的数据,送入到输出锁存器
                adl_ioWriteSingle (Gpio_Handle,&OutputGpioConfig[1], FALSE);
        a = adl_ioWriteSingle (Gpio_Handle,&OutputGpioConfig[1], TRUE);
        TRACE (( 1, "HIGH: %d ", a));
        }
    }
adl_tmrSubscribe ( FALSE,1, ADL_TMR_TYPE_100MS,(adl_tmrHandler_t)LED_Display);
```

```
}

/*************************************************************************/
/*  主函数                                                                */
/*************************************************************************/
void adl_main ( adl_InitType_e InitType )
{
    TRACE (( 1, "Embedded Application : Main" ));
    adl_atCmdCreate("at + whcnf = 0,0",FALSE,NULL,NULL);//关闭键盘复用
    TRACE (( 1, "Keyboard is off" ));

//EventHandle = adl_ioEventSubscribe(EventHandlerCallback);//提供GPIO相关事件的回调函数
Gpio_Handle = adl_ioSubscribe ( 7, &OutputGpioConfig,0,0,NULL);
TRACE (( 1, "adl_ioSubscribe : Gpio_Handle: %d ", Gpio_Handle));

if( Gpio_Handle < 0 )//subscribe函数返回负值说明申请服务失败
    {
        adl_atSendResponse(ADL_AT_RSP,"\r\nERROR DURING GPIO SUBSCRIPTION \r\n");
    }
adl_tmrSubscribe ( FALSE,50, ADL_TMR_TYPE_100MS,(adl_tmrHandler_t)LED_Display);

}
```


7. 实验步骤

① 利用Open AT开发向导创建工程；

② 编译应用程序，生成调试解决方案；

③ 生成目标文件；

④ 下载目标文件。

8. 思考题

① 点阵的工作原理。

② 如何选定点阵的一行或者一列？

附： 该实验可应用于最小开发板和开发实验箱。

5.17　实验17　数字呼叫服务实验

1. 实验目的

① 了解数字呼叫服务的工作原理；

② 熟悉数字呼叫与语音呼叫的区别；

③ 掌握数字呼叫服务的使用方法。

2. 实验内容

在两个实验箱之间通过数字呼叫服务(CSD)，实现数据或文件信息的传输。

3. 预备知识

① 有C语言编程基础；

② 掌握OpenAT开发环境及工具的使用。

4. 实验设备

硬件：Q26系列无线CPU嵌入式开发实验箱2个(或者最小实验板2个)、SIM卡2个、PC机(Pentium 500以上)、硬盘(10GB以上)。

软件：PC机XP操作系统，OpenAT软件开发环境。

5. 实验原理

在现代通信网络中，基本业务可根据承载网的不同，分为语音呼叫和数据呼叫。语音呼叫是指普通的电话呼叫，承载内容是实时的声音；数据呼叫是指承载内容是非实时语音的呼叫，例如，短消息、彩信、传真、网络短信等。

在基于Q26系列无线CPU开发平台上，数字呼叫与语音呼叫是利用头文件为adl_call.h的库函数进行编程实现的，所不同的是，若进行数字呼叫，则在申请呼叫服务时，要选择“数据业务”。详细介绍参见4.2.9节。

6. 实验代码

实验程序如下：

```
/**********************************************************************/
/*  File: CSD.c                                                       */
/**********************************************************************/

#include "adl_global.h"
```

```
#if __OAT_API_VERSION__ >= 400
const u16 wm_apmCustomStackSize = 1024 * 3;
#else
u32 wm_apmCustomStack[1024];
const u16 wm_apmCustomStackSize = sizeof(wm_apmCustomStack);
#endif

s8 sCallHandle ;//定制呼叫服务句柄
s8 sFcmHandle;//GSM 数据流流控句柄
//s8 sFcmHandle2;
s8 FcmHandle;//v24 数据流流控句柄
ascii total_string[1000];
ascii cmd_string[30]; //指令数据
ascii send_string1[1000];  //发送数据
ascii send_string2[1000];
ascii telno[11];//电话号码
ascii buffer[1000];//接收数据
//bool is_fcm;
//bool is_sfcm;
bool isconnect;//网络连通性
/*********************************************************************/
/*  Function: UART1 流控控制回调函数 fcm_ctrlHandler1                   */
/*********************************************************************/

bool fcm_ctrlHandler1 ( adl_fcmEvent_e Event )
{
    ascii RspStr[100];
    RspStr[0] = '\0';
    switch (Event)
    {

        case ADL_FCM_EVENT_FLOW_OPENNED:
            TRACE (( 1, "MyFcm Open" ));
//              is_fcm = TRUE;
        adl_fcmSwitchV24State(FcmHandle, ADL_FCM_V24_STATE_DATA);
          break;
        case ADL_FCM_EVENT_V24_DATA_MODE:
         wm_sprintf ( RspStr,"请输入指令,格式为 &&&CSDtel = \n\r");
        adl_fcmSendData(FcmHandle,RspStr,(u16)(strlen(RspStr)));
```

```
        break;
      case ADL_FCM_EVENT_V24_AT_MODE:
        TRACE (( 1, "Flow in AT Mode" ));
          adl_atSendResponse(ADL_AT_UNS,"AT mode");

        break;
      case ADL_FCM_EVENT_FLOW_CLOSED:
          TRACE ((1, "ADL_FCM_EVENT_FLOW_CLOSED"));
          FcmHandle = -1;
      break;
    }
    return TRUE;
}
/*************************************************************************/
/*  Function: UART1 流控数据回调函数 fcm_dataHandler1                      */
/*************************************************************************/
bool fcm_dataHandler1 ( u16 DataSize, u8 * Data )
{
    u16 i;
    s8 sRet;
    ascii RspStr[200];
    RspStr[0] = '\0';
    for ( i = 0; i < DataSize; i++ )
        {
          if(Data[i] != '\r')
          {
              if (Data[i] == 0x08 );      //Check if it is backspace character
              {
                  if (total_string[0] != 0); //empty string
                  total_string[wm_strlen(total_string) - 1] = 0x00;
              }
              else
              {
                  wm_strncat(total_string, &Data[i], 1);
                  //adl_fcmSendData(FcmHandle,&Data[i],1);

              }
          }
          else//回车后停止输入,开始判断所输入内容为协议还是发送的内容
```

```
        {
if(!wm_strncmp(total_string,"&&&CSDtel=",wm_strlen("&&&CSDtel=")))
            {
                wm_strcat(cmd_string,total_string);
                wm_strncat(telno,&cmd_string[10],11);
                //下面可以建立呼叫了
adl_callSetupExt(telno,ADL_CALL_MODE_DATA,ADL_PORT_UART1);
                //开始呼叫……
                wm_sprintf ( RspStr,"\r\n 开始建立呼叫...\n\r");
                adl_fcmSendData(FcmHandle,RspStr,(u16)(strlen(RspStr)));
                total_string[0]='\0';
                send_string1[0]='\0';
            }
            else
if(!wm_strncmp(total_string,"&&&at",wm_strlen("&&&at")))
            {
                wm_sprintf ( RspStr,"\r\n 转成 AT 模式!!!\n\r");
                adl_fcmSendData(FcmHandle,RspStr,(u16)(strlen(RspStr)));
                adl_fcmSwitchV24State(FcmHandle, ADL_FCM_V24_STATE_AT);
                total_string[0]='\0';
                send_string1[0]='\0';
            }
            else
if(!wm_strncmp(total_string,"&&&+++",wm_strlen("&&&+++")))
              //挂机
            {
                adl_callHangupExt(ADL_PORT_UART1);
                total_string[0]='\0';
                send_string1[0]='\0';
            }
            else if(total_string[0]!='&')
            {
                if(isconnect==TRUE)
                {
                    //isconnect=FALSE;
                wm_strcat(send_string1,total_string);
//adl_fcmSendData(FcmHandle,send_string1,(u16)(strlen(send_string1)));//自己的串口回显

sRet=adl_fcmSendData(sFcmHandle,send_string1,(u16)(strlen(send_string1)));
```

```
                //GSM 发送给对方
                total_string[0] = '\0';
                send_string1[0] = '\0';
                }
                else
                {
                    wm_sprintf ( RspStr,"\r\n 请先呼叫网络,格式为 &&&CSDtel = *********
***\n\r");
        adl_fcmSendData(FcmHandle,RspStr,(u16)(strlen(RspStr)));
                    total_string[0] = '\0';
                    send_string1[0] = '\0';
                }
            }
            else
            {
                wm_sprintf ( RspStr,"\r\n 输入格式错误!!\n\r");
                adl_fcmSendData(FcmHandle,RspStr,(u16)(strlen(RspStr)));
                wm_sprintf ( RspStr,"\r\n 若呼叫,请设置!格式为 &&&CSDtel = ***********
*\n\r");
                adl_fcmSendData(FcmHandle,RspStr,(u16)(strlen(RspStr)));
                wm_sprintf ( RspStr,"\r\n 若转 AT 模式,请设置!格式为 &&&at\n\r");
                adl_fcmSendData(FcmHandle,RspStr,(u16)(strlen(RspStr)));
                wm_sprintf ( RspStr,"\r\n 若挂机,请设置!格式为 &&& + + + \n\r");
                adl_fcmSendData(FcmHandle,RspStr,(u16)(strlen(RspStr)));
                total_string[0] = '\0';
                send_string1[0] = '\0';
            }

        }
    }
    return TRUE;
}
/****************************************************************/
/*  Function: GSM 流控控制回调函数 ffcm_ctrlHandler              */
/****************************************************************/
bool fcm_ctrlHandler ( adl_fcmEvent_e Event )
{

    TRACE ((1, "Inside FCM Control Handler =  %d", Event));
```

```
    switch (Event)
    {

        case ADL_FCM_EVENT_FLOW_OPENNED:
            TRACE (( 1, "Flow Opened" ));
          break;
        case ADL_FCM_EVENT_V24_DATA_MODE:
          TRACE (( 1, "Flow in Data Mode" ));
          break;
        case ADL_FCM_EVENT_V24_AT_MODE:
            TRACE (( 1, "Flow in AT Mode" ));
            adl_atSendResponse(ADL_AT_UNS,"AT mode");
          break;
        case ADL_FCM_EVENT_FLOW_CLOSED:
            TRACE ((1, "ADL_FCM_EVENT_FLOW_CLOSEDssssssss"));
            sFcmHandle = -1;
        break;
    }
    return TRUE;
}

/*****************************************************************************/
/*  Function: GSM 流控数据回调函数 fcm_dataHandler                              */
/*****************************************************************************/
bool fcm_dataHandler ( u16 DataSize, u8 * Data )//接收来自主叫端的指令数据并执行。
{
    u8 i = 0;
    s8 sRet;
    TRACE ((1, "Inside FCM Data Handler = %d", DataSize));
    DUMP(1, Data, DataSize);


    for ( i = 0; i < DataSize; i++ )
    {
            if (Data[i] == 0x08 )     //Check if it is backspace character
            {
                if (buffer[0] != 0) //empty string
                    buffer[wm_strlen(buffer) - 1] = 0x00;
            }
```

```
        else
        {
            wm_strncat(buffer, &Data[i], 1);

        }
}
        //sRet = adl_fcmSendData(sFcmHandle, buffer, strlen(buffer));
        //对方给自己回显一份
        adl_fcmSendData(FcmHandle, &buffer, wm_strlen(buffer));
        //对方来的数据发给自己串口一份
        buffer[0] = '\0';

    return TRUE;
}
/*************************************************************************/
/*  Function: 呼叫回调函数 callHandler                                     */
/*************************************************************************/

s8 callHandler ( u16 Event, u32 Call_ID )
{
    s8 sRet;
    ascii RspStr[100];
    RspStr[0] = '\0';

    TRACE ((1, "Inside Call Handler - Event = %d , Call_ID = %d", Event, Call_ID));

    /* 呼叫函数回调事件 */
    switch(Event)
    {
        case ADL_CALL_EVENT_RING_VOICE:
            TRACE ((1, "RING...."));
            wm_sprintf ( RspStr,"被叫语音业务\n\r");
            adl_fcmSendData(FcmHandle,RspStr,(u16)(strlen(RspStr)));
        break;
        case ADL_CALL_EVENT_RING_DATA:
            wm_sprintf ( RspStr,"被叫数据业务\n\r");
            adl_fcmSendData(FcmHandle,RspStr,(u16)(strlen(RspStr)));
            sRet = adl_callAnswerExt(ADL_PORT_OPEN_AT_VIRTUAL_BASE);
            TRACE ((1, "Accepted the call - sRet = %d", sRet ));
```

```
    break;

    case ADL_CALL_EVENT_ANSWER_OK:
        wm_sprintf ( RspStr,"接听成功!!! OK\n\r");
        adl_fcmSendData(FcmHandle,RspStr,(u16)(strlen(RspStr)));
        //sFcmHandle = adl_fcmSubscribe(ADL_FCM_FLOW_GSM_DATA, fcm_ctrlHandler, fcm_
        //dataHandler);
        TRACE ((1, "FCM subscription handler - sFcmHandle = %d", sFcmHandle ));
        isconnect = TRUE;
    break;
    case ADL_CALL_EVENT_SETUP_OK:
        TRACE((1,"呼叫建立成功!!!"));
        wm_sprintf ( RspStr,"呼叫建立成功,传输速率 9600bps OK!!! \n\r");
        adl_fcmSendData(FcmHandle,RspStr,(u16)(strlen(RspStr)));
        adl_fcmSendData(sFcmHandle,"call success!!",(u16)(strlen("call success!!")));
        isconnect = TRUE;
        break;
    case ADL_CALL_EVENT_NO_CARRIER:
        wm_sprintf ( RspStr,"没有载波,通信失败!!! \n\r");
        adl_fcmSendData(FcmHandle,RspStr,(u16)(strlen(RspStr)));
        isconnect = FALSE;
        break;
    case ADL_CALL_EVENT_NEW_ID:
        wm_sprintf ( RspStr,"成功发出呼叫请求!!! \n\r");
        adl_fcmSendData(FcmHandle,RspStr,(u16)(strlen(RspStr)));
        break;
    case ADL_CALL_EVENT_ALERTING:
        wm_sprintf ( RspStr,"正在呼叫,对方响铃!!! \n\r");
        adl_fcmSendData(FcmHandle,RspStr,(u16)(strlen(RspStr)));
        break;
    case ADL_CALL_EVENT_NO_ANSWER:
        wm_sprintf ( RspStr,"呼叫失败,对方没有应答!!! n\r");
        adl_fcmSendData(FcmHandle,RspStr,(u16)(strlen(RspStr)));
        break;
    case ADL_CALL_EVENT_BUSY:
        wm_sprintf ( RspStr,"呼叫失败,对方占线!!! \n\r");
        adl_fcmSendData(FcmHandle,RspStr,(u16)(strlen(RspStr)));
        break;
    case ADL_CALL_EVENT_RELEASE_ID:
```

```
            wm_sprintf ( RspStr,"对方挂机!!! \n\r");
            adl_fcmSendData(FcmHandle,RspStr,(u16)(strlen(RspStr)));
            break;
        case ADL_CALL_EVENT_HANGUP_OK:
            wm_sprintf ( RspStr,"挂机成功!!! \n\r");
            adl_fcmSendData(FcmHandle,RspStr,(u16)(strlen(RspStr)));
            break;
            break;
        default:
            break;
    }
    return ADL_CALL_NO_FORWARD;
}
/****************************************************************/
/*  Function: adl_main                                           */
/****************************************************************/
void adl_main ( adl_InitType_e InitType )
{
    TRACE (( 1, "Embedded Application : Main" ));
    total_string[0] = '\0';
    cmd_string[0] = '\0';
    send_string1[0] = '\0';
    send_string2[0] = '\0';
    telno[0] = '\0';
    isconnect = FALSE;
    /* Subscribe for CALL service */
    sCallHandle = adl_callSubscribe( callHandler);//申请呼叫服务

    sFcmHandle = adl_fcmSubscribe(ADL_FCM_FLOW_GSM_DATA, fcm_ctrlHandler, fcm_dataHandler);
          //申请 CSD 服务 GSM 流控
    FcmHandle = adl_fcmSubscribe(ADL_FCM_FLOW_V24_UART1, fcm_ctrlHandler1, fcm_
dataHandler1);//申请串口 1 流控服务

}
```

说明：

代码中定义了相应的操作指令：&&&CSDtel=<电话号码><回车>发起数据呼叫；&&&+++<回车>挂机；&&&AT<回车>由数据模式转为 AT 模式；数据<回车>发送数据。

7. 实验步骤

① 将SIM卡插入SIM卡槽，实验箱上电。

② 打开OpenAT环境，编写应用程序并编译，生成调试解决方案。

③ 生成目标文件。

④ 下载目标文件。

8. 思考题

① 数据呼叫与语音呼叫的区别是什么？

② 数据呼叫的数据传输速率是多少？

附：该实验可应用于最小开发板和开发实验箱。

5.18 实验18 键盘和显示器

1. 实验目的

① 进一步熟悉键盘和显示屏的使用方法；

② 学会如何捕捉键盘主动响应信息；

③ 学习如何将键盘与显示屏联合使用。

2. 实验内容

编程实现当键盘按键按下弹起一次，键盘所代表的数字在显示屏上的显示。

3. 预备知识

① 有C语言编程基础；

② 掌握OpenAT开发环境及工具的使用。

4. 实验设备

硬件：Q26系列无线CPU嵌入式开发实验箱、PC机(Pentium 500以上)、硬盘(10GB以上)。

软件：PC机XP操作系统，OpenAT软件开发环境。

5. 实验原理

在实验13和14中分别练习了键盘和显示屏的使用。键盘的按键每次按下和弹起后都会产生主动响应信息，通过串口2的收发，实现对显示屏的操作。因此，要实现键盘对显示屏的写入操作，首先需要捕捉并识别键盘按键按下和弹起后所产生的主动响应信息，然后对应于显示屏指令集将其转化成显示屏可以识别的指令信息，通过串口2发送至显示屏，从而通过显示屏显示按键内容。

在本实验中用到的 API 函数主要有：①申请捕获主动响应信息函数 adl_atUnSoSubcribe()；②模拟发送 AT 指令，并捕获响应函数 adl_atCmdCreate ()；③申请 FCM 服务函数 adl_fcmSubscribe()；④发送数据函数 adl_fcmSendData()等。

6. 实验代码

实验程序如下：

```
/**************************************************************/
/*  File：键盘和显示屏.c                                        */
/**************************************************************/

#include "adl_global.h"

const u16 wm_apmCustomStackSize = 1024;
u8 Handle2;
u8 commStr1[20];

bool fcm_ctrlHandler2 ( adl_fcmEvent_e Event )//串口 2 流控控制回调
{s8 resp;

    switch(Event)
    {
    case ADL_FCM_EVENT_FLOW_OPENNED:
            TRACE (( 1, "Flow Opened" ));
        adl_fcmSwitchV24State(Handle2, ADL_FCM_V24_STATE_DATA);
          break;
    case ADL_FCM_EVENT_V24_DATA_MODE:
          TRACE (( 1, "Flow in Data Mode" ));
        resp = adl_fcmSendData(Handle2, "This is a test case", 20);
          break;
    }
return TRUE;
}
void fcm_dataHandler2( u16 DataSize, u8 * Data )//串口 2 流控数据回调
{//串口 2 的数据回调函数}
void HelloWorld_TimerHandler ( u8 ID, void * Context )
{
```

```
s32 i;
TRACE ((1, "Embedded : Hello World" ));
commStr1[0] = 0xAA;
commStr1[1] = 0x52;
adl_fcmSendData(Handle2,commStr1,2);//显示屏清屏

for(i = 1;i<10000;i ++ )
{
   //延时
}
//////////参考迪文显示屏指令集,画 4×4 的键盘表格//////////////////////

      commStr1[0] = 0xAA;
      commStr1[1] = 0x56;
      commStr1[2] = 0x00;
      commStr1[3] = 0x1E;
      commStr1[4] = 0x00;
      commStr1[5] = 0x1E;
      commStr1[6] = 0x00;
      commStr1[7] = 0xBE;
      commStr1[8] = 0x00;
      commStr1[9] = 0x1E;
      commStr1[10] = 0xCC;
      commStr1[11] = 0x33;
      commStr1[12] = 0xC3;
      commStr1[13] = 0x3C;
    adl_fcmSendData(Handle2,commStr1,14);

      commStr1[0] = 0xAA;
      commStr1[1] = 0x56;
      commStr1[2] = 0x00;
      commStr1[3] = 0x1E;
      commStr1[4] = 0x00;
      commStr1[5] = 0x1E;
      commStr1[6] = 0x00;
      commStr1[7] = 0x1E;
      commStr1[8] = 0x00;
      commStr1[9] = 0xBE;
      commStr1[10] = 0xCC;
```

```
  commStr1[11] = 0x33;
  commStr1[12] = 0xC3;
  commStr1[13] = 0x3C;
adl_fcmSendData(Handle2,commStr1,14);

  commStr1[0] = 0xAA;
  commStr1[1] = 0x56;
  commStr1[2] = 0x00;
  commStr1[3] = 0x1E;
  commStr1[4] = 0x00;
  commStr1[5] = 0xBE;
  commStr1[6] = 0x00;
  commStr1[7] = 0xBE;
  commStr1[8] = 0x00;
  commStr1[9] = 0xBE;
  commStr1[10] = 0xCC;
  commStr1[11] = 0x33;
  commStr1[12] = 0xC3;
  commStr1[13] = 0x3C;
adl_fcmSendData(Handle2,commStr1,14);

  commStr1[0] = 0xAA;
  commStr1[1] = 0x56;
  commStr1[2] = 0x00;
  commStr1[3] = 0xBE;
  commStr1[4] = 0x00;
  commStr1[5] = 0x1E;
  commStr1[6] = 0x00;
  commStr1[7] = 0xBE;
  commStr1[8] = 0x00;
  commStr1[9] = 0xBE;
  commStr1[10] = 0xCC;
  commStr1[11] = 0x33;
  commStr1[12] = 0xC3;
  commStr1[13] = 0x3C;
adl_fcmSendData(Handle2,commStr1,14);

  commStr1[0] = 0xAA;
  commStr1[1] = 0x56;
```

```
    commStr1[2] = 0x00;
    commStr1[3] = 0x46;
    commStr1[4] = 0x00;
    commStr1[5] = 0x1E;
    commStr1[6] = 0x00;
    commStr1[7] = 0x46;
    commStr1[8] = 0x00;
    commStr1[9] = 0xBE;
    commStr1[10] = 0xCC;
    commStr1[11] = 0x33;
    commStr1[12] = 0xC3;
    commStr1[13] = 0x3C;
  adl_fcmSendData(Handle2,commStr1,14);

    commStr1[0] = 0xAA;
    commStr1[1] = 0x56;
    commStr1[2] = 0x00;
    commStr1[3] = 0x6E;
    commStr1[4] = 0x00;
    commStr1[5] = 0x1E;
    commStr1[6] = 0x00;
    commStr1[7] = 0x6E;
    commStr1[8] = 0x00;
    commStr1[9] = 0xBE;
    commStr1[10] = 0xCC;
    commStr1[11] = 0x33;
    commStr1[12] = 0xC3;
    commStr1[13] = 0x3C;
  adl_fcmSendData(Handle2,commStr1,14);

    commStr1[0] = 0xAA;
    commStr1[1] = 0x56;
    commStr1[2] = 0x00;
    commStr1[3] = 0x96;
    commStr1[4] = 0x00;
    commStr1[5] = 0x1E;
    commStr1[6] = 0x00;
    commStr1[7] = 0x96;
    commStr1[8] = 0x00;
```

```
  commStr1[9] = 0xBE;
  commStr1[10] = 0xCC;
  commStr1[11] = 0x33;
  commStr1[12] = 0xC3;
  commStr1[13] = 0x3C;
adl_fcmSendData(Handle2,commStr1,14);

  commStr1[0] = 0xAA;
  commStr1[1] = 0x56;
  commStr1[2] = 0x00;
  commStr1[3] = 0x1E;
  commStr1[4] = 0x00;
  commStr1[5] = 0x46;
  commStr1[6] = 0x00;
  commStr1[7] = 0xBE;
  commStr1[8] = 0x00;
  commStr1[9] = 0x46;
  commStr1[10] = 0xCC;
  commStr1[11] = 0x33;
  commStr1[12] = 0xC3;
  commStr1[13] = 0x3C;
adl_fcmSendData(Handle2,commStr1,14);

  commStr1[0] = 0xAA;
  commStr1[1] = 0x56;
  commStr1[2] = 0x00;
  commStr1[3] = 0x1E;
  commStr1[4] = 0x00;
  commStr1[5] = 0x6E;
  commStr1[6] = 0x00;
  commStr1[7] = 0xBE;
  commStr1[8] = 0x00;
  commStr1[9] = 0x6E;
  commStr1[10] = 0xCC;
  commStr1[11] = 0x33;
  commStr1[12] = 0xC3;
  commStr1[13] = 0x3C;
adl_fcmSendData(Handle2,commStr1,14);
```

```
            commStr1[0] = 0xAA;
            commStr1[1] = 0x56;
            commStr1[2] = 0x00;
            commStr1[3] = 0x1E;
            commStr1[4] = 0x00;
            commStr1[5] = 0x96;
            commStr1[6] = 0x00;
            commStr1[7] = 0xBE;
            commStr1[8] = 0x00;
            commStr1[9] = 0x96;
            commStr1[10] = 0xCC;
            commStr1[11] = 0x33;
            commStr1[12] = 0xC3;
            commStr1[13] = 0x3C;
        adl_fcmSendData(Handle2,commStr1,14);//表格完成

    adl_atSendResponse ( ADL_AT_UNS, "\r\nTable OK! \r\n" );
}
////////////////////参考迪文显示屏相关指令,定义键盘相应按键执行操作////////////////

bool ckev_handler (adl_atUnsolicited_t * paras)//键盘回调函数
{
    s32 key_sign;//定义键盘按键标识变量
    ////////////////分别赋予不同按键的按键标识值////////////////
    if(! wm_strncmp(paras->StrData,"\r\n+CKEV: 18,1",13))
        key_sign = 1;
    else if(! wm_strncmp(paras->StrData,"\r\n+CKEV: 17,1",13))
        key_sign = 2;
    else if(! wm_strncmp(paras->StrData,"\r\n+CKEV: 16,1",13))
        key_sign = 3;
    else if(! wm_strncmp(paras->StrData,"\r\n+CKEV: 15,1",13))
        key_sign = 10;
    else if(! wm_strncmp(paras->StrData,"\r\n+CKEV: 13,1",13))
        key_sign = 4;
    else if(! wm_strncmp(paras->StrData,"\r\n+CKEV: 12,1",13))
        key_sign = 5;
    else if(! wm_strncmp(paras->StrData,"\r\n+CKEV: 11,1",13))
        key_sign = 6;
    else if(! wm_strncmp(paras->StrData,"\r\n+CKEV: 10,1",13))
```

```
    key_sign = 11;
else if(! wm_strncmp(paras - >StrData,"\r\n + CKEV: 8,1",12))
    key_sign = 7;
else if(! wm_strncmp(paras - >StrData,"\r\n + CKEV: 7,1",12))
    key_sign = 8;
else if(! wm_strncmp(paras - >StrData,"\r\n + CKEV: 6,1",12))
    key_sign = 9;
else if(! wm_strncmp(paras - >StrData,"\r\n + CKEV: 5,1",12))
    key_sign = 12;
else if(! wm_strncmp(paras - >StrData,"\r\n + CKEV: 3,1",12))
    key_sign = 14;
else if(! wm_strncmp(paras - >StrData,"\r\n + CKEV: 2,1",12))
    key_sign = 0;
else if(! wm_strncmp(paras - >StrData,"\r\n + CKEV: 1,1",12))
    key_sign = 15;
else if(! wm_strncmp(paras - >StrData,"\r\n + CKEV: 0,1",12))
    key_sign = 13;

/////////////按键按下弹起一次,则在显示屏上相应位置显示该按键的值//////////////
switch(key_sign)
{
case 1:
        //显示 1
      adl_atSendResponse ( ADL_AT_UNS, "1" );
      commStr1[0] = 0xAA;
      commStr1[1] = 0x55;
      commStr1[2] = 0x00;
      commStr1[3] = 0x2D;
      commStr1[4] = 0x00;
      commStr1[5] = 0x23;
      commStr1[6] = 0x31;
      commStr1[7] = 0xCC;
      commStr1[8] = 0x33;
      commStr1[9] = 0xC3;
      commStr1[10] = 0x3C;
   adl_fcmSendData(Handle2,commStr1,14);//坐标(45,35) - - - 1

    break;
case 2:
```

```
            //显示 2
            adl_atSendResponse ( ADL_AT_UNS, "2" );
            commStr1[0] = 0xAA;
          commStr1[1] = 0x55;
          commStr1[2] = 0x00;
          commStr1[3] = 0x55;
          commStr1[4] = 0x00;
          commStr1[5] = 0x23;
          commStr1[6] = 0x32;
          commStr1[7] = 0xCC;
          commStr1[8] = 0x33;
          commStr1[9] = 0xC3;
          commStr1[10] = 0x3C;
      adl_fcmSendData(Handle2,commStr1,14);//(85,35) - - - 2

       break;
   case 3:
            //显示 3
            adl_atSendResponse ( ADL_AT_UNS, "3" );
            commStr1[0] = 0xAA;
          commStr1[1] = 0x55;
          commStr1[2] = 0x00;
          commStr1[3] = 0x7D;
          commStr1[4] = 0x00;
          commStr1[5] = 0x23;
          commStr1[6] = 0x33;
          commStr1[7] = 0xCC;
          commStr1[8] = 0x33;
          commStr1[9] = 0xC3;
          commStr1[10] = 0x3C;
      adl_fcmSendData(Handle2,commStr1,14);//(125,35) - - - 3
       break;
   case 4:
            //显示 4
            adl_atSendResponse ( ADL_AT_UNS, "4" );
            commStr1[0] = 0xAA;
          commStr1[1] = 0x55;
          commStr1[2] = 0x00;
          commStr1[3] = 0x2D;
```

```
commStr1[4] = 0x00;
commStr1[5] = 0x4B;
commStr1[6] = 0x34;
commStr1[7] = 0xCC;
commStr1[8] = 0x33;
commStr1[9] = 0xC3;
commStr1[10] = 0x3C;
adl_fcmSendData(Handle2,commStr1,14);//(45,75) - - - 4
break;
case 5:
    //显示5
    adl_atSendResponse ( ADL_AT_UNS, "5" );
    commStr1[0] = 0xAA;
    commStr1[1] = 0x55;
    commStr1[2] = 0x00;
    commStr1[3] = 0x55;
    commStr1[4] = 0x00;
    commStr1[5] = 0x4B;
    commStr1[6] = 0x35;
    commStr1[7] = 0xCC;
    commStr1[8] = 0x33;
    commStr1[9] = 0xC3;
    commStr1[10] = 0x3C;
adl_fcmSendData(Handle2,commStr1,14);//(85,75) - - - 5

break;
case 6:
    //显示6
    adl_atSendResponse ( ADL_AT_UNS, "6" );
    commStr1[0] = 0xAA;
    commStr1[1] = 0x55;
    commStr1[2] = 0x00;
    commStr1[3] = 0x7D;
    commStr1[4] = 0x00;
    commStr1[5] = 0x4B;
    commStr1[6] = 0x36;
    commStr1[7] = 0xCC;
    commStr1[8] = 0x33;
    commStr1[9] = 0xC3;
```

```
        commStr1[10] = 0x3C;
    adl_fcmSendData(Handle2,commStr1,14);//(125,75)---6

    break;
case 7:
        //显示 7
        adl_atSendResponse ( ADL_AT_UNS, "7" );
        commStr1[0] = 0xAA;
        commStr1[1] = 0x55;
        commStr1[2] = 0x00;
        commStr1[3] = 0x2D;
        commStr1[4] = 0x00;
        commStr1[5] = 0x73;
        commStr1[6] = 0x37;
        commStr1[7] = 0xCC;
        commStr1[8] = 0x33;
        commStr1[9] = 0xC3;
        commStr1[10] = 0x3C;
    adl_fcmSendData(Handle2,commStr1,14);//(45,115)---7
    break;
case 8:
        //显示 8
        adl_atSendResponse ( ADL_AT_UNS, "8" );
        commStr1[0] = 0xAA;
        commStr1[1] = 0x55;
        commStr1[2] = 0x00;
        commStr1[3] = 0x55;
        commStr1[4] = 0x00;
        commStr1[5] = 0x73;
        commStr1[6] = 0x38;
        commStr1[7] = 0xCC;
        commStr1[8] = 0x33;
        commStr1[9] = 0xC3;
        commStr1[10] = 0x3C;
    adl_fcmSendData(Handle2,commStr1,14);//(85,115)---8

    break;
case 9:
        //显示 9
```

```
        adl_atSendResponse ( ADL_AT_UNS, "9" );
         commStr1[0] = 0xAA;
      commStr1[1] = 0x55;
      commStr1[2] = 0x00;
      commStr1[3] = 0x7D;
      commStr1[4] = 0x00;
      commStr1[5] = 0x73;
      commStr1[6] = 0x39;
      commStr1[7] = 0xCC;
      commStr1[8] = 0x33;
      commStr1[9] = 0xC3;
      commStr1[10] = 0x3C;
   adl_fcmSendData(Handle2,commStr1,14);//(125,115)---9
    break;
case 0:
        //显示 0
        adl_atSendResponse ( ADL_AT_UNS, "0" );
            commStr1[0] = 0xAA;
            commStr1[1] = 0x55;
            commStr1[2] = 0x00;
            commStr1[3] = 0x55;
            commStr1[4] = 0x00;
            commStr1[5] = 0x9B;
            commStr1[6] = 0x30;
            commStr1[7] = 0xCC;
            commStr1[8] = 0x33;
            commStr1[9] = 0xC3;
            commStr1[10] = 0x3C;
      adl_fcmSendData(Handle2,commStr1,14);//(85,155)---0
   break;
case 15:
        //显示#
   adl_atSendResponse ( ADL_AT_UNS, "#" );
      commStr1[0] = 0xAA;
      commStr1[1] = 0x55;
      commStr1[2] = 0x00;
      commStr1[3] = 0x7D;
      commStr1[4] = 0x00;
      commStr1[5] = 0x9B;
```

```
        commStr1[6] = 0x23;
        commStr1[7] = 0xCC;
        commStr1[8] = 0x33;
        commStr1[9] = 0xC3;
        commStr1[10] = 0x3C;
    adl_fcmSendData(Handle2,commStr1,14);//(125,155) - - - #
     break;
case 10:
        //显示 A
     adl_atSendResponse ( ADL_AT_UNS, "A" );
      commStr1[0] = 0xAA;
        commStr1[1] = 0x55;
        commStr1[2] = 0x00;
        commStr1[3] = 0xA5;
        commStr1[4] = 0x00;
        commStr1[5] = 0x23;
        commStr1[6] = 0x41;
        commStr1[7] = 0xCC;
        commStr1[8] = 0x33;
        commStr1[9] = 0xC3;
        commStr1[10] = 0x3C;
    adl_fcmSendData(Handle2,commStr1,14);//(165,35) - - - A
     break;
case 11:
        //显示 B
     adl_atSendResponse ( ADL_AT_UNS, "B" );
     commStr1[0] = 0xAA;
        commStr1[1] = 0x55;
        commStr1[2] = 0x00;
        commStr1[3] = 0xA5;
        commStr1[4] = 0x00;
        commStr1[5] = 0x4B;
        commStr1[6] = 0x42;
        commStr1[7] = 0xCC;
        commStr1[8] = 0x33;
        commStr1[9] = 0xC3;
        commStr1[10] = 0x3C;
    adl_fcmSendData(Handle2,commStr1,14);//(165,75) - - - B
     break;
```

```
case 12:
        //显示 C
    adl_atSendResponse ( ADL_AT_UNS, "C" );
     commStr1[0] = 0xAA;
       commStr1[1] = 0x55;
       commStr1[2] = 0x00;
       commStr1[3] = 0xA5;
       commStr1[4] = 0x00;
       commStr1[5] = 0x73;
       commStr1[6] = 0x43;
       commStr1[7] = 0xCC;
       commStr1[8] = 0x33;
       commStr1[9] = 0xC3;
       commStr1[10] = 0x3C;
    adl_fcmSendData(Handle2,commStr1,14);//(165,115) - - - C
     break;
case 13:
    //显示 D
    adl_atSendResponse ( ADL_AT_UNS, "D" );
       commStr1[0] = 0xAA;
       commStr1[1] = 0x55;
       commStr1[2] = 0x00;
       commStr1[3] = 0xA5;
       commStr1[4] = 0x00;
       commStr1[5] = 0x9B;
       commStr1[6] = 0x44;
       commStr1[7] = 0xCC;
       commStr1[8] = 0x33;
       commStr1[9] = 0xC3;
       commStr1[10] = 0x3C;
    adl_fcmSendData(Handle2,commStr1,14);//(165,155) - - - D

break;
case 14:
    //显示 *
    adl_atSendResponse ( ADL_AT_UNS, " * " );
       commStr1[0] = 0xAA;
       commStr1[1] = 0x55;
       commStr1[2] = 0x00;
```

```
            commStr1[3] = 0x2D;
            commStr1[4] = 0x00;
            commStr1[5] = 0x9B;
            commStr1[6] = 0x2A;
            commStr1[7] = 0xCC;
            commStr1[8] = 0x33;
            commStr1[9] = 0xC3;
            commStr1[10] = 0x3C;
        adl_fcmSendData(Handle2,commStr1,14);//(45,155) - - - *

    break;
    }


return FALSE;
}


/*****************************************************************/
/*   Function: adl_main                                          */
/*****************************************************************/
void adl_main ( adl_InitType_e InitType )
{
    s16 n;
    TRACE (( 1, "Embedded Application : Main" ));
    adl_atCmdCreate("AT + WMFM = 0,1,2",FALSE,NULL,NULL);//打开串口 2
    adl_atSendResponse ( ADL_AT_UNS, "\r\nUART2 is openned! \r\n" );
    adl_atCmdCreate("at + whcnf = 0,1",FALSE,NULL,NULL);//打开 GPIO 键盘复用功能
    adl_atSendResponse ( ADL_AT_UNS, "\r\nActive Keyboard!! \r\n" );
    adl_atCmdCreate("at + cmer = ,1",FALSE,NULL,NULL);//打开键盘
    adl_atSendResponse ( ADL_AT_UNS, "\r\nOpen keyboard success! \r\n" );
    n = adl_atUnSoSubscribe(" + CKEV: ",ckev_handler);//申请主动响应信息捕获函数
    if(n = = 0)
    {TRACE((1,"Successfully subscribed + WIND: 4"));
    adl_atSendResponse ( ADL_AT_UNS, "\r\nSuccessfully subscribed + CKEV: \r\n" );}
    else
    {TRACE((1,"Error in subscribing + WIND: 4"));
    adl_atSendResponse ( ADL_AT_UNS, "\r\nError subscribed + CKEV:\r\n" );}
    Handle2 = adl_fcmSubscribe(ADL_FCM_FLOW_V24_UART2, fcm_ctrlHandler2, fcm_dataHandler2);
```

```
                                                    //申请串口2的流控服务
        adl_tmrSubscribe ( FALSE, 80, ADL_TMR_TYPE_100MS, HelloWorld_TimerHandler );
//定义延时器服务
    }
```

说明:

首先程序实现了在显示屏上显示一个4×4的键盘表格;然后当按动键盘上的按键时,则会在显示屏表格上的对应位置显示该按键的值。

附: 该实验只能应用于开发实验箱。

5.19 实验19 键盘和语音呼叫

1. 实验目的

① 进一步熟悉键盘和语音呼叫服务的使用方法;

② 学会如何捕捉键盘主动响应信息;

③ 学习如何将键盘与语音呼叫功能联合使用。

2. 实验内容

基于无线CPU实验箱,利用键盘拨号、接听或挂断,实现语音呼叫功能。

3. 预备知识

① 有C语言编程基础;

② 掌握OpenAT开发环境及工具的使用。

4. 实验设备

硬件:Q26系列无线CPU嵌入式开发实验箱、SIM卡、电话听筒、PC机(Pentium 500以上)、硬盘(10GB以上)。

软件:PC机XP操作系统,OpenAT软件开发环境。

5. 实验原理

在实验13和15中分别练习了键盘和语音呼叫功能的使用。键盘的按键每次按下和弹起后都会产生主动响应信息,语音呼叫服务可以通过AT指令或者语音呼叫API函数实现。因此,要实现键盘对显示屏的写入操作,首先需要捕捉并识别键盘按键按下和弹起后所产生的主动响应信息并识别按键,然后,在键盘上定义呼叫、接听和挂机按键分别触发相应的语音呼叫API函数以实现通过键盘完成呼叫的操作。

在本实验中用到的API函数主要有:①申请捕获主动响应信息函数adl_atUnSoSubcribe();

②模拟发送AT指令,并捕获响应函数 adl_atCmdCreate ();③声明呼叫服务的函数 adl_call-Subscribe();④根据提供的号码建立呼叫的函数 adl_callSetup();⑤用于终止呼叫的函数 adl_callHangup();⑥用于响应来自别处的呼叫连接的函数 adl_callAnswer();⑦用于取消呼叫服务的函数 adl_callUnsubscribe()等。

6. 实验代码

实验程序如下:

```
/************************************************************/
/*   File:键盘&语音口.c                                       */
/************************************************************/
#include "adl_global.h"

const u16 wm_apmCustomStackSize = 1024;
s8 sCallHandle ;//定制呼叫服务句柄
ascii telno[11];//存电话号码变量

bool ckev_handler (adl_atUnsolicited_t * paras)//回调函数
{
    s32 key_sign;//键盘按键标识

    if(! wm_strncmp(paras->StrData,"\r\n+CKEV: 18,1",13))
        key_sign = 1;
    else if(! wm_strncmp(paras->StrData,"\r\n+CKEV: 17,1",13))
        key_sign = 2;
    else if(! wm_strncmp(paras->StrData,"\r\n+CKEV: 16,1",13))
        key_sign = 3;
    else if(! wm_strncmp(paras->StrData,"\r\n+CKEV: 15,1",13))
        key_sign = 10;
    else if(! wm_strncmp(paras->StrData,"\r\n+CKEV: 13,1",13))
        key_sign = 4;
    else if(! wm_strncmp(paras->StrData,"\r\n+CKEV: 12,1",13))
        key_sign = 5;
    else if(! wm_strncmp(paras->StrData,"\r\n+CKEV: 11,1",13))
        key_sign = 6;
    else if(! wm_strncmp(paras->StrData,"\r\n+CKEV: 10,1",13))
        key_sign = 11;
    else if(! wm_strncmp(paras->StrData,"\r\n+CKEV: 8,1",12))
        key_sign = 7;
```

```
else if(! wm_strncmp(paras->StrData,"\r\n+CKEV: 7,1",12))
    key_sign=8;
else if(! wm_strncmp(paras->StrData,"\r\n+CKEV: 6,1",12))
    key_sign=9;
else if(! wm_strncmp(paras->StrData,"\r\n+CKEV: 5,1",12))
    key_sign=12;
else if(! wm_strncmp(paras->StrData,"\r\n+CKEV: 3,1",12))
    key_sign=14;
else if(! wm_strncmp(paras->StrData,"\r\n+CKEV: 2,1",12))
    key_sign=0;
else if(! wm_strncmp(paras->StrData,"\r\n+CKEV: 1,1",12))
    key_sign=15;
else if(! wm_strncmp(paras->StrData,"\r\n+CKEV: 0,1",12))
    key_sign=13;

if((key_sign! =10)&&(key_sign! =11)&&(key_sign! =12))
{
switch(key_sign)
{
case 1://数字键输入电话号码
        wm_strcat(telno,"1");
        adl_atSendResponse ( ADL_AT_UNS, "1" );
    break;
case 2:
        wm_strcat(telno,"2");
        adl_atSendResponse ( ADL_AT_UNS, "2" );
    break;
case 3:
        wm_strcat(telno,"3");
        adl_atSendResponse ( ADL_AT_UNS, "3" );
    break;
case 4:
        wm_strcat(telno,"4");
        adl_atSendResponse ( ADL_AT_UNS, "4" );
    break;
case 5:
        wm_strcat(telno,"5");
        adl_atSendResponse ( ADL_AT_UNS, "5" );
    break;
```

```
case 6:
        wm_strcat(telno,"6");
        adl_atSendResponse ( ADL_AT_UNS, "6" );
    break;
case 7:
        wm_strcat(telno,"7");
        adl_atSendResponse ( ADL_AT_UNS, "7" );
    break;
case 8:
        wm_strcat(telno,"8");
        adl_atSendResponse ( ADL_AT_UNS, "8" );
    break;
case 9:
        wm_strcat(telno,"9");
        adl_atSendResponse ( ADL_AT_UNS, "9" );
    break;
case 0:
        wm_strcat(telno,"0");
        adl_atSendResponse ( ADL_AT_UNS, "0" );
    break;
case 15://#键呼叫操作
        //执行呼叫操作
    adl_atSendResponse ( ADL_AT_UNS, "#" );
    adl_atSendResponse ( ADL_AT_UNS, telno);
    adl_callSetupExt(telno,ADL_CALL_MODE_VOICE,ADL_PORT_UART1);//开始呼叫……
    break;
}
}
else
{
    switch(key_sign)
    {
    case 10:
            //A键应答操作
        adl_callAnswerExt(ADL_PORT_OPEN_AT_VIRTUAL_BASE);
        break;
    case 11:
            //B键挂断操作
        adl_callHangupExt(ADL_PORT_UART1);
```

```
            break;
        case 12:
                //C键 clear 操作
            adl_callHangupExt(ADL_PORT_UART1);
            telno[0] = '\0';
            break;
        }

    }

return FALSE;
}

s8 callHandler ( u16 Event, u32 Call_ID )//呼叫回调函数
{
    s8 sRet;
    ascii RspStr[100];
    RspStr[0] = '\0';

    TRACE ((1, "Inside Call Handler - Event =  %d , Call_ID =  %d", Event, Call_ID));

    /* 呼叫响应事件 */
    switch(Event)
    {
        case ADL_CALL_EVENT_RING_VOICE:
            TRACE ((1, "RING...."));
            adl_atSendResponse ( ADL_AT_UNS, "\r\n VOICE RING...\r\n" );
        break;
        case ADL_CALL_EVENT_RING_DATA:
            adl_atSendResponse ( ADL_AT_UNS, "\r\n DATA RING...\r\n" );
        break;
        case ADL_CALL_EVENT_ANSWER_OK:
            adl_atSendResponse ( ADL_AT_UNS, "\r\n ANSWER SUCCESS...\r\n" );
        break;
        case ADL_CALL_EVENT_SETUP_OK:
            adl_atSendResponse ( ADL_AT_UNS, "\r\n CALL SUCCESS...\r\n" );
            TRACE((1,"呼叫建立成功!!!"));
            break;
        case ADL_CALL_EVENT_NO_CARRIER:
```

```
            adl_atSendResponse ( ADL_AT_UNS, "\r\n CONNECT FAIL...\r\n" );
            break;
        case ADL_CALL_EVENT_NEW_ID:
            adl_atSendResponse ( ADL_AT_UNS, "\r\n START CALL...\r\n" );
            break;
        case ADL_CALL_EVENT_ALERTING:
            adl_atSendResponse ( ADL_AT_UNS, "\r\n CALLING...\r\n" );
            break;
        case ADL_CALL_EVENT_NO_ANSWER:
            adl_atSendResponse ( ADL_AT_UNS, "\r\n NO ANSWER...\r\n" );
            break;
        case ADL_CALL_EVENT_BUSY:
            adl_atSendResponse ( ADL_AT_UNS, "\r\n BUSY...\r\n" );
            break;
        case ADL_CALL_EVENT_RELEASE_ID:
            adl_atSendResponse ( ADL_AT_UNS, "\r\n CALL RELEASE...\r\n" );
            break;
        case ADL_CALL_EVENT_HANGUP_OK:
            adl_atSendResponse ( ADL_AT_UNS, "\r\n RELEASE SUCCESS...\r\n" );
            break;

        default:
            break;
    }
    return ADL_CALL_NO_FORWARD;
}

/*************************************************************************/
/*  Function: adl_main                                                   */
/*************************************************************************/
void adl_main ( adl_InitType_e InitType )
{
    s16 n;
    telno[0] = '\0';//变量初始化
    TRACE (( 1, "Embedded Application : Main" ));
    adl_atCmdCreate("at + whcnf = 0,1",FALSE,NULL,NULL);//打开GPIO键盘复用功能
    adl_atSendResponse ( ADL_AT_UNS, "\r\nActive Keyboard!! \r\n" );
    adl_atCmdCreate("at + cmer = ,1",FALSE,NULL,NULL);//打开键盘
    adl_atSendResponse ( ADL_AT_UNS, "\r\nOpen keyboard success! \r\n");
```

```
    sCallHandle = adl_callSubscribe( callHandler);//申请语音呼叫服务
    n = adl_atUnSoSubscribe(" + CKEV: ",ckev_handler);//定义主动响应信息捕获函数
    if(n = = 0)
    {TRACE((1,"Successfully subscribed + WIND: 4"));
    adl_atSendResponse ( ADL_AT_UNS, "\r\nSuccessfully subscribed + CKEV: \r\n" );}
    else
    {TRACE((1,"Error in subscribing + WIND: 4"));
    adl_atSendResponse ( ADL_AT_UNS, "\r\nError subscribed + CKEV:\r\n" );}
}
```

说明：

程序实现了通过键盘拨号、接听及挂机操作。

7. 实验步骤

① 将 SIM 卡插入 SIM 卡槽，实验箱上电。

② 打开 OpenAT 环境，编写应用程序并编译，生成调试解决方案。

③ 生成目标文件。

④ 下载目标文件。

附： 该实验只能应用于开发实验箱。

5.20　实验 20　交通灯实验

1. 实验目的

① 了解交通灯的工作原理；

② 熟练掌握 GPIO 和 Timer 的使用方法。

2. 实验内容

结合 GPIO 和 Timer，实现实验箱上的交通灯(D11－D15)周期性交替亮灭。

3. 预备知识

① 有 C 语言编程基础；

② 掌握 OpenAT 开发环境及工具的使用。

4. 实验设备

硬件：Q26 系列无线 CPU 嵌入式开发实验箱、PC 机(Pentium 500 以上)、硬盘(10GB 以上)。

软件：PC 机 XP 操作系统，OpenAT 软件开发环境。

5. 实验原理

交通灯通过 GPIO 控制。需要注意的是开发实验箱所采用的 GPIO4～GPIO7 和 GPIO9～GPIO10 与键盘引脚 COL0～COL3 和 ROW0～ROW1 复用(详见第 2 章),所以,交通灯实验过程中,需要关闭键盘复用(at＋whcnf＝0,0)。要实现交通灯的轮流亮灭,需要运用 Timer 的定时器功能定义循环的时间周期,在每次定时器溢出事件中出发 GPIO 操作,从而实现交通灯的亮灭。

在本实验中需要用到的 API 函数主要有:①用于申请 Timer 服务的函数 adl_tmrSubscribe();②用于撤销 Timer 服务的函数 adl_tmrUnSubscribe();③I/O 服务定制函数 adl_ioSubscribe();④I/O 服务撤销函数 adl_ioUnsubscrible();⑤读输入引脚组函数 adl_ioRead();⑥写输入引脚组函数 adl_ioWrite()等。

6. 实验代码

实验程序如下:

```
/*****************************************************************/
/*   File:交通灯.c                                                */
/*****************************************************************/

#include "adl_global.h"

#define POLLING_TIME 2

#define BLINK_TIME 25//定时器步长宏定义
const u16 wm_apmCustomStackSize = 1024;
 adl_ioDefs_t OutputGpioConfig[] = {
        ADL_IO_GPIO | 4 | ADL_IO_DIR_OUT | ADL_IO_LEV_LOW ,
        ADL_IO_GPIO | 6 | ADL_IO_DIR_OUT | ADL_IO_LEV_LOW ,
        ADL_IO_GPIO | 5 | ADL_IO_DIR_OUT | ADL_IO_LEV_LOW ,
        ADL_IO_GPIO | 7 | ADL_IO_DIR_OUT | ADL_IO_LEV_LOW ,
        ADL_IO_GPIO | 9 | ADL_IO_DIR_OUT | ADL_IO_LEV_LOW ,
        ADL_IO_GPIO | 10 | ADL_IO_DIR_OUT | ADL_IO_LEV_LOW

};//定义 GPIO 结构体


s32 Gpio_Handle;//定义 GPIO 句柄

adl_tmr_t * timer;//定义定时器 timer 句柄
```

```
adl_tmr_t * timer1;//定义定时器 timer1 句柄

s32 EventHandle;//定义 GPIO 回调函数句柄
/**************************************************************************/
/*  Local functions                                                        */
/**************************************************************************/
void EventHandlerCallback ( s32 GpioHandle, adl_ioEvent_e Event, u32 Size, void * Param )
{
    //GPIO 时间回调函数
}
void GPIOtimerhandler3(u8 TimerId)

{
    adl_ioDefs_t Gpio_to_write[2] = {
                                     ADL_IO_GPIO | 5|ADL_IO_DIR_OUT | ADL_IO_LEV_LOW ,
                                     ADL_IO_GPIO |9|ADL_IO_DIR_OUT | ADL_IO_LEV_LOW
                                 };//定义 2 个 GPIO 的高低电平

    s32 ret_val;
    ret_val = adl_ioWrite(Gpio_Handle,2,&Gpio_to_write);
//在已经定义的 2 个 GPIO 上执行写操作
    TRACE((1, "GPOs = 0. Return value %d",ret_val));

}
void GPIOtimerhandler2(u8 TimerId)

{
    adl_ioDefs_t Gpio_to_write[4] = {
                                     ADL_IO_GPIO | 9|ADL_IO_DIR_OUT | ADL_IO_LEV_HIGH ,
                                     ADL_IO_GPIO | 5|ADL_IO_DIR_OUT | ADL_IO_LEV_HIGH ,
                                     ADL_IO_GPIO | 4|ADL_IO_DIR_OUT | ADL_IO_LEV_LOW ,
                                     ADL_IO_GPIO |7|ADL_IO_DIR_OUT | ADL_IO_LEV_LOW
                                 };//定义 4 个 GPIO 的高低电平

    s32 ret_val;
    ret_val = adl_ioWrite(Gpio_Handle,4,&Gpio_to_write);
//在已经定义的 4 个 GPIO 上执行写操作

    TRACE((1, "GPOs = 0. Return value %d",ret_val));
```

```
    timer1 = adl_tmrSubscribe( FALSE, BLINK_TIME, ADL_TMR_TYPE_100MS, GPIOtimerhandler3 );
                                                                    //定义延时器

}
void GPIOtimerhandler1(u8 TimerId)

{
    adl_ioDefs_t Gpio_to_write[4] = {
                                ADL_IO_GPIO | 4|ADL_IO_DIR_OUT | ADL_IO_LEV_HIGH ,
                                ADL_IO_GPIO | 7|ADL_IO_DIR_OUT | ADL_IO_LEV_HIGH ,
                                ADL_IO_GPIO | 6|ADL_IO_DIR_OUT | ADL_IO_LEV_LOW ,
                                ADL_IO_GPIO |10|ADL_IO_DIR_OUT | ADL_IO_LEV_LOW
                            };//定义 4 个 GPIO 的高低电平



    s32 ret_val;
    ret_val = adl_ioWrite(Gpio_Handle,4,&Gpio_to_write);
//在已经定义的 4 个 GPIO 上执行写操作
    TRACE((1, "GPOs = 0. Return value %d",ret_val));
    timer1 = adl_tmrSubscribe( FALSE, BLINK_TIME, ADL_TMR_TYPE_100MS, GPIOtimerhandler2 );
                                                                    //定义延时器
}
void GPIOtimerhandler(u8 TimerId)

{
    adl_ioDefs_t Gpio_to_write[2] = {
                                ADL_IO_GPIO | 6|ADL_IO_DIR_OUT | ADL_IO_LEV_HIGH ,
                                ADL_IO_GPIO |10|ADL_IO_DIR_OUT | ADL_IO_LEV_HIGH
                            };//将 GPIO6 与 GPIO10 定义为高电平
    s32 ret_val;
    ret_val = adl_ioWrite(Gpio_Handle,2,&Gpio_to_write);
//在已经定义的 2 个 GPIO 上执行写操作

    TRACE((1, "GPOs = 1. Return value %d",ret_val));

    timer1 = adl_tmrSubscribe( FALSE, BLINK_TIME, ADL_TMR_TYPE_100MS, GPIOtimerhandler1 );
                                                            //定义延时器,起延时作用

}
```

```
/**************************************************************************/
/*  Function: adl_main                                                    */
/**************************************************************************/
void adl_main ( adl_InitType_e InitType )
{
    TRACE (( 1, "Embedded Application : Main" ));

    adl_atCmdCreate("at + whcnf = 0,0",FALSE,NULL,NULL);//关闭键盘 GPIO 复用
    TRACE (( 1, "Keyboard is off" ));


    EventHandle = adl_ioEventSubscribe(EventHandlerCallback);//提供 GPIO 相关事件的回调函数
    Gpio_Handle = adl_ioSubscribe ( 6, &OutputGpioConfig,0,0,NULL);//申请交通灯相关 GPIO 服务

    TRACE (( 1, "adl_ioSubscribe : Gpio_Handle: %d ", Gpio_Handle));

    if( Gpio_Handle < 0 )//subscribe 函数返回负值说明申请服务失败
        {
            adl_atSendResponse(ADL_AT_RSP,"\r\nERROR DURING GPIO SUBSCRIPTION \r\n");
        }

    timer = adl_tmrSubscribe( TRUE, 85, ADL_TMR_TYPE_100MS, GPIOtimerhandler );
//定义使交通灯循环亮灭的定时器

}
```

说明：

程序通过定时器功能实现了红黄绿等循环亮灭。

附：该实验只能应用于开发实验箱。

附录 A

简明 AT 指令

简明 AT 指令及说明如表 A.1～A.16 所列。

表 A.1　一般指令

AT 指令	说　明	AT 指令	说　明
AT+CGMI	获得厂家的标识	AT+CPAS	查询模块当前活动状态
AT+CGMM	查询支持频段	AT+CMEE	设置模块错误报告方式
AT+CGMR	查询软件版本	AT+CKPD	模拟小键盘控制操作
AT+CGSN	查询 IMEI 码	AT+CCLK	日期管理，查询或设置当前日期和时间
AT+CSCS	选择 TE 特性设置	AT+CALA	闹铃管理，查询或设置闹铃时间
AT+WPCS	设置电话簿和记事簿的字符集	AT+CRMP	振铃管理，设置来电、短消息等提示音
AT+CIMI	查询 SIM 卡的 IMSI	AT+CRSL	设置来电、短消息等提示音的音量
AT+CCID	查询 SIM 卡标识	AT+CSIM	对 SIM 卡执行某种操作
AT+GCAP	查询功能列表	AT+CRSM	对 SIM 卡执行某种操作
A/	重复上一次操作	AT+CMEC	选择控制 ME 的设备
AT+CPOF	停止模块运行	AT+CIND	设置或读取 ME 标识
AT+CFUN	设置模块状态		

表 A.2　呼叫控制指令

AT 指令	说　明	AT 指令	说　明
ATD	拨号	AT+CICB	设置呼入模式
ATH	挂机	AT+CSNS	设置呼入模式
ATA	接电话	AT+VGR	调整听筒音量
AT+CEER	查看呼叫失败原因	AT+VGT	调整话筒音量
AT+VTD	设置 DTMF 长度	AT+CMUT	设置话筒静音
AT+VTS	发送 DTMF 信号	AT+SPEAKER	话筒选择

续表 A.2

AT指令	说 明	AT指令	说 明
ATDL	重拨上一次电话号码	AT+ECHO	设置回音消除功能
AT%Dn	根据DTR信号自动拨号	AT+SIDET	设置侧音修正
ATS0	设置自动应答	AT+VIP	恢复默认语音设置

表 A.3 网络服务指令

AT指令	说 明	AT指令	说 明
AT+CSQ	检测信号质量	AT+CPLS	根据SIM中存储的信息设置PLMN
AT+COPS	设置网络选择方式(自动/手动)	AT+CPOL	编辑或更新SIM中存储的优选网络列表
AT+CREG	网络注册,获得注册状态		
AT+WOPN	查询当前网络运营商	AT+COPN	查询模块中存储的所有使用者信息

表 A.4 安全服务指令

AT指令	说 明	AT指令	说 明
AT+CPIN	输入PIN码	AT+CLCK	锁住或解锁设备某些功能
AT+CPIN2	输入PIN2码	AT+CPWD	更改各种密码
AT+CPINC	查看密码剩余尝试次数		

表 A.5 电话簿指令

AT指令	说 明	AT指令	说 明
AT+CPBS	选择不同存储器上的电话薄	AT+WAIP	选择是否重启时初始化电话薄
AT+CPBR	读取电话薄记录	AT+WDCP	删除呼叫记录
AT+CPBF	按文字查询电话号码	AT+CSVM	设置语音号码
AT+CPBW	向电话薄写入电话号码	AT+WCOS	扩展电话簿
AT+CPBP	从电话薄中查询某一电话号码的信息	AT+WPGW	创建或删除电话簿分组
AT+CPBN	电话薄移动动作	AT+WPGR	读取电话簿分组
AT+CNUM	查看用户本机号码	AT+WPGS	设置电话簿分组参数

表 A.6 短消息服务指令

AT 指令	说 明	AT 指令	说 明
AT+CSMS	选择短消息服务	AT+CMSS	发送存储在存储区的短消息
AT+CNMA	新消息确认应答	AT+CSMP	TEXT 短信模式参数设置
AT+CPMS	选择短信存储区	AT+CMGD	删除短消息
AT+CMGF	选择短信格式	AT+CSCA	设置短信服务中心地址
AT+CSAS	存储短信参数设置	AT+CSCB	选择小区广播信息类型
AT+CRES	设备恢复成存储的短信参数设置	AT+WCBM	查看小区广播信息标识符
AT+CSDH	显示 TEXT 短信模式下参数	AT+WMSC	修改短消息状态
AT+CNMI	选择如何接收短消息	AT+WMGO	覆盖某一短消息
AT+CMGR	读取短消息	AT+WUSS	保持短信状态不变
AT+CMGL	按要求列出存储的短消息	AT+WMCP	复制短消息
AT+CMGS	发送短消息	AT+CMMS	发送多条短消息
AT+CMGW	写短消息存入存储区		

表 A.7 补充服务指令

AT 指令	说 明	AT 指令	说 明
AT+CCFC	设置呼叫转移	AT+CACM	累计话费显示或清零
AT+CLCK	设置呼叫禁止	AT+CAMM	设置最大可使用话费
AT+CPWD	修改辅助业务密码	AT+CPUC	设置话费价格
AT+CCWA	设置呼叫等待	AT+CHLD	设置多方会谈呼叫操作
AT+CLIR	设置主叫线识别限制	AT+CLCC	显示当前呼叫列表
AT+CLIP	设置主叫线识别显示	AT+CSSN	设置辅助业务
AT+COLP	设置被叫线识别显示	AT+CUSD	设置一些非正式的数据辅助业务
AT+CAOC	查看当前话费报告	AT+CCUG	设置屏蔽用户

表 A.8 数据业务指令

AT 指令	说 明	AT 指令	说 明
AT+CBST	设置数据传输类型	AT+CRLP	设置无线链路协议参数
AT+FCLASS	选择模式	AT+DOPT	设置其他无线链路协议参数
AT+CRC	是否选择详细报告	AT%C	选择是否进行数据压缩
AT+CR	是否选择详细振铃指示	AT+DS	选择是否支持 V42bis 数据压缩

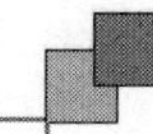

续表 A.8

AT 指令	说 明	AT 指令	说 明
AT+ILRR	选择是否报告本地 DTE 到 DCE 的速率	AT+DR	选择是否报告链路 V42bis 数据压缩
		AT\N	选择错误纠正模式

表 A.9 传真业务指令

AT 指令	说 明	AT 指令	说 明
AT+FTM	设置传真发送速率	AT+FTS	停止发送传真并等待相应时间
AT+FRM	设置传真接收速率	AT+FRS	停止侦听网络并等待相应时间向DTE 发送报告
AT+FTH	设置使用 HDLC 协议发送传真速率		
AT+FRH	设置使用 HDLC 协议接收传真速率		

表 A.10 传真(class 2)业务指令

AT 指令	说 明	AT 指令	说 明
AT+FDT	发送数据	AT+FCQ	控制接收传真备份质量检查
AT+FDR	接收数据	AT+FCR	设置是否接收传真
AT+FET	标注文件的分页符	AT+FDIS	设置当前任务参数
AT+FPTS	设置页转换状态	AT+FDCC	设置所有任务参数
AT+FK	终止会话	AT+FLID	定义本地 ID
AT+FBOR	设置传输比特顺序	AT+FPHCTO	设置确定无任务的等待时间
AT+FBUF	查询缓存器容量		

表 A.11 串口指令

AT 指令	说 明	AT 指令	说 明
AT+IPR	设置数据终端设备速率	ATZ	恢复默认设置
AT+ICF	设置停止位、奇偶校验位	AT&W	保存串口设置
AT+IFC	设置本地数据流量	AT&T	激活音频回路测试
AT&C	设置 DCD 信号	ATE	是否回显输入指令
AT&D	设置 DTR 信号	AT&F	恢复出厂设置
AT&S	设置 DSR 信号	AT&V	显示当前的一些参数的设置
ATO	返回在线模式	ATI	显示多种模块认证信息
ATQ	设置 DCE 是否保持静默状态	AT+WMUX	激活(取消)数据/指令多通道模式
ATV	设置 DCE 响应格式		

表 A.12 特殊指令

AT 指令	说 明	AT 指令	说 明
AT+CCED	小区环境描述	AT+CPHS	激活或终止 CPHS 属性
AT+WIND	提示信息	AT+WBCM	电池充电管理
AT+ADC	模拟数字信号转换	AT+WFM	属性管理
AT+CMER	移动设备事件报告	AT+WCFM	商业属性管理
AT+WLPR	获取语言设置	AT+WMIR	为当前配置参数制作镜像
AT+WLPW	设置语言	AT+WCDP	选择默认播放器
AT+WIOR	从 GPIO 或 GPI 获得输入	AT+WMBN	设置 CPHS 邮箱
AT+WIOW	从 GPIO 或 GPO 输出	AT+WALS	设置或获取活动行
AT+WIOM	设置 GPIO 的传输方向	AT+WOPEN	运行、停止、删除应用程序或获得其信息
AT+WAC	取消正在执行的命令		
AT+WTONE	设置单音输出	AT+WRST	根据设置的时间复位模块
AT+WDTMF	设置 DTMF	AT+WSST	设置或查询音量
AT+WDWL	下载文件	AT+WLOC	获得本地信息
AT+WVR	设置语音载体的语音速率	AT+WBR	读取总线数据
AT+WDR	设置数据载体的数据速率	AT+WBW	将数据写入总线
AT+WHWV	查询硬件版本	AT+WBM	总线管理
AT+WDOP	查询产品的生产日期	AT+WATH	取消连接,并释放占用的资源
AT+WSVG	选择音量调节器	AT+WIMEI	写入 IMEI
AT+WSTR	查询模块状态	AT+WSVN	更新 IMEI SVN
AT+WSCAN	扫描信号强度	AT+WMBS	设置频段
AT+WRIM	设置振铃模式	AT+WMSN	查询产品序列号
AT+W32K	允许模块进入 32 kHz 时钟的休眠模式	AT+WCTM	激活或取消 CTM 功能
AT+WCDM	播放默认音乐	AT+WBHV	配置 WAVECOM 调制解调器
AT+WSSW	查询软件版本	AT+WHCNF	设置 V24 或 SPI 配置
AT+WCCS	显示、编辑用户属性表	AT+WMFM	端口复用管理
AT+WLCK	允许网络运营商为 ME 加锁	AT+WOPENRES	恢复被挂起的应用程序

表 A.13 记事簿指令

AT 指令	说 明	AT 指令	说 明
AT+WAGR	读取记事簿中的记录	AT+WAGD	删除记事簿中记录
AT+WAGW	将记录写入记事簿		

表 A.14 WAP服务指令

AT指令	说 明	AT指令	说 明
AT+WWAPD	创建帐户及相关参数	AT+WWAPBR	建立或销毁 WAP 会话,浏览 HTTP 网页
AT+WWAPG	设置或获取网关信息		
AT+WWAPP	设置或获取描述文件信息	AT+WHTTPR	接收、发送 HTTP 请求和响应
AT+WWAPS	设置或获取 WAP 信息	AT+WHTTPI	标识 HTTP 响应
AT+WLNK	建立或撤销与网络的连接	AT+WWAPBO	书签管理

表 A.15 SIM工具包(SIM Toolkit)指令

AT指令	说 明	AT指令	说 明
AT+STSF	设置 SIM 卡工具箱功能	AT+STCR	回显命令:工具箱控制反应
AT+STIN	SIM 卡工具箱指示	AT+STGR	选择或回应命令
AT+STGI	显示 SIM 卡工具箱命令信息		

表 A.16 GPRS服务指令

AT指令	说 明	AT指令	说 明
AT+CGDCONT	定义 PDP 上下文	AT+CGREG	GPRS 网络注册状态
AT+CGQREQ	设置请求的服务质量	D	IP 服务请求
AT+CGQMIN	设置允许的最差服务质量	S0	自动响应网络的 PDP 请求
AT+CGATT	设置 GPRS 附着状态	A	手动接收网络的 PDP 请求
AT+CGACT	激活 PDP 上下文	H(H0)	手动拒收网络的 PDP 请求
AT+CGDATA	设置数据状态	AT+CGAUTO	自动响应网络的 PDP 请求
AT+CGCLASS	设置 GPRS 移动终端类型	AT+CGANS	手动响应网络的 PDP 请求
AT+CGSMS	设置发送 MO SMS 消息需要的服务及服务性能	AT+CGPADDR	显示 PDP 地址
		AT+WGPRS	设置 GPRS 参数
AT+CGEREP	设置 GPRS 事件报告		

附录 B

AT 指令响应

AT 指令响应及说明如表 B.1～B.6 所列。

表 B.1　AT 指令响应

AT 指令响应	说　明
+CALA:<time string>,<index>	闹铃
+CBM:<length><pdu>	直接显示小区广播消息（PDU 模式）
+CBM:<sn>,<mid>,<dcs>,<page>,<pages>…	直接显示小区广播消息（文本模式）
+CBMI:"BM",<index>	小区广播消息存放在<mem>中的<index>位置
+CCCM:<ccm>	通用呼叫表
+CCED:<values>	小区环境描述标识
+CCWA:<number>,<type>,<class>,[<alpha>]	呼叫等待的号码
+CDS:<length>…	SMS 状态报告(PDU 模式)
+CDS:<fo>,<mr>,…	SMS 状态报告(文本模式)
+CDSI:<mem>,<index>	完成短消息发送后,接收 SMS 状态报告, 存放在<mem>的<index>位置
+CKEV:<keynb>	有按键被按下或释放
+CLIP:<number>,<type>[…<alpha>]	来电显示
+CMT:[<alpha>]…	直接显示接收到的消息(PDU 模式)
+CMT:<oa>…	直接显示接收到的消息(文本模式)
+CMTI:<mem>,<index>	收到的消息存放在<mem>中的<index>位置
+CREG:<mode>,<stat>[,<lac>,<ci>]	网络注册
+CRING:<type>	来电类型(语音,传真……)
+CSQ:<RxLev>,99	通过 AT+CCED=1,8 指令自动显示<RxLev>
+CSSU:<code 2> [<number>,<type>]	呼叫业务中补充业务的通知
+STIN:<ind>	SIM 卡工具包

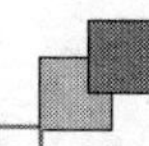

续表 B.1

AT 指令响应	说　明
+WIND:<IndicationNb>[,<Callld>]	特定的主动响应标识(SIM 卡插入/移动、初始化结束、复位、报警、建立/释放呼叫)
+WVMI:<Lineld>,<Status>	语音邮件通知(比较:+CPHS 指令)
+WDCI:<Lineld>,<Status>	显示呼叫转移
+WBCI	显示更换电池
+CIEV	显示事件报告
+WAGI:<date string>,<time string>,<category>,<alarm_offset>,<frequency>,<description>,<index>	指定通知
+CUSD:<m>,[<str>,<dcs>]	USSD 主动响应
+COLP:<number>,<type>	主叫显示
+CR:<type>	主叫报告控制
+ILRR:<rate>	本地 TA - TE 数据速率
+CONNECT 300	数据连接速率:300 bands
+CONNECT 1200	数据连接速率:1 200 bands
+CONNECT 1200/75	数据连接速率:1 200/75 bands
+CONNECT 2400	数据连接速率:2 400 bands
+CONNECT 4800	数据连接速率:4 800 bands

表 B.2　最终响应

AT 指令响应	说　明
+CME ERROR:<error>	GSM 07.05 指令产生的错误
+CMS ERROR:<error>	SMS 指令(07.07)产生的错误
BUSY	检测到忙信号
ERROR	指令没有被接受
NO ANSWER	连接超时
NO CARRIER	连接终止
OK	确认指令行的正确执行
RING	网络发出的被叫信号

表 B.3　+CME ERROR:<error>

error	说　明	error	说　明
3	模块不允许该操作	30	没有网络服务
4	模块不支持该操作	32	只允许紧急呼叫
5	需要 PH-SIM PIN	40	需要输入私有 PIN 码
10	未插入 SIM 卡	103	错误的 MS 标识
11	需要输入 PIN 码	106	ME 没有被列入黑名单
12	需要输入 PUK 码	107	不允许 MS 使用 GPRS 服务
13	SIM 卡失效	111	不允许 MS 接入 PLMN
16	密码错误	112	不允许 MS 在此区域更新定位
17	需要输入 PIN2 码	113	不允许在此区域漫游
18	需要输入 PUK2 码	132	不支持服务选项
20	存储器已满	133	请求的服务选项未预定
21	无效索引	134	服务选项暂时紊乱
22	未找到	148	未规定的 GPRS 错误
24	文本溢出	149	PDP 验证失效
26	拨号溢出	150	非法移动级别
27	拨号中存在无效字符		

表 B.4　+CMS ERROR:<error>

error	说　明	error	说　明
1～127	见 GSM 04.11 Annex E-2	514	CP 错误(对 SMS)
301	ME 保留的 SMS 服务	515	请等待,正在初始化或处理指令
302	不允许此操作	517	不支持 SIM ToolKit
303	不支持此操作	518	未收到 SIM ToolKit 指示
304	无效的 PDU 模式参数	519	复位模块、激活或更新回音抑制算法
305	无效的文本模式参数	520	自动中止获取接入呼叫的 PLMN 列表
310	没有插入 SIM 卡	526	无法取消 PIN 码
311	需要输入 PIN 码	527	请等待,RR 或 MM 忙,请稍候重试
312	需要输入 PH-SIM PIN 码	528	更新定位失败,只允许紧急呼叫
313	SIM 卡失效	529	PLMN 选择失败,只允许紧急呼叫

续表 B.4

error	说　明	error	说　明
316	需要输入 PUK 码	531	由于 FDN 电话簿中没有<da>，并且 FDN 已锁，无法发送短消息
317	需要输入 PIN2 码		
318	需要输入 PUK2 码	532	嵌入的应用程序正在运行，所以无法擦除 FLASH
321	无效的存储索引		
322	SIM 卡或者 ME 存储器满	533	丢失的或未知的 APN
330	未知的 SC 地址	536	正在执行同类(如 SMS 类等)的指令
340	非预期的+CNMA 确认	537	电话簿已满
500	未知错误	538	没有足够的空间去复制短消息
512	MM 建立失败(对 SMS)	539	无效的 SMS
513	网络错误(对 SMS)	541	应用程序与函数库版本不匹配

表 B.5　+CEER:Error<code>

code	说　明	code	说　明
1	未分配号码	38	网络未正常工作
3	无路由到达终点	41	临时故障
6	无法接受的频道	42	交换设备拥塞
8	由运营者来控制的闭锁类业务	43	接入信息被丢弃
16	正常的呼叫清除	44	请求的电路/通路不可用
17	用户忙	47	资源不可用，未规定
18	无用户响应	49	不可用的服务质量
19	无用户应答	50	未预订所请求的性能
21	呼叫拒绝	55	CUG 内呼入呼叫拥塞
22	号码变更	57	承载能力无权
26	清除没有被选择的用户	58	承载能力目前不可用
27	目的地不可达	63	服务或者选项不可用，未规定
28	无效的号码格式(号码不完整)	65	承载服务未实现
29	性能被拒绝	68	ACM 等于或大于最大的 ACM
30	STATUS ENQUIRY 的响应	69	请求的性能未实现
31	正常，未规定	70	只有受限的数字信息承载能力可用
34	无可用的电路/通路	79	服务或选项未实现，未规定

续表 B.5

code	说　明	code	说　明
81	无效的事务标识	229	NWK 请求使 PDP 失效
87	被叫用户不是 CUG 成员	230	LLC 连接激活失败引起 PDP 失效
88	不兼容的目的地	231	由于 PDP 失效，NWK 再次使用相同 TI 激活 PDP
91	无效的转接网选择		
95	语义有误的消息	232	由于 PDP 失效，GMM 异常中断
96	无效的必选信息	233	由于 PDP 失效，LLC 或 SNDCP 失败
97	消息类型不存在或者未实现	234	PDP 激活失败引起 GMM 错误
98	消息类型与协议不一致	235	PDP 激活失败引起 NWK 被拒绝
99	信息单元不存在或者未实现	236	PDP 激活失败引起 NO NSAPI
100	IE 条件错误	237	PDP 激活失败引起 SM 拒绝
101	消息与协议不一致	238	PDP 激活失败引起 MMI 忽略
102	定时器超时的恢复	239	PDP 激活失败引起 Nb Max Session Reach 事件
111	协议错误，未规定		
127	交互工作，未规定	240	FDN 处于活动状态，并且号码没有在 FDN 中
224	MS 请求去附着		
225	NWK 请求去附着	241	呼叫操作不允许
226	由于"NO SERVICE"，附着失败	252	主叫限制
227	由于"NO ACCESS"，附着失败	253	被叫限制
228	由于"GPRS SERVICE REFUSED"，附着失败	254	不可能的呼叫
		255	网络失效

表 B.6　GSM 04.11 Annex E-2

error	说　明	error	说　明
1	没有分配号码	30	未知的用户
8	由运营者来控制的闭锁类业务	38	网络未正常工作
10	呼叫限制	41	临时故障
21	短消息传递拒绝	42	拥塞
27	目的地不可达	47	资源不可用，未规定
28	未确认的用户	50	未预订所请求的性能
29	性能拒绝	69	请求的性能未实现

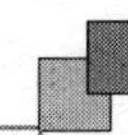

续表 B.6

error	说　明	error	说　明
81	无效的短消息传递标识	98	消息与短消息协议不一致
95	无效的消息,未规定	99	信息单元不存在或者未实现
96	无效的必选信息	111	协议错误,未规定
97	消息类型不存在或未实现	127	协同工作,未规定

注:其他没有指明的值都视为41号错误处理。

附录 C

常见 ADL 错误信息

常见 ADL 错误信息如表 C.1～表 C.5 所列。

表 C.1 常见错误信息

错误信息	错误值	说明
OK	0	成功
ERROR	－1	错误
ADL_RET_ERR_PARAM	－2	参数错误
ADL_RET_ERR_UNKNOWN_HDL	－3	未知 Handle/Handle 错误
ADL_RET_ERR_ALREADY_SUBSCRIBED	－4	已声明的服务
ADL_RET_ERR_NOT_SUBSCRIBED	－5	未声明的服务
ADL_RET_ERR_FATAL	－6	严重错误
ADL_RET_ERR_BAD_HDL	－7	错误 Handle
ADL_RET_ERR_BAD_STATE	－8	错误状态
ADL_RET_ERR_PIN_KO	－9	错误 PIN 状态
ADL_RET_ERR_NO_MORE_HANDLES	－10	达到服务响应值的最大容量
ADL_RET_ERR_DONE	－11	请求的重复操作终止
ADL_RET_ERR_OVERFLOW	－12	请求的操作超出函数的性能
ADL_RET_ERR_NOT_SUPPORTED	－13	无线 CPU 不支持函数所请求的某个选项
ADL_RET_ERR_NO_MORE_TIMERS	－14	函数需要声明定时器，但是目前已经没有可用的定时器
ADL_RET_ERR_SERVICE_LOCKED	－16	函数被低级的中断处理函数所调用，服务被禁止
ADL_RET_ERR_SPECIFIC_BASE	－20	特定错误范围开始

表 C.2　FCM 错误信息

错误信息	错误值
ADL_FCM_RET_ERROR_GSM_GPRS_ALREADY_OPENNED	ADL_RET_ERR_SPECIFIC_BASE
ADL_FCM_RET_ERR_WAIT_RESUME	ADL_RET_ERR_SPECIFIC_BASE－1
ADL_FCM_RET_OK_WAIT_RESUME	OK＋1
ADL_FCM_RET_BUFFER_EMPTY	OK＋2
ADL_FCM_RET_BUFFER_NOT_EMPTY	OK＋3

表 C.3　Flash 错误信息

错误信息	错误值
ADL_FLH_RTE_ERR_OBJ_NOT_EXIT	ADL_RTE_ERR_SPECIFIC_BASE
ADL_FLH_RTE_ERR_MEM_FULL	ADL_RTE_ERR_SPECIFIC_BASE－1
ADL_FLH_RTE_ERR_NO_ENOUGH_IDS	ADL_RTE_ERR_SPECIFIC_BASE－2
ADL_FLH_RTE_ERR_ID_OUT_OF_RANGE	ADL_RTE_ERR_SPECIFIC_BASE－3

表 C.4　GPRS 服务错误信息

错误信息	错误值
ADL_GPRS_CID_NOT_DEFINED	－3
ADL_NO_GPRS_SERVICE	－4
ADL_CID_NOT_EXIST	5

表 C.5　A&D 存储服务错误代码

错误信息	错误值
ADL_AD_RET_ERR_NOT_AVAILABLE	ADL_ RTE_ERR_SPECIFIC_BASE
ADL_AD_RET_ERR_OVERFLOW	ADL_ RTE_ERR_SPECIFIC_BASE－1
ADL_AD_RET_ERROR	ADL_ RTE_ERR_SPECIFIC_BASE－2
ADL_AD_RET_ERR_NEED_RECOMPACT	ADL_ RTE_ERR_SPECIFIC_BASE－3

附录 D

常见基础 API 函数

1. 标准字符串函数

(1) wm_strcpy

功　能　将字符串从 src 复制到 dst。

原　型　ascii * wm_strcpy(ascii * dst,ascii * src);

位　置　wm_stdio.h

返回值　返回指向 dst 的指针。

(2) wm_strncpy

功　能　将 n 个字符从 src 复制到 dst

原　型　ascii * wm_strncpy(ascii * dst,ascii * src,u32 n);

位　置　wm_stdio.h

返回值　返回指向 dst 的指针。

(3) wm_strcat

功　能　将字符串 src 连接到 dst。如果连接后 dst 溢出，则自动将 src 超出的部分截去。

原　型　ascii * wm_strcat(ascii * dst,ascii * src);

位　置　wm_stdio.h

返回值　返回指向 dst 的指针。

(4) wm_strncat

功　能　将字符串 src 中的 n 个字符连接到 dst。如果连接后 dst 溢出，则自动将超出的部分截去。

原　型　ascii * wm_strncat(ascii * dst,ascii * src,u32 n);

位　置　wm_stdio.h

返回值　返回指向 dst 的指针。

(5) wm_strlen

功　能　获得 str 的长度。

原　型　u32 wm_strlen(ascii * str);

位 置 wm_stdio.h

返回值 返回 str 的长度。

(6) wm_strcmp

功 能 比较字符串 s2 和 s1。

原 型 `s32 wm_strcmp( ascii * s1,ascii * s2 );`

位 置 wm_stdio.h

返回值 如果 s1<s2,则返回负数;如果 s1=s2,则返回 0;如果 s1>s2,则返回正数。

(7) wm_strncmp

功 能 比较字符串 s2 和 s1 中的 n 个字符。

原 型 `s32 wm_strncmp( ascii * s1,ascii * s2,u32 n);`

位 置 wm_stdio.h

返回值 如果 s1<s2,则返回负数;如果 s1=s2,则返回 0;如果 s1>s2,则返回正数。

(8) wm_stricmp

功 能 比较字符串 s2 和 s1,忽略大小写。

原 型 `s32 wm_stricmp( ascii * s1,ascii * s2 );`

位 置 wm_stdio.h

返回值 如果 s1<s2,则返回负数;如果 s1=s2,则返回 0;如果 s1>s2,则返回正数。

(9) wm_strnicmp

功 能 比较字符串 s2 和 s1 中的 n 个字符,忽略大小写。

原 型 `s32 wm_strnicmp( ascii * s1,ascii * s2,u32 n);`

位 置 wm_stdio.h

返回值 如果 s1<s2,则返回负数;如果 s1=s2,则返回 0;如果 s1>s2,则返回正数。

(10) wm_memset

功 能 将 dst 中的 n 个字节设置为 c。

原 型 `ascii * wm_memset( ascii * dst,ascii * c,u32 n );`

位 置 wm_stdio.h

返回值 返回指向 dst 的指针。

(11) wm_memcpy

功 能 从 src 复制 n 个字节到 dst。

原 型 `ascii * wm_memcpy( ascii * dst,ascii * src,u32 n );`

位 置 wm_stdio.h

返回值 返回指向 dst 的指针。

(12) wm_memcmp

功 能 比较 src 和 dst 的 n 个字节。

原　型　`s32 wm_memcmp( ascii * dst,ascii * src,u32 n );`

位　置　wm_stdio.h

返回值　如果 dst<src,则返回负数;如果 dst=src,则返回 0;如果 dst>src,则返回正数。

(13) wm_itoa

功　能　将十进制数转换成字符串。

原　型　`ascii * wm_itoa( s32 a,ascii * szBuffer );`

位　置　wm_stdio.h

返回值　返回指向 szBuffer 的指针。

(14) wm_atoi

功　能　将字符串转换成十进制数。

原　型　`s32 wm_atoi( ascii * p );`

位　置　wm_stdio.h

返回值　返回与字符串 p 对应的十进制数。

(15) wm_sprintf

功　能　格式化输出字符串。

原　型　`u8 wm_sprintf( ascii * buffer,ascii * fmt,… );`

位　置　wm_stdio.h

返回值　如果输出成功,返回输出的字节数;否则,返回 EOF。

(16) wm_isascii

功　能　检验字符是否是 26 个英文字母(不区分大小写)。

原　型　`ascii wm_isascii( ascii c );`

位　置　wm_stdio.h

返回值　如果是英文字母,返回该字符;否则,返回 NULL。

说　明　对于后面提到的函数(包括本函数),在字符串参数为空的情况下,会导致模块异常。

(17) wm_isdigit

功　能　检验字符是否是阿拉伯数字。

原　型　`ascii wm_isdigit( ascii c );`

位　置　wm_stdio.h

返回值　如果是阿拉伯数字,返回该字符;否则,返回 NULL。

(18) wm_ishexa

功　能　检验字符是否是十六进制数的字符。

原　型　`ascii wm_ishexa( ascii c );`

位　置　wm_stdio.h

返回值 如果是十六进制数的字符,返回该字符;否则,返回 NULL。

(19) wm_isnumstring

功 能 检验字符串是否是由 0～9 的字符组成,如,1234567890。

原 型 `bool wm_isnumstring( ascii * string );`

位 置 wm_stdio. h

返回值 如果字符串符合条件,返回 TRUE;否则,返回 FALSE。

(20) wm_ishexastring

功 能 检验字符串是否是由十六进制数组成。

原 型 `bool wm_ishexastring( ascii * string );`

位 置 wm_stdio. h

返回值 如果字符串符合条件,返回 TRUE;否则,返回 FALSE。

(21) wm_isphonestring

功 能 检验字符串是否是电话号码。

原 型 `bool wm_isphonestring( ascii * string );`

位 置 wm_stdio. h

返回值 如果字符串符合条件,则返回 TRUE;否则,返回 FALSE。

(22) wm_hexatoi

功 能 将十六进制数组成的字符串转换成十进制整数。

原 型 `u32 wm_hexatoi( ascii * src,u16 iLen );`

位 置 wm_stdio. h

返回值 如果操作成功,返回转换的十进制整数;否则返回 0。例如 wm_hexatoi("1A", 1)返回的十进制数为 1;wm_hexatoi("1A",2)返回的十进制数为 26。

(23) wm_hexatoibuf

功 能 将十六进制数组成的字符串转换成十进制整数,并以字节为单位存放在缓存中。

原 型 `u8 * wm_hexatoibuf( u8 * dst,ascii * src );`

位 置 wm_stdio. h

返回值 如果操作成功,则返回指向存放十进制数的缓存的指针;否则,返回 NULL。例如 wm_hexatoibuf(dst,"1F06")返回的缓存内容分别是 0x1F 和 0x06。

(24) wm_itohexa

功 能 将十六进制数转换成长度为 len 的字符串。

原 型 `ascii * wm_itohexa( ascii * dst,u32 nb,u8 len );`

位 置 wm_stdio. h

返回值 如果操作成功,返回指向字符串的指针。例如 wm_itohexa(dst,0xD3,2)返回的字符串为 D3;wm_itohexa(dst,0xD3,4)返回的字符串为 00D3。

(25) wm_ibuftohexa

功　能　将缓存中的十六进制数转换成字符串。

原　型　`ascii wm_ibuftohexa( ascii * dst,u8 * src,u16 len );`

位　置　wm_stdio.h

返回值　如果操作成功,则返回指向字符串的指针。例如 src 指向的缓存中存放的三个字节分别为 0x1A、0x2B 和 0x3C,那么 wm_ibuftohexa(dst,src,3)返回的字符串为 1A2B3C。

(26) wm_strSwitch

功　能　strTest 与给出的一组字符串(该组字符串的最后一个字符串必须为 NULL)进行匹配。

原　型　`u16 wm_strSwitch( const ascii * strTest,… );`

位　置　wm_stdio.h

返回值　如果给出的字符串中有与 strTest 匹配的字符串,则返回匹配的字符串的索引。例如 wm_strSwitch("TEST match","test","no match",NULL)返回 1;wm_strSwitch("match","match a","match b",NULL)返回 0。

(27) wm_strRemoveCRLF

功　能　根据给定的 size,将 src 中的字符串复制到 dst 中,并删除字符串中的 CR(0x0D)和 LF(0x0A)。

原　型　`ascii * wm_strRemoveCRLF( ascii * dst,ascii * src,u16 size );`

位　置　wm_stdio.h

返回值　该函数返回指向 dst 的指针。

(28) wm_strGetParameterString

功　能　从 AT 指令或标准 AT 响应的字符串中取出该指令或响应的某个参数。

原　型

```
ascii * wm_strGetParameterString ( ascii * dst,
                                   const ascii * src,
                                   u16 Position );
```

位　置　wm_stdio.h

返回值　函数返回指向获得的参数字符串的指针。

2. 标准列表函数

(1) wm_lstCreate

功　能　该函数根据提供的参数 Attr 创建列表。

原　型　`wm_lst_t wm_lstCreate( u16 Attr,wm_lstTable_t * funcTable );`

位　置　wm_list.h

返回值 返回指向创建的列表的指针。

说 明

① 参数Attr的允许取值为WM_LIST_NONE(无特殊属性)、WM_LIST_SORTED(有序列表)和WM_LIST_NODUPLICATES(不可复制列表),或各常数经过或运算得到的值。

② 数据类型wm_lst_t的定义为:

```
typedef void * wm_lst_t;
```

数据类型wm_lstTable_t的定义为:

```
typedef struct
{
s16 ( * CompareItem) (void * ,void * );
void ( * FreeItem) (void * );
} wm_lstTable_t;
```

③ 当列表函数需要比较列表中的元素时,就要调用CompareItem对象(如果CompareItem为空,那么wm_strcmp函数会作为缺省选择)。如果比较的2个元素相等,则返回OK;如果第1个元素小于第2个元素,则返回−1;如果第1个元素大于第2个元素,则返回1。

当列表函数需要删除列表中的元素时,就要调用FreeItem对象。

(2) wm_lstDestroy

功 能 该函数用于清空并销毁列表。

原 型 `void wm_lstDestroy( wm_lst_t list );`

位 置 wm_list.h

(3) wm_lstClear

功 能 该函数用于清空列表中的元素。

原 型 `void wm_lstClear( wm_lst_t list );`

位 置 wm_list.h

(4) wm_lstGetCount

功 能 该函数用于获得列表的元素数目。

原 型 `u16 wm_lstGetCount( wm_lst_t list );`

位 置 wm_list.h

返回值 返回列表中元素的个数。如果列表为空,则返回0。

(5) wm_lstAddItem

功 能 该函数用于向列表添加元素。

原 型 `void wm_lstClear( wm_lst_t list,void * item );`

位 置 wm_list.h

返回值 如果成功,则返回添加的元素在列表中的位置;否则,返回ERROR。

(6) wm_lstInsertItem

功 能 该函数用于向列表的某个位置插入元素。

原 型 `void wm_lstClear( wm_lst_t list,void * item,u16 index );`

位 置 wm_list.h

返回值 如果成功,则返回添加的元素在列表中的位置;否则,返回ERROR。

(7) wm_lstGetItem

功 能 该函数用于从列表中读取元素。

原 型 `void * wm_lstGetItem( wm_lst_t list,u16 index );`

位 置 wm_list.h

(8) wm_lstDeleteItem

功 能 该函数用于删除列表中的元素。

原 型 `s16 wm_lstDeleteItem( wm_lst_t list,u16 index );`

位 置 wm_list.h

返回值 如果操作执行成功,则返回列表中剩余元素的个数;否则,返回ERROR。

(9) wm_lstFindItem

功 能 该函数用于查找列表中的元素。

原 型 `s16 wm_lstFindItem( wm_lst_t list,void * item );`

位 置 wm_list.h

返回值 如果成功,则返回匹配元素在列表中的位置;否则,返回ERROR。

(10) wm_lstFindAllItem

功 能 该函数用于查找列表中所有的元素。

原 型 `s16 wm_lstFindAllItem( wm_lst_t list,void * item );`

位 置 wm_list.h

返回值 所有匹配元素在列表中的位置存放在s16型的buffer中,并且以ERROR结束。

(11) wm_lstFindNextItem

功 能 该函数用于查找下一个列表中的匹配元素。

原 型 `s16 wm_lstFindNextItem( wm_lst_t list,void * item );`

位 置 wm_list.h

返回值 如果成功,则返回下一个匹配元素在列表中的位置;否则,返回ERROR。

(12) wm_lstResetItem

功 能 将先前wm_lstFindNextItem函数查找的元素复位。

原 型 `void wm_lstResetItem( wm_lst_t list,void * item );`

位 置 wm_list.h

3. 标准音频函数

(1) wm_sndTonePlay

功　能　该函数用于控制扬声器或蜂鸣器的音频输出，如频率、增益和持续时间。

原　型

```
s32   wm_sndTonePlay(   wm_snd_dest_e  Destination,
                        u16            Frequency,
                        u8             Duration,
                        u8             Gain    );
```

位　置　wm_snd.h

返回值　如果成功，返回 OK；否则返回错误代码。

说　明

① Destination 用于指定输出音频的设备，该参数的定义如下：

```
typedef  enum
    {
        WM_SND_DEST_BUZZER,
        WM_SND_DEST_SPEAKER,
        WM_SND_DEST_GSM
  } wm_snd_dest_e;
```

② Frequency 用于设置输出音频的频率。扬声器的输出频率范围为 1～3 999 Hz，蜂鸣器的输出频率范围为 1～50 000 Hz。

③ Duration 用于设置音频的持续时间（$n \times 20$ ms）。当 Duration 的值为 0 时，音频设备将持续播放。

④ Gain 用于设置输出音频的增益。该参数的取值范围为 0～15，对应的音频增益如表 D.1 所列。

表 D.1　音频增益

Gain	扬声器/dB	蜂鸣器/dB	Gain	扬声器/dB	蜂鸣器/dB
0	0	−0.25	8	−12	−12
1	−0.5	−0.5	9	−15	−15
2	−1	−1	10	−18	−18
3	−1.5	−1.5	11	−24	−24
4	−2	−2	12	−30	−30
5	−3	−3	13	−36	−40
6	−6	−6	14	−42	−infinite
7	−9	−9	15	−infinite	−infinite

(2) wm_sndToneStop

功 能 该函数用于停止扬声器或峰鸣器的音频输出。

原 型
```
s32 wm_sndTonePlay( wm_snd_dest_e Destination );
```

位 置 wm_snd.h

返回值 如果成功,则返回 OK;否则返回错误代码。

说 明 Destination 为要停止的音频设备。

(3) wm_sndDtmfPlay

功 能 该函数用于控制扬声器输出 DTMF(双音多频,Dual Tone Multi－Frequency)信号,或通过 GSM 网络传输 DTMF 信号(仅在通信状态下)。

原 型
```
s32 wm_sndDtmfPlay( wm_snd_dest_e Destination,
                    ascii         Dtmf,
                    u8            Duration,
                    u8            Gain );
```

位 置 wm_snd.h

返回值 如果成功,则返回 OK;否则返回错误代码。

说 明

① Destination 用于指定输出 DTMF 信号的设备,或通过 GSM 网络传输 DTMF 信号。

② Dtmf 为需要输出的 DTMF 信号。允许的取值为 0～9,以及 A、B、C 和 D 共 14 个字符。

③ Duration 用于设置 DTMF 信号的持续时间(n×20 ms)。当 Duration 的值为 0 时,音频设备将持续播放。

④ Gain 用于设置输出音调的增益。该参数的取值范围为 0～15。

(4) wm_sndDtmfStop

功 能 用于停止扬声器输出 DTMF 信号,或中止 GSM 网络传输 DTMF 信号。

原 型
```
s32 wm_sndDtmfStop( wm_snd_dest_e Destination );
```

位 置 wm_snd.h

返回值 如果成功,则返回 OK;否则返回错误代码。

说 明 Destination 为要停止的设备:扬声器或 GSM 网络。

(5) wm_sndMelodyPlay

功 能 该函数用于控制乐曲的输出。

原 型
```
s32 wm_sndMelodyPlay( wm_snd_dest_e Destination,
                      u16           * Melody,
                      u16           Tempo,
                      u8            Cycle,
                      u8            Gain );
```

位　置　wm_snd.h

返回值　如果成功,则返回OK;否则返回错误代码。

说　明

① Destination用于指定输出乐曲的设备。

② Melody为指向要输出的乐曲的指针。该数组中存放每个音符的音阶和节拍。例如:

```
const u16 MyMelody[] =
{
WM_SND_E1    |  WM_SND_QUAVER,
WM_SND_F1    |  WM_SND_MBLACK,
WM_SND_G6S   |  WM_SND_QUAVER
};
```

音阶的定义如下:

```
typedef  enum
{
WM_SND_C0,    // C0
WM_SND_C0S,  // C0#
WM_SND_D0,
WM_SND_D0S,
WM_SND_E0,
WM_SND_F0,
WM_SND_F0S,
WM_SND_G0,
WM_SND_G0F,
WM_SND_A0,
WM_SND_A0S,
WM_SND_B0,
WM_SND_C1,    // C1
…
WM_SND_NO_SOUND = 0xFF
} wm_sndNote_e;
```

音符节拍的定义如下:

```
#define WM_SND_ROUND          0x1000    // 全音符
#define WM_SND_MWHITEP        0x0C00
#define WM_SND_MWHITE         0x0800    // 二分音符
#define WM_SND_MBLACKP        0x0600
#define WM_SND_MBLACK         0x0400    // 四分音符
```

```
#define WM_SND_QUAVERP        0x0300
#define WM_SND_QUAVER         0x0200    // 八分音符
#define WM_SND_MSHORT         0x0100    // 十六分音符
```

③ Tempo 表示一个节拍的时间长度($n\times 20$ ms)。

④ Cycle 用于设置乐曲播放的次数。

⑤ Gain 用于设置乐曲的音量。

(6) wm_sndMelodyStop

功 能 该函数用于停止乐曲的输出。

原 型 `s32 wm_sndMelodyStop( wm_snd_dest_e Destination );`

位 置 wm_snd.h

返回值 如果成功,则返回 OK;否则返回错误代码。

说 明 Destination 为要停止的设备。

附录 E

基于 adl_gprs.h 和 adl_fcm.h 的 GPRS 通信的实现

本附录中描述了 GPRS 的另一种实现方式，是对前面 GPRS 实验的补充。它不是单纯地使用 WIP 插件，而是结合了流控的相关知识，实现通信。该程序首先在 main()函数中利用 adl_atUnSoSubscribe()函数申请"WIND 4"服务，然后在回调函数 wind4Handler()中利用 adl_gprsSubscribe()开始 GPRS 服务的定制，进而在回调函数 GPRS_Handler()中进行 GPRS 连接的相关操作。建立连接后，利用 adl_fcmSubscribe()函数开启 FCM 流控服务；利用 adl_fcmSendData()函数进行数据的发送；利用 DataHandler()函数进行数据的接收，实现 GPRS 通信。

```
#include "adl_global.h"
#include "wip.h"
const u16 wm_apmCustomStackSize = 1024;
adl_gprsSetupParams_t  GPRS_Params;
adl_gprsInfosCid_t       InfosCid;
static  u8 myCid = 1;
s8 GPRS_FCMHandler;
ascii buf[1000];
ascii localIP[ 20 ], DNS1 [ 20 ], DNS2 [ 20 ], Gateway [ 20 ];
u8 D[40];
u8 TEST[32];
void init();
void checksum();
ascii * ConvertIP_itoa ( u32 iIP, ascii * aIP )  //IP 转换函数
{
    wm_sprintf ( aIP, "%d.%d.%d.%d",
                      ( iIP >> 24 ) & 0xFF,
                      ( iIP >> 16 ) & 0xFF,
                      ( iIP >> 8   )& 0xFF,
                        iIP          & 0xFF );
    return aIP;
}
void Send()
{
s8 jj;
jj = adl_fcmSendData(GPRS_FCMHandler,TEST,32);
if(jj = = 0)
{ adl_atSendResponse ( ADL_AT_UNS,"\r\nOK");}
}
bool CtrlHandler( adl_fcmEvent_e Event )    //GPRS 流控控制回调
```

```
{
    switch (Event)
    {
      case ADL_FCM_EVENT_FLOW_OPENNED:
        adl_atSendResponse(ADL_AT_UNS,"\r\nFLOW_OPENNED");
        adl_tmrSubscribe ( TRUE, 60, ADL_TMR_TYPE_100MS,Send);   //定时器—37 ms 的扫描控制周期
break;
      case ADL_FCM_EVENT_V24_DATA_MODE:
        adl_atSendResponse(ADL_AT_UNS,"DATA_MODE");
        break;
      case ADL_FCM_EVENT_V24_AT_MODE:
        adl_atSendResponse(ADL_AT_UNS,"AT mode");
        break;
      case ADL_FCM_EVENT_FLOW_CLOSED:
      case ADL_FCM_EVENT_MEM_RELEASE:
      break;
    }
return TRUE;
}
bool DataHandler( u16 DataSize, u8 * Data )    //GPRS 流控数据回调
{
    int i = 0;
    u8 e1,e2,e3,e4;
    buf[0] = '\0';
    for ( i = 0; i < DataSize; i + + )
    {D[i] = Data[i];
    wm_strncat(buf, &Data[i], 1);
    }
    adl_atSendResponse(ADL_AT_UNS,"\r\nGPRS 流控收到数据:");
    adl_atSendResponse(ADL_AT_UNS,buf);
    D[16] = D[12];
    D[17] = D[13];
    D[18] = D[14];
    D[19] = D[15];
    D[12] = e1;
    D[13] = e1;
    D[14] = e1;
    D[15] = e1;
adl_fcmSendData(GPRS_FCMHandler,D,32);
adl_tmrSubscribe ( TRUE, 60, ADL_TMR_TYPE_100MS,Send);  //定时器—37 ms 的扫描控制周期
return TRUE;
```

```
}
s8 GPRS_Handler ( u16 Event,u8 Cid )
{   s8 t,tt2;
    TRACE (( 1, "GPRS Handler : Event received =  %d", Event ));
switch ( Event )
{
case ADL_GPRS_EVENT_ME_UNREG :
    TRACE (( 1, "ADL_GPRS_EVENT_ME_UNREG" ));
case ADL_GPRS_EVENT_ME_UNREG_SEARCHING :
    TRACE (( 1, "ADL_GPRS_EVENT_ME_UNREG_SEARCHING" ));
    break;
case ADL_GPRS_EVENT_SETUP_OK :
    TRACE (( 1, "ADL_GPRS_EVENT_SETUP_OK" ));
    adl_atSendResponse ( ADL_AT_UNS, "\r\nGPRS 建立成功..." );
    adl_atSendResponse ( ADL_AT_UNS, "\r\nGPRS 请求链路连接..." );
    adl_gprsAct (myCid);//请求链路连接
    break;
case ADL_GPRS_EVENT_ACTIVATE_OK :
    adl_atSendResponse ( ADL_AT_UNS, "\r\nGPRS 连接成功可以 IP 通信了!" );
    t = adl_gprsGetCidInformations (myCid,&InfosCid);
    wm_sprintf ( buf, "\r\nIP 信息:\r\nLocal IP %s\r\nDNS1 %s\r\nDNS2 %s\r\nGateway %s\r\n",
                ConvertIP_itoa ( InfosCid.LocalIP, localIP ),
                ConvertIP_itoa ( InfosCid.DNS1, DNS1 ),
                ConvertIP_itoa ( InfosCid.DNS2, DNS2 ),
                ConvertIP_itoa ( InfosCid.Gateway, Gateway ) );
    adl_atSendResponse ( ADL_AT_UNS, buf );
TEST[12] = InfosCid.LocalIP>>24 & 0xFF;//32 位源 IP
TEST[13] = InfosCid.LocalIP>>16 & 0xFF;
TEST[14] = InfosCid.LocalIP>>8 & 0xFF;
TEST[15] = InfosCid.LocalIP & 0xFF;
    checksum();
    TRACE (( 1, "GPRS Event activated"));
GPRS_FCMHandler = adl_fcmSubscribe(ADL_FCM_FLOW_GPRS,CtrlHandler,DataHandler);
    break;
  }
}
bool wind4Handler(adl_atUnsolicited_t * params)
{   s8 tt1,tt2;
    TRACE (( 1, "WIND 4 handler" ));
```

```
        GPRS_Params.APN = "cmnet";
        GPRS_Params.Login = "*";
        GPRS_Params.Password = "*";
        tt1 = adl_gprsSubscribe( GPRS_Handler);
        if(tt1 = =0)
        {
        adl_atSendResponse ( ADL_AT_UNS,"\r\nGPRS 开始申请...");
        }
        tt2 = adl_gprsSetup (myCid, GPRS_Params);
        if(tt2 = =0)
        {
        adl_atSendResponse ( ADL_AT_UNS,"\r\nGPRS 开始建立...");
        }
        return TRUE;
}
void checksum()//组织 IP 包
{
int k;
u32 IPchecksum = 0;
u32 UDPchecksum = 0;
u8 a,b;
TEST[0] = 69;           //版本及 IP 首部长度
TEST[1] = 0;            //服务类型
TEST[2] = 0;            //16 位 IP 数据包长度
TEST[3] = 32;
TEST[4] = 0;            //16 位 IP 标识
TEST[5] = 25;
TEST[6] = 0;//片偏移
TEST[7] = 0;
TEST[8] = 64;//生存期
TEST[9] = 17;//协议
TEST[10] = 0;//16 位 IP 校验和
TEST[11] = 0;
TEST[16] = 10;//32 位目的 IP
TEST[17] = 79;
TEST[18] = 222;
TEST[19] = 105;
TEST[20] = 0;//UDP 部分 源端口
TEST[21] = 100;
```

```
TEST[22] = 4;//目的端口
TEST[23] = 0;
TEST[24] = 0;//UDP 长度
TEST[25] = 12;
TEST[26] = 0;//16 位 UDP 校验和
TEST[27] = 0;
TEST[28] = 38;//UDP 数据部分
TEST[29] = 48;
TEST[30] = 78;
TEST[31] = 68;
for(k = 0;k<19;k = k + 2)//计算 IP 包头校验和
{
IPchecksum + = TEST[k] * 256 + TEST[k + 1];
}
IPchecksum = (IPchecksum>>16) + (IPchecksum & 0xffff);
IPchecksum + = (IPchecksum>>16);
IPchecksum = ~IPchecksum;
a = IPchecksum/256;
b = IPchecksum % 256;
TEST[10] = a;
TEST[11] = b;
for(k = 12;k<31;k = k + 2)//计算 UDP 校验和
{
UDPchecksum + = TEST[k] * 256 + TEST[k + 1];
}
UDPchecksum + = 17 + 12;
UDPchecksum = (UDPchecksum>>16) + (UDPchecksum & 0xffff);
UDPchecksum + = (UDPchecksum>>16);
UDPchecksum = ~UDPchecksum;
a = UDPchecksum/256;
b = UDPchecksum % 256;
TEST[26] = a;
TEST[27] = b;
}
void adl_main ( adl_InitType_e InitType )
{
    adl_atSendResponse ( ADL_AT_UNS, "\r\nGPRS 程序运行......." );
      adl_atUnSoSubscribe ( " + WIND: 4", wind4Handler );
}
```

参考文献

[1] 周洪波.物联网:技术、应用、标准和商业模式[M]. 北京:电子工业出版社,2010.

[2] Sierra Wireless 公司. AirPrime Q2686 Refreshed Migration Guide from Q2686 Rev001. 2010.

[3] Sierra Wireless 公司. Sierra Wireless AirPrime Q2686 Product Technical Specification Rev011. 2010.

[4] Sierra Wireless 公司. Sierra Wireless AirPrime Q26 Process Customer Guidelines rev005. 2010.

[5] Sierra Wireless 公司. ADL User Guide. 2010.

[6] Sierra Wireless 公司. AT Command Interface Guide. 2010.

[7] Sierra Wireless 公司. AT Commands Interface Guide for Open AT Firmware 7－43. 2010.

[8] Sierra Wireless 公司. AirPrime Q26 Series Development Kit User Guide－r5. 2010.

[9] Sierra Wireless 公司. AirPrime Q2687 Refreshed Product Technical Specification and Customer Design Guideline Rev002. 2010.

[10] 洪利,杜耀宗. Q2406 无线 CPU 嵌入式开发技术[M]. 北京:北京航空航天大学出版社,2006.

[11] 文志成. GPRS 网络技术[M]. 北京:电子工业出版社,2005.

[12] 谢希仁. 计算机网络[M]. 大连:大连理工大学出版社,2004.

[13] 田泽. 嵌入式系统开发与应用[M]. 北京:北京航空航天大学出版社,2005.

[14] 王田苗. 嵌入式系统设计与实例开发[M]. 北京:清华大学出版社,2003.

[15] 洪利,王敏. 无线 CPU 与移动 IP 网络开发技术[M]. 北京:北京航空航天大学出版社,2006.